# 中东碳酸盐岩储层沉积机理及开发实践

李　勇　王根久　胡丹丹　等著

石油工业出版社

## 内容提要

本书根据十多年来中国石油在中东地区的碳酸盐岩油田开发经验，从宏观和微观两方面系统总结了中东地区碳酸盐岩区域构造—沉积演化规律、层序划分及沉积模式、储层沉积特征、微相类型与特征、储层非均质性类型及特征、储层非均质性主控因素、高渗层特征与识别预测、油气生产和开发规律及开发过程中需要重点关注的问题。

本书可供国内碳酸盐岩研究学者、石油公司的开发地质人员、油藏工程师、工程技术人员、高等院校师生等参考。

**图书在版编目（CIP）数据**

中东碳酸盐岩储层沉积机理及开发实践 / 李勇等著
.—北京：石油工业出版社，2021.8
ISBN 978-7-5183-4736-0

Ⅰ．① 中… Ⅱ．① 李… Ⅲ．① 酸盐岩油气藏 – 油田开发 – 研究 – 中东 Ⅳ．① TE344

中国版本图书馆 CIP 数据核字（2021）第 143008 号

---

出版发行：石油工业出版社
（北京安定门外安华里 2 区 1 号楼　100011）
网　址：www. petropub. com
编辑部：（010）64523537　图书营销中心：（010）64523633
经　销：全国新华书店
印　刷：北京中石油彩色印刷有限责任公司

---

2021 年 8 月第 1 版　2021 年 8 月第 1 次印刷
787×1092 毫米　开本：1/16　印张：11.5
字数：280 千字

---

定价：90.00 元

# 《中东碳酸盐岩储层沉积机理及开发实践》

## 编　写　组


组　长：李　勇

副组长：王根久　胡丹丹　张文旗

成　员：李茜瑶　邓　亚　许家铖

刘达望　王宇宁　王　舒

顾　斐　陈一航　马瑞程

郝思莹　侯园蕾

# 前言

中东地区从中寒武纪至现今构造活动弱，沉积稳定，共发育三期盆地：前寒武纪晚期—早寒武世东海湾裂谷盆地、中生代鲁卜哈利次盆地（Rub Al Khali Basin）和新生代 Ras Al Khaimah 盆地。盆地走向基本为南北向，总体上为复合向斜，剖面上表现为多个隆起和坳陷，盆地中心沉积地层厚度超过 6700m。

艾哈代布碳酸盐岩储层为碳酸盐岩台地周期性的建设性层序沉积，间歇性伴随海平面下降、地表侵蚀及滨岸带碳酸盐沉积物的改造。尽管完整的碳酸盐岩层序时间表已追溯至早古生代，只有中—晚白垩世的地质特征在这项研究中涉及。在这个沉积时间段艾哈代布沉积体系包括碳酸盐台地边缘高能环境的浅滩与较低能深水细粒碳酸盐岩沉积。主要储层为上白垩统的 Khasib 组、Mishrif 组、Rumaila 组、Mauddud 组，下白垩统的 Shuaiba 组、Ratawi 组、Yamama 组，上侏罗统的 Najmah 组的浅海陆架相和陆架边缘相的粒（生）屑滩相的碳酸盐岩以及下白垩统 Zubair 组的三角洲相的碎屑岩。储层的储集空间主要以孔隙型为主，局部地区亦发育有裂缝和溶洞，属于中高孔中低渗储层。

艾哈代布油田主要生产层为 Khasib 组、Mishrif 组、Rumaila 组、Mauddud 组。区域性封闭层主要为新近系 Fars 组和上侏罗统 Gotnia 组的蒸发岩，其他封闭层为各组间的泥页岩和致密的碳酸盐岩。侏罗—白垩系的主要烃源岩为中侏罗统的 Sarglu 组、下白垩统 Zubair 组和 Nahr Umr 组泥页岩，以及上侏罗统—下白垩统 Sulaiy 组、Yamama 组、Ratawi 组的泥灰岩 / 页岩。根据伊拉克东南部 Rumaila 和 Ratawi 等油田烃源岩的有机地球化学分析资料可知，主要烃源岩 Sulaiy 组和 Yamama 组的干酪根类型为Ⅱ型，其他烃源岩为Ⅱ—Ⅲ型。上侏罗统（Sulaiy 组）—下白垩统烃源岩有机质的成熟度为成熟，上白垩统的烃源岩为低熟或未成熟。根据艾哈代布油田 Khasib 和 Rumaila 组原油和伊拉克东南部烃源岩的生物标志化合物分析结果，二者在生标特征上有一定的亲缘关系，推测目前该油田产层的原油很可能来自下部的 Sulaiy 组和 Yamama 组成熟的烃源岩。艾哈代布油田的中—新生界可以划分为两个油气成藏系统，侏罗系成藏系统和白垩系—新近系成藏系统。根据有机质的热演化史分析，侏罗系石油系统及其以深的三叠系和古生界石油系统很可能以气藏为主，上侏罗统—新近系石油系统以油藏为主。艾哈代布油田主要烃源岩的成熟时期是在晚白垩世末，构造圈闭的形成是在白垩纪末—古新世时期，圈闭的形成和油气的运移时间大致在同一时期。圈闭的最终定型是在中新世，这个时期 Ratawi 组和 Zubair 组的烃源岩成熟并运移，上覆 Fars 组的区域性蒸发岩是很好的封闭层，油气藏保存条件较好。

艾哈代布油田位于伊拉克美索不达米亚平原中南部的 Nomina 镇与 Kut 镇之间，距首都巴格达东南约 180km。油田合同区域面积约为 $298km^2$。油田所在区位于伊拉克中东部冲积平原上的幼发拉底河和底格里斯河之间，地表平均海拔约 20m。气候上属干旱的热带沙漠气候类型，夏季的 5 月至 9 月，天气炎热干燥，平均气温为 38～50℃。冬季 12 月至次年 2 月凉爽多雨，是主要的降雨季节，一般雨量较小，最低气温为 0°，年平均降水量为 165mm。当地为农业区，村落不多，居民较少，交通较方便。

1979 年 9 月在艾哈代布构造钻探 AD–1 井发现油田，20 世纪 70 年代末至 80 年代初在区内完成二维地震测线 30 条，总长度 710km。至 1985 年，艾哈代布油田共完钻 AD–2、AD–3、AD–4、AD–5、AD–6 和 AD–7 等探井。2008 年绿洲公司与伊拉克政府签署了艾哈代布油田的生产服务合同后，完成了三维地震资料采集，满覆盖面积为 $370km^2$。

艾哈代布油田钻有大量的水平井，油田开发采用水平井采油，水平井注水，这是碳酸盐岩油田开发非常特殊的事例，这对碳酸盐岩油田油藏描述和开发具有很重要的参考作用，本书的技术内容包涵了大量水平井研究过程中的地质和油藏开发成果。

本书第一章主要由李勇负责编写，第二章、第三章、第四章、第五章、第六章主要由王根久负责编写，第七章主要由张文旗负责编写，第八章主要由胡丹丹负责编写。在整书的编写过程中得到北京大学刘波教授团队的帮助，在此表示感谢。

本书涵盖的理论、技术和方法范围广，研究难度大，难免存在不妥之处，敬请各位读者批评指正。

# 目录

# 第一章 概 述

## 第一节 中东油气资源概况

中东地区蕴涵着丰富油气资源，油气产储量占全球主要地位，根据 BP 石油公司数据统计，截至 2019 年底中东地区已发现油气田 1857 个，石油探明储量 $1129\times10^{8}$t，占全球石油总探明储量的 48.1%（图 1–1），天然气探明储量 $75.6\times10^{12}m^{3}$，占世界天然气总探明储量的 38%。沙特阿拉伯、伊朗、伊拉克、科威特和阿拉伯联合酋长国石油探明储量分别位于世界第二、四、五、七、八位。伊朗、卡塔尔、沙特阿拉伯、阿联酋天然气探明储量分别位于世界第二、三、八、九位。

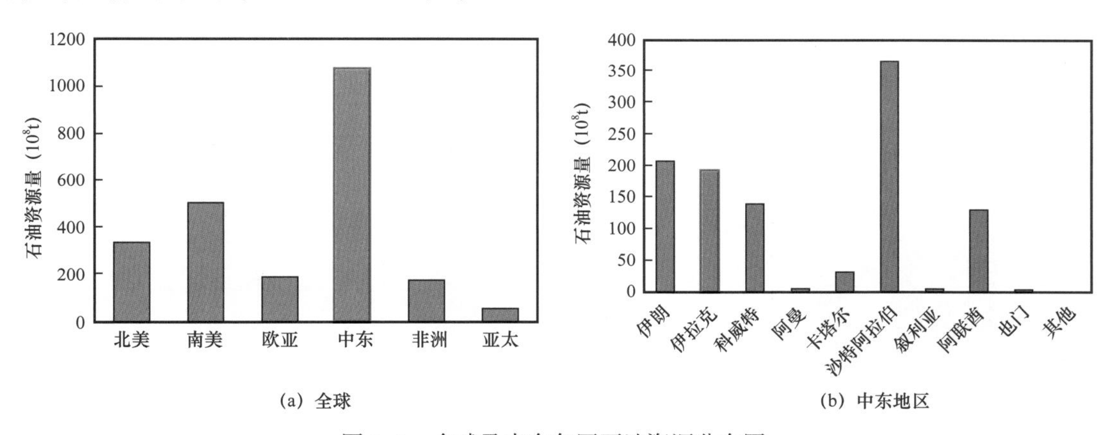


图 1–1 全球及中东各国石油资源分布图

中东地区的天然气资源同样位居全球首位，总天然气资源量为 $80\times10^{12}m^{3}$，占全球天然气资源量的 38.4%。中东地区伊朗的天然气资源最为丰富，总资源量为 $33.1\times10^{12}m^{3}$，占全球天然气总量的 15.9%。伊拉克的天然气资源相对石油资源偏少，仅 $3.6\times10^{12}m^{3}$，占全球天然气总资源量的 1.7%（图 1–2）。

中东地区油气总资源量为 $1749\times10^{8}$t 油当量，占全球油气总资源量的 42.9%，远超全球的其他地区。中东地区内伊朗油气总资源量以 $484\times10^{8}$t 油当量位居第一，伊拉克以 $223\times10^{8}$t 油当量的总资源量位居第四（图 1–3）。

中东地区的油气资源分布和构造位置有直接关系，油气资源主要分布在东部阿拉伯地台上波斯湾周边和扎格罗斯山前前陆盆地范围内，在板块的南部边缘有少量油气田分布。中东地区油气储层自前寒武系到新近系都有发育，其中以中生界侏罗系和白垩系及新生界古近—新近系为主。侏罗系以碳酸盐岩储层为主，白垩系为新特提斯洋影响下的海陆交互相沉积体系，碳酸盐岩储层和碎屑岩储层同时发育。伊拉克除北部有个别油气产层发育于三叠系外，其他油气产层主要集中发育于侏罗系、白垩系和古近—新近系，其中以白垩系和古近—新近系为主。

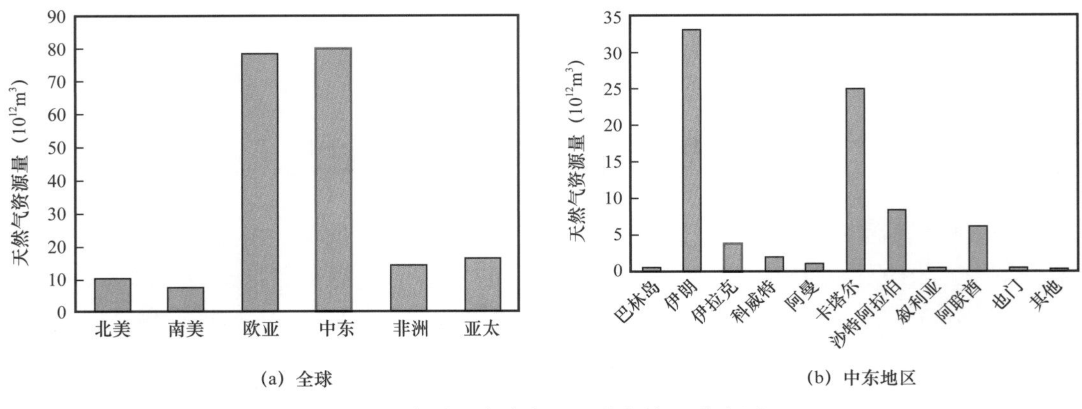


图 1-2 全球及中东各国天然气资源分布图

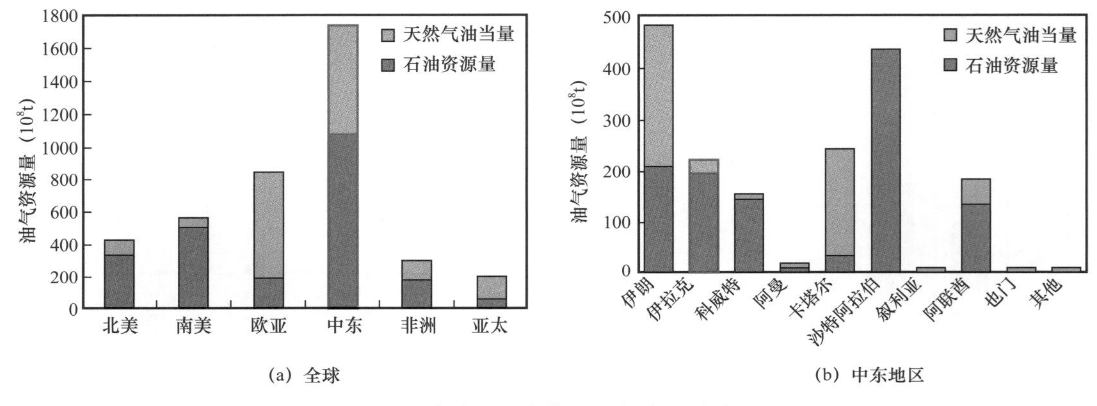


图 1-3 全球及中东各国油气资源分布图

## 第二节 艾哈代布油田

艾哈代布油田位于伊拉克东南部，区域构造上位于阿拉伯板块北缘，现今的扎格罗斯山前前陆盆地，即美索不达米亚盆地的南部。艾哈代布油田整体为NW—SE向平缓长轴背斜构造，背斜长轴约50km，短轴15～20km，背斜两翼倾角小于2°，为一宽缓长轴背斜（图1-4）。艾哈代布油田白垩系自上而下发育四个含油层系：Khasib组、Mishrif组、Rumaila组、Mauddud组。Khasib组含油层分布最广。Khasib组岩性整体为一套含生屑的颗粒灰岩及泥晶灰岩，自上而下可划分为4个岩性段，从上到下依次为Kh1、Kh2、Kh3、Kh4，进一步可划分为11个小层，其中Kh2是主要的油气富集层，也是目前主要的开发层位。

艾哈代布油田的勘探始于20世纪70年代末80年代初，70—80年代在区内完成二维地震勘探。80 年代，艾哈代布油田先后完钻了 7 口探井，在白垩系 Khasib 组、Mishrif 组、Rumaila 组和 Mauddud 组 4 个层系内发现了工业油藏。已钻 7 口探井中，除 AD–5 井失利外，其余 6 口井在 Khasib 组的 Kh2 层段均发现工业油层。AD–1、AD–3 井还在 Mishirif 组、Rumaila 组和 Mauddud 组内发现了工业油流。在艾哈代布油田所钻遇的油层中，埋藏最浅的为 AD–1 井区的 Khasib 组的 Kh2 油层，顶面海拔深为 –2603m。埋藏最深的为 AD–2 井区的 Mauddud 组的 Ma4 油层，底海拔深为 –3302.2m。在已发现的含油层系中，只有 Khasib 组的 Kh2 油层在构造的高部位都有分布。

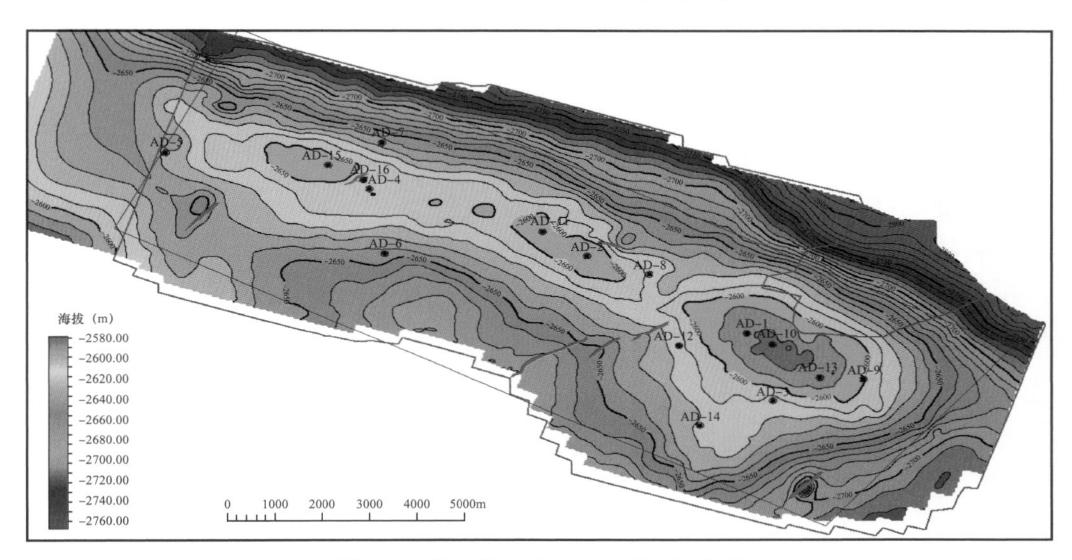


图 1–4 艾哈代布油田 Kh2 顶面构造图

# 第二章　区域构造—沉积演化

## 第一节　区域构造背景

伊拉克位于阿拉伯板块东北缘，其地质演化主要受冈瓦纳大陆演化的影响，阿拉伯板块在地质历史过程中处于不同位置。从寒武纪开始一直向西北漂移，泥盆纪末向南移动，大约310Ma左右靠近极地纬度，从而导致了大范围的冰期，此时，阿拉伯板块停止向南运移，并从310—290Ma开始快速向北移动。石炭纪持续向北大规模漂移，从南纬30°经过赤道。在二叠纪末经历了新特提斯洋的开启，中二叠世—早三叠世，阿拉伯板块继续向北漂移，在三叠纪末发生小规模向南往复，白垩纪时期阿拉伯板块位于中、低纬度，暖湿气候有利于碳酸盐岩的沉积，这也是中东地区大范围发育碳酸盐岩沉积岩的重要古气候条件（图2–1）。

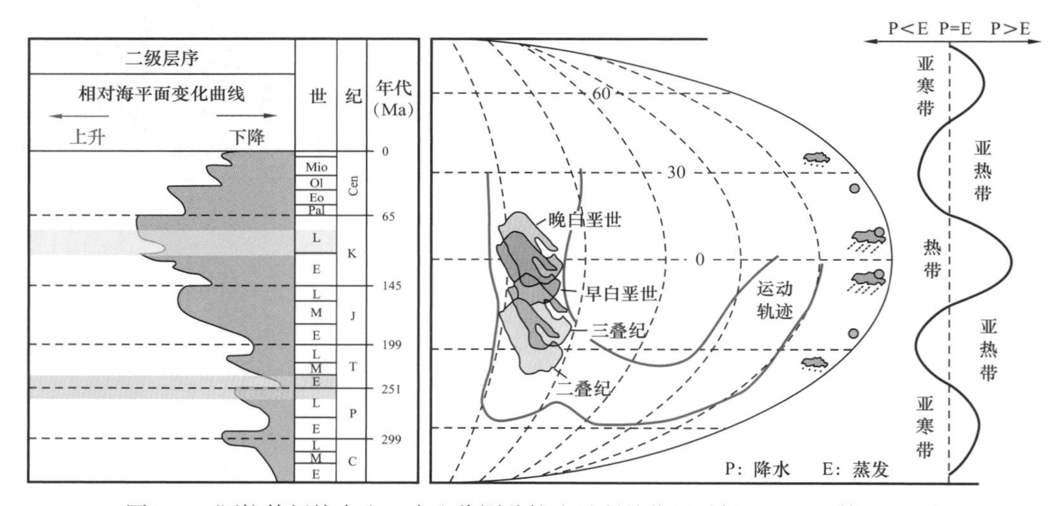


图2–1　阿拉伯板块古生—中生代漂移轨迹及所处位置（据Mehrabi等，2015）

### 一、古生代

阿拉伯板块在古生代经历古特提斯洋开启—扩张、新特提斯洋开启，板块东北缘由克拉通内盆地演化为被动大陆边缘。晚寒武世—中奥陶世，冈瓦纳北缘被原特提斯洋环绕，为被动大陆边缘演化阶段。此时，现今的伊拉克位于该陆缘以南1000km，随着早寒武世俯冲作用与岩浆作用的结束以及随后冈瓦纳北部岩石圈的冷却，中寒武世发生了大规模海侵，海水覆盖了阿拉伯板块（包括伊拉克）。奥陶纪—早志留世，冈瓦纳北缘古特提斯洋自东向西开启，伴随着一个狭窄微陆块的裂开，在早志留世形成大范围海侵，

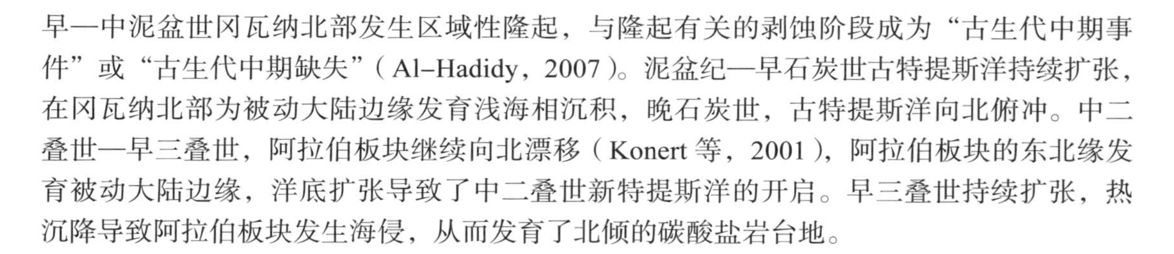

早—中泥盆世冈瓦纳北部发生区域性隆起，与隆起有关的剥蚀阶段成为“古生代中期事件”或“古生代中期缺失”（Al–Hadidy，2007）。泥盆纪—早石炭世古特提斯洋持续扩张，在冈瓦纳北部为被动大陆边缘发育浅海相沉积，晚石炭世，古特提斯洋向北俯冲。中二叠世—早三叠世，阿拉伯板块继续向北漂移（Konert 等，2001），阿拉伯板块的东北缘发育被动大陆边缘，洋底扩张导致了中二叠世新特提斯洋的开启。早三叠世持续扩张，热沉降导致阿拉伯板块发生海侵，从而发育了北倾的碳酸盐岩台地。

## 二、中生代

### 1. 三叠纪

晚古生代末，古特提斯洋的关闭以及之后的地壳变薄活动和新特提斯洋的扩张，最终导致印度板块（伊朗中部、西北部等）在三叠纪沿扎格罗斯山从阿拉伯东北缘分离出去。在新形成的阿拉伯东北被动大陆边缘广泛发育上二叠统碳酸盐岩沉积，这种岩相一直延续至三叠纪。在三叠纪及之后相当长的地质时期，阿拉伯东北陆架保持了相对的稳定，只发生缓慢而平稳的沉降活动，平稳陆架长 2000km 以上，宽度达 2000km。

中三叠世—早侏罗世，冈瓦纳北部北倾的大陆边缘进一步发生构造伸展，伊拉克北部和东部的阿拉伯板块前缘由中三叠世裂谷期形成的宽达 500km 的倾斜断块（其上被台地相碳酸盐岩所覆盖）和以断层为界的凹陷组成。板块边缘的构造隆起及其上碳酸盐岩盖层（Bitlis–Bisitoun 隆起或台地）使阿拉伯板块的内陆与新特提斯洋广海区域分开，并限制了内大陆架盆地（Fontaine 等，1980；Fontaine，1981）。三叠纪，伊拉克内大陆架局限盆地沉积了广阔的蒸发岩。

### 2. 侏罗纪

早—晚侏罗世，阿拉伯板块东北部的构造活动比较少，Gotinia 盆地局限的内陆盆地发育并覆盖了伊拉克东部绝大部地区。Gotinia 盆地的形成可能与侏罗纪早期在板块东北缘的重新拉张相关，盆地周缘构造隆起（Bitlis–Bisitoun 隆起或台地）的存在，导致了盆地与新特提斯洋开阔海水周期性的隔离，由于持续微弱的拉伸沉降，沉积烃源岩和蒸发岩。

### 3. 白垩纪

晚侏罗世提塘晚期阿拉伯板块北缘和东缘形成了一个狭窄大洋（“南新特提斯洋”）（Goff 和 Jassim，2006），造成了 Bitlis–Bisitoun 块体或隆起组成的一个狭窄的微陆块或一系列大陆块从阿拉伯板块裂开，为被动大陆边缘台地演化阶段。晚白垩世塞诺曼期—坎潘期，南新特提斯洋闭合，海水退出，受新特提斯洋向伊朗地块俯冲的影响，大部分地区发生了隆升，上白垩统遭受了不同程度的剥蚀（Ziegler，2001）。坎潘晚期—马斯特里赫特早期，在伊拉克东北部逆冲席和蛇绿岩西侧形成了一个狭长且深的前陆盆地（Goff 和 Jassim，2006）。

## 三、新生代

古新世—始新世，阿拉伯板块继续向北移动，在晚始新世早期，伊拉克附近的新特提斯洋关闭，在伊拉克东北部，晚白垩世前陆盆地的近端部分（东北部）在古新世—渐新世被抬升，在东南部形成一个 NW—SE 向盆地，即美索不达米亚盆地。

随着始新世波斯湾前陆盆地的发育，托罗斯—扎格罗斯造山带发育于非洲—阿拉伯大陆与欧亚大陆的碰撞期间，于中新世—上新世间碰撞作用达到高峰期，形成了托罗斯—扎格罗斯冲断带、山前褶皱带和未褶皱区的前陆盆地环境。更新世，发育幼发拉底和底格里斯河流体系，河流从土耳其南部开始把沉积物搬运到东南方向的美索不达米亚平原（Aqrawi，1993）。阿拉伯和伊朗板块之间的碰撞带发生强烈变形后，区域不整合面上沉积了第四系。

## 第二节　侏罗纪—白垩纪沉积演化

### 一、侏罗纪

早侏罗世，伊拉克 Gotinia 盆地以蒸发岩沉积为主，局部浅海碎屑岩和碳酸盐岩沉积。阿拉伯板块中南部阿拉伯湾及阿拉伯联合酋长国，沉积环境由陆源碎屑岩向浅海碳酸盐岩沉积过渡，伊朗以浅海碳酸盐岩沉积为主。中—晚侏罗世，伊拉克 Gotinia 盆地以深海页岩和开阔海碳酸盐岩沉积为主，东部伊朗主要为浅海碳酸盐岩沉积。晚侏罗世，发生强烈海退，同时处于干旱气候，使得伊拉克 Gotinia 盆地以蒸发岩沉积为主。

### 二、白垩纪

伊拉克早白垩世巴雷姆期—阿普特期，巴雷姆期 Zubair 组沉积期，来自阿拉伯地盾的粗碎屑增多，碎屑的供应量进一步加大，陆源碎屑向东进积，Zubair 组沉积相带平面分布受阿布吉尔断裂控制，在伊拉克东部发育海陆过渡三角洲，向西过渡为浅海碎屑岩沉积。阿普特早期，南新特提斯洋持续扩张，整个伊拉克发生大规模海侵，海岸平原沉积范围缩小，Shu’aiba 组浅海碳酸盐岩向西超覆在 Zubair 组之上。

伊拉克早白垩世阿普特晚期—阿尔布期，阿拉伯板块运动轨迹发生改变，从向南运动转为向北运动，同时，赤道大西洋开启，挤压作用使得非洲东部和阿拉伯板块西部隆起，阿拉伯地盾遭受剥蚀的碎屑沉积物沉积于波斯湾盆地。伊拉克 Nahr Umr 组三角洲沉积体系发育起来，向西过渡为浅海碎屑岩沉积。阿尔布期，南新特提斯洋持续扩张，Mauddud 组浅海碳酸盐岩向西超覆在 Nahr Umr 组之上，在板块东南缘局部分布有碳酸盐岩浅滩相。

伊拉克晚白垩世塞诺曼期—土伦期，南新特提斯洋持续拉伸，东北缘为伸展边缘，边缘冷却沉降沉降和基底断层（Tikrit—东巴格达线性构造）重新活动，形成隆起和纳贾夫内陆棚盆地，此时 Rumaila 组、Mishrif 组开始沉积，在伊拉克东南边为宽广的浅水碳酸盐岩台地沉积，南北向背斜（Tikrit–Samarra–E.b 背斜）轴上多为厚壳蛤灰岩及礁灰岩沉积，呈带状分布。土伦晚期—坎潘期，南新特提斯洋的闭合并向板块边缘俯冲，由被动大陆边缘转为前陆盆地，沉积环境由浅海碳酸盐岩台地相转为缓坡相，Khasib 组在伊拉克东南部发育碳酸盐岩浅滩相。

伊拉克晚白垩世坎潘期—马斯特里赫特期，持续海侵，Tanuma组和Sa’di组以次盆地相泥灰岩为主，随后，新特提斯洋开始闭合，发生海退，伊拉克东部晚白垩世呈浅海碳酸盐岩沉积，向西过渡为深海盆地相。

# 第三章　层序划分及沉积模式

伊拉克地区自前寒武系至今根据地层的发育情况以及地层上、下的不整合和地层的变形特征，纵向上可划分为前寒武系变质基底、新元古界—寒武系—志留系—泥盆系—石炭系、二叠系—三叠系—侏罗系—下白垩统、上白垩统—新生界等四大构造层，受多期构造变形作用的叠加，构造变形具有纵向分层性。沉积地层构造变形的纵向分层特征与阿拉伯板块的构造演化的阶段具有一致性。根据中东地区一级相对海平面升降和区域地层概况，Sharland 等（2001，2004）将波斯湾盆地地层划分为 11 个巨层序（Ap1—Ap11），白垩系发育 Ap8 和 Ap9 两个巨层序，Ap8 可进一步划分为 4 个超层序：Ⅰ—Ⅳ，Ap9 发育超层序Ⅴ和Ⅵ（图 3–1）。

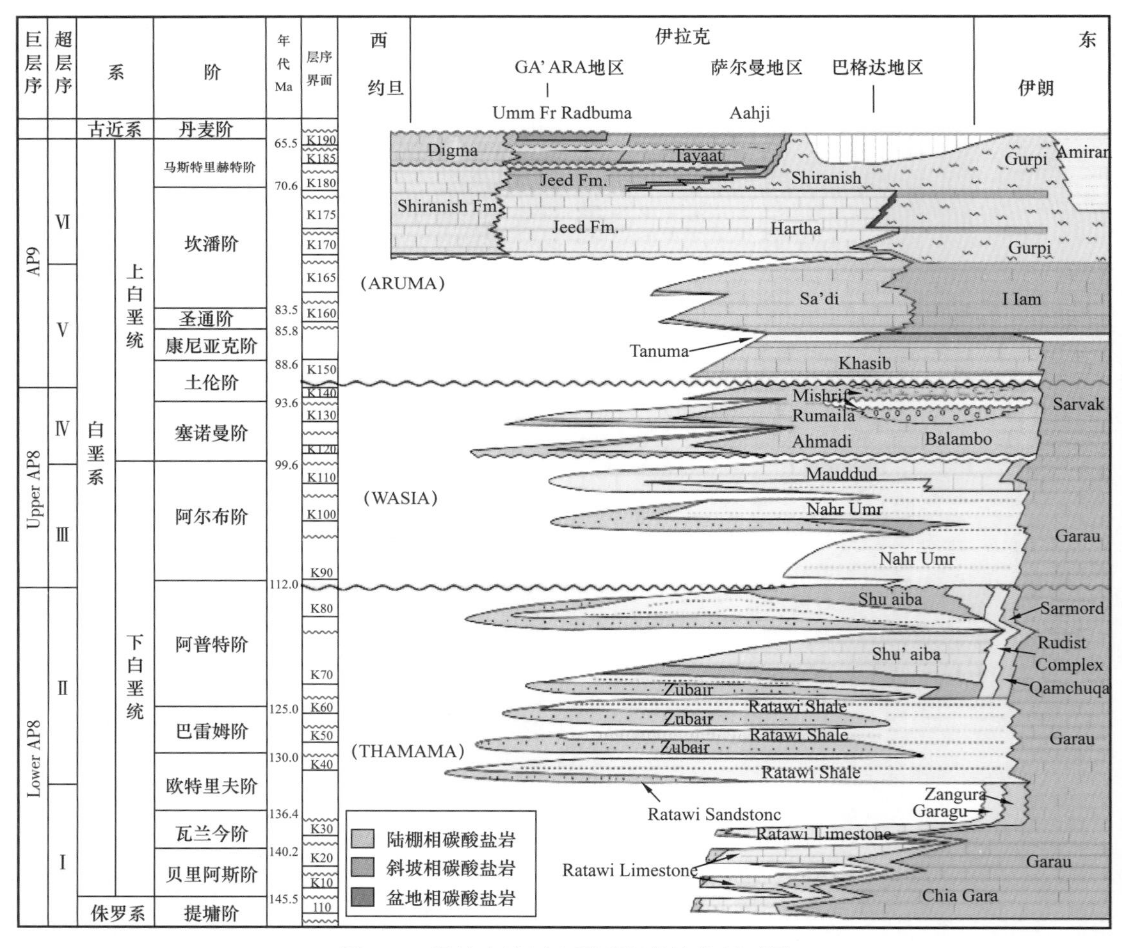


图 3–1　伊拉克地区白垩系沉积演化剖面图

# 第一节　三级层序划分

根据对四口取心井详细的岩石学及沉积学研究，将伊拉克地区塞诺曼阶—土伦阶（Ahmadi—Khasib）划分为6个三级层序，层序界面以不整合面及硬底发育界面为主，在测井曲线上均具有明显的识别标志。

## 一、层序1（SQ1）：Ahmadi—Ru3

层序1对应于Ahmadi组到Rumaila组Ru3段，层序底界为下伏Mauddud组顶面发育的不整合。测井曲线上，界面上下具有明显的变化，表现为自然伽马、电阻率值升高，声波时差、补偿中子值减小，补偿密度值增大。最大海泛面对应于Ahmadi组上部泥岩发育段，测井响应上具有明显的高自然伽马特征。顶界为Ru3段顶部发育的硬底，测井曲线上，界面上下具有明显的变化，表现为自然伽马、电阻率值升高，声波时差、补偿中子值减小，补偿密度值增大（图3–2）。

海侵体系域对应Ahmadi组下部，主要为泥晶生屑灰岩、泥质生屑灰岩。高位体系域由Ru4段、Ru3段组成，由于Ru4段未取心，岩性难以确认，但根据测井响应特征Ru4段可能以一套生屑灰岩为主。根据取心井岩心资料显示，Ru3段整体为一套生屑灰岩、厚壳蛤灰岩、砂屑灰岩，粒间孔（溶孔）、粒内孔等发育，整体储层发育较好（图3–3a、图3–3b）。Ru3顶部硬底发育，岩性为亮晶生屑砂屑灰岩，整体发育强烈的胶结作用（图3–3c、图3–3d）。

## 二、层序2（SQ2）：Ru2b—Ru2a-1

层序2对应Rumaila组Ru2b小层到Rumaila组Ru2a–1小层，层序底界为Ru3段顶部发育的硬底，测井曲线上，界面上下具有明显的变化，表现为自然伽马、电阻率值升高，声波时差、补偿中子值减小、补偿密度值增大。最大海泛面对应Ru2a–5小层上部泥质灰岩、生屑泥晶灰岩段，测井响应明显。顶界为Ru2a–1小层下部发育的硬底，界面上、下测井响应特征明显（图3–4）。

海侵体系域由Ru2b–L、Ru2b–M、R2b–U三个小层组成。Ru2b–L小层下部发育生物扰动形成的云质灰岩（图3–5a、图3–5b），上部以生屑灰岩、生屑砂屑灰岩为主，发育亮晶胶结斑块，岩心上表现为发生油浸的白色斑块（图3–5c、图3–5d）；Ra2b–M小层发育生屑泥晶灰岩（图3–5e、图3–5f）；Ra2b–U小层下部为生屑砂屑灰岩，上部为生屑泥晶灰岩、泥晶生屑灰岩（图3–5g、图3–5h）。高位体系域由Ru2a–4小层、Ru2a–3小层、Ru2a–2小层及Ru2a–1小层下部组成。Ru2a–4小层岩性为生屑泥晶灰岩，上部发育生物扰动白云岩斑块；Ru2a–3和Ru2a–2小层岩性以生屑砂屑灰岩为主，含少量泥晶生屑灰岩，粒间孔（溶孔）、粒内孔等发育，整体储层发育较好（图3–5i、图3–5j）；Ru2a–1小层下部硬底发育，岩性主要为生屑砂屑灰岩，含少量泥晶生屑灰岩，胶结作用较强，岩性上表现为未发生油浸而呈现白色（图3–5k、图3–5l）。

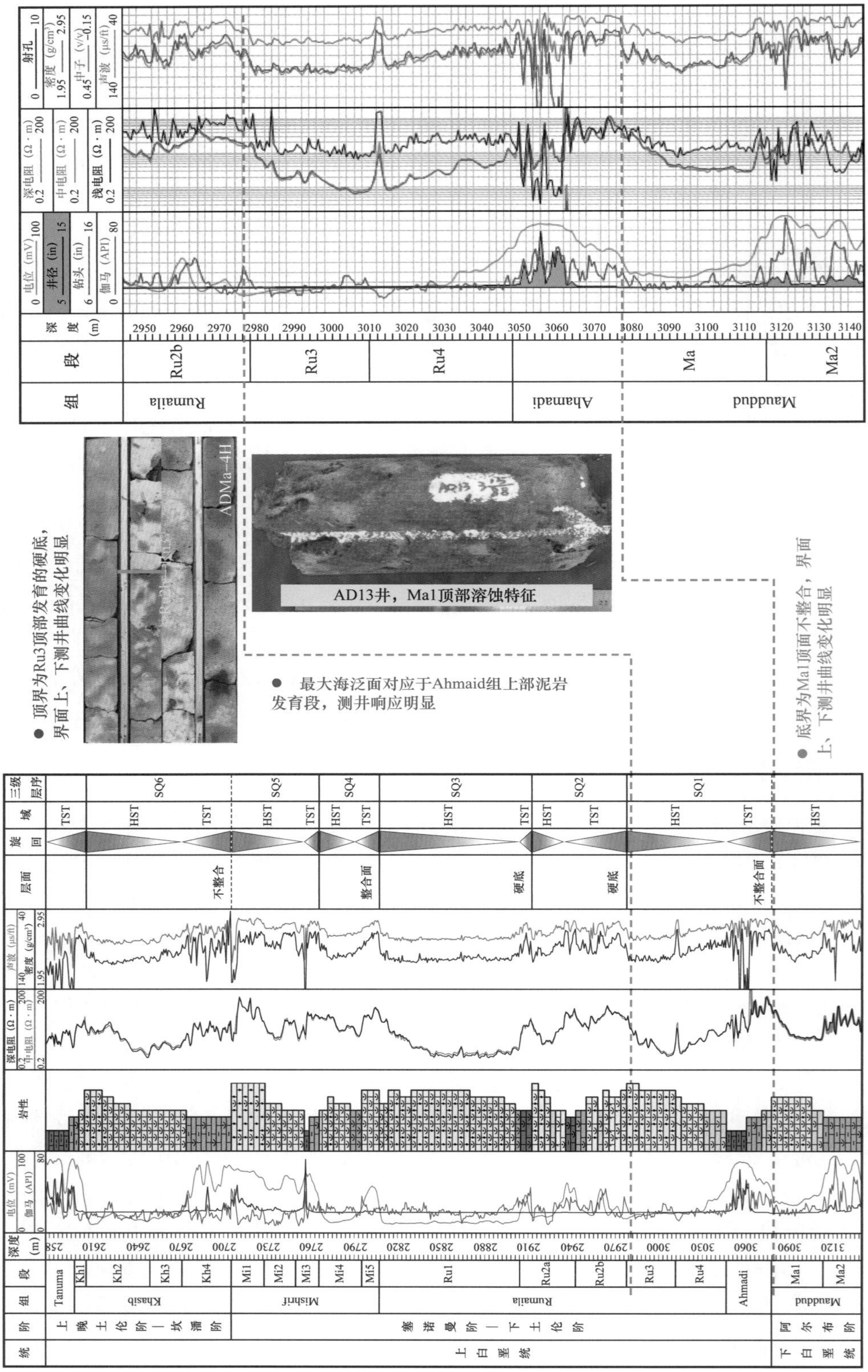

图 3-2 SQ1 层序界面及测井响应特征图

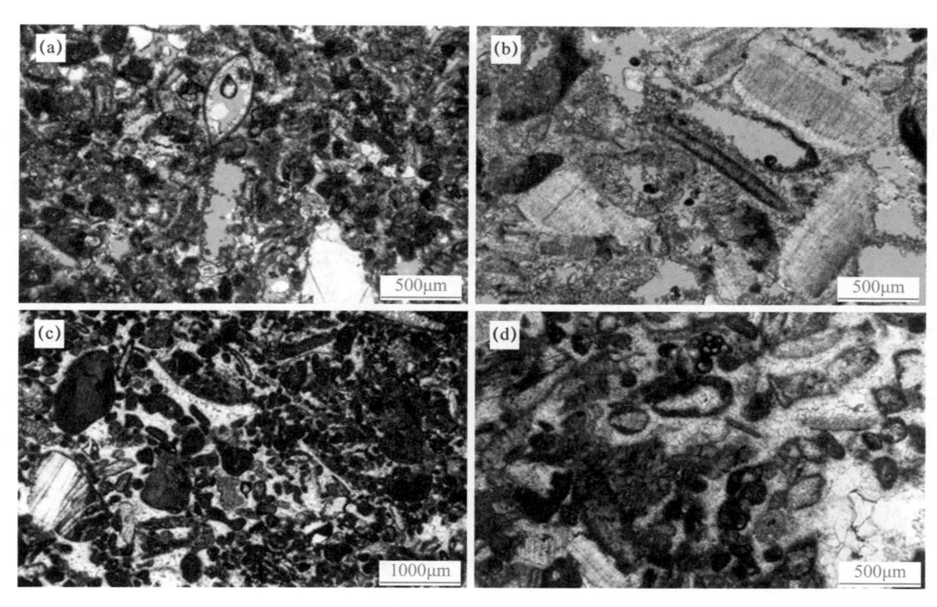


图 3-3　SQ1 层序 Rumaila 组 Ru3 段岩性特征图

## 三、层序 3（SQ3）：Ru2a-1—Ru1

层序 3 对应 Rumaila 组 Ru2a-1 小层到 Rumaila 组 Ru1 小层，层序底界为 Ru2a-1 小层下部发育的硬底，测井曲线上，界面上下具有明显的变化，表现为自然伽马、电阻率值、补偿密度值升高，声波时差、补偿中子值减小。最大海泛面对应于 Ru2a-1 小层上部浮游有孔虫泥晶灰岩段，测井响应明显，具有明显的高自然伽马、高电阻、低声波、低密度等特征。顶界为 Ru1 段顶部不整合，界面上、下测井曲线变化明显（图 3-6）。

海侵体系域 Ru2a-1 小层上部，有一套水体逐渐加深的沉积，岩性主要为泥晶灰岩、浮游有孔虫灰岩（图 3-6）。高位体系域对应 Ru1 段，整体岩性单一，以生屑砂屑灰岩为主，发育粒间孔（溶孔）、粒内孔等，整体储层发育较好，局部胶结作用强烈发育，在岩心上表现为未发生油浸的白色斑块（图 3-7）。顶部溶蚀作用明显，岩心上可见较大的溶蚀孔（洞）（图 3-6）。

## 四、层序 4—5（SQ4—5）：Mishrif 组

Mishrif 组划分为两个三级层序：SQ4、SQ5。层序 4（SQ4）底界为 Ru1 组顶部不整合，界面上、下测井曲线变化明显，海侵体系域由 Mi5 段组成，岩性主要为泥晶厚壳蛤灰岩、泥晶棘屑灰岩，整体致密，孔隙基本不发育，最大海泛面相当于 Mi4-5 小层浮游有孔虫灰岩发育部分，高位体系域由 Mi4-4 小层、Mi4-3 小层、Mi4-2 小层、Mi4-1 小层组成，岩性主要为泥晶生屑灰岩、生屑泥晶灰岩，主要生屑类型为绿藻、底栖有孔虫等，体腔孔、铸模孔发育，局部层段储层发育较好（图 3-8）。

层序 4（SQ4）与层序 5（SQ5）之间界面为 Mi4-1 小层顶部发育的冲刷面，同时界面上下岩性发生明显变化，在测井响应上，自然伽马值相对增加，三孔隙度曲线明显右

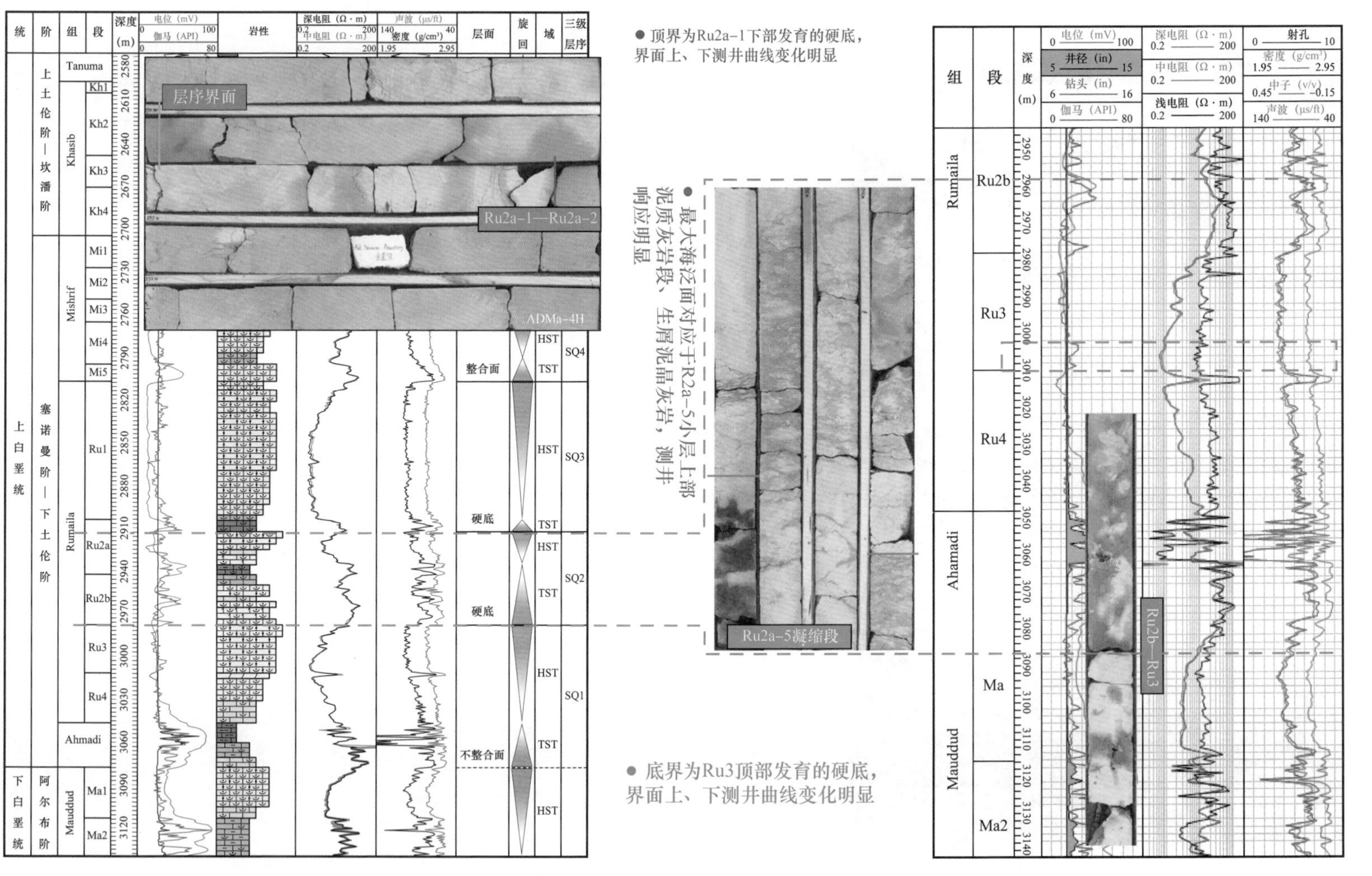


图 3-4　SQ2 层序界面及测井响应特征图

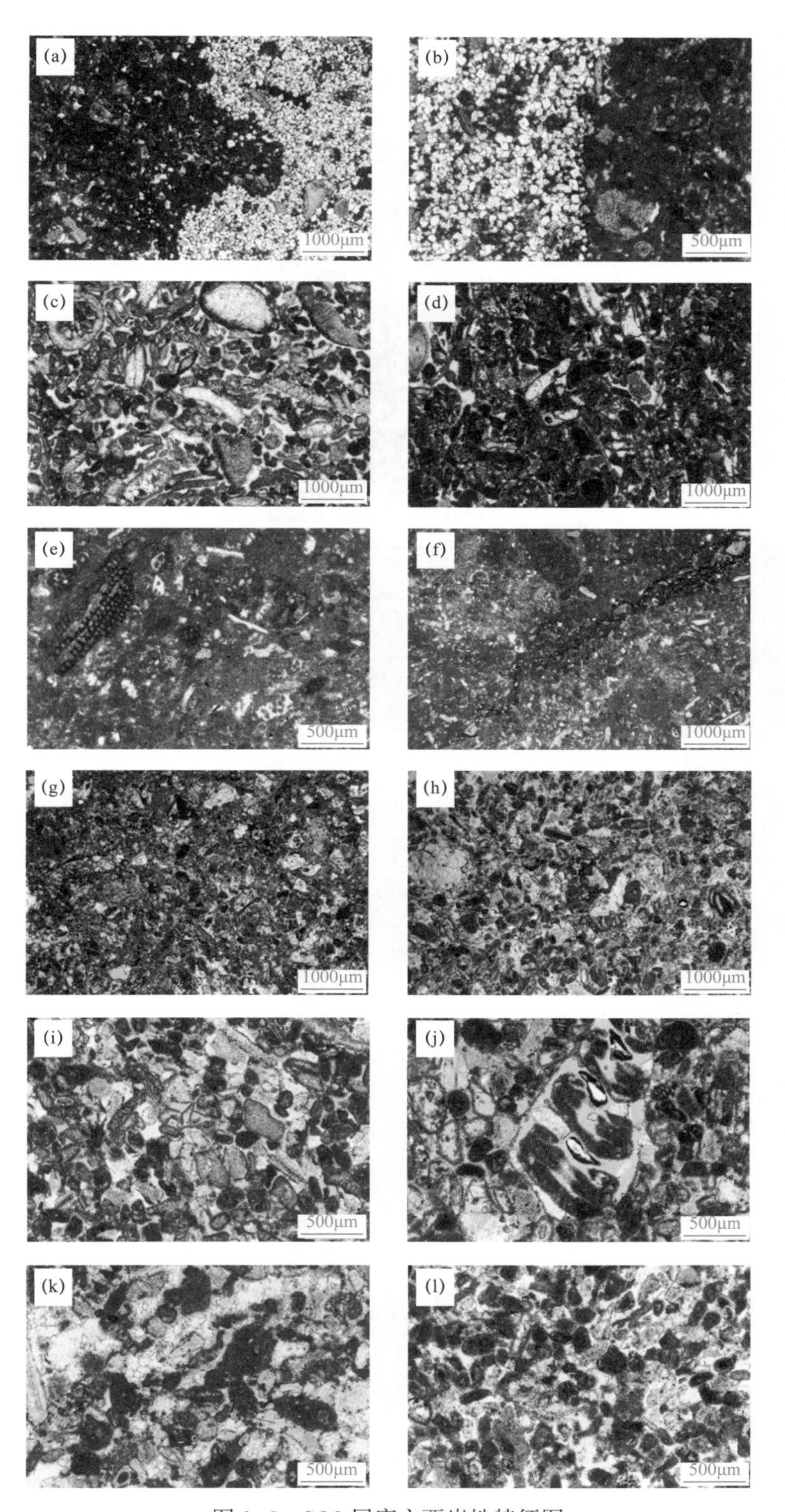


图 3–5　SQ2 层序主要岩性特征图

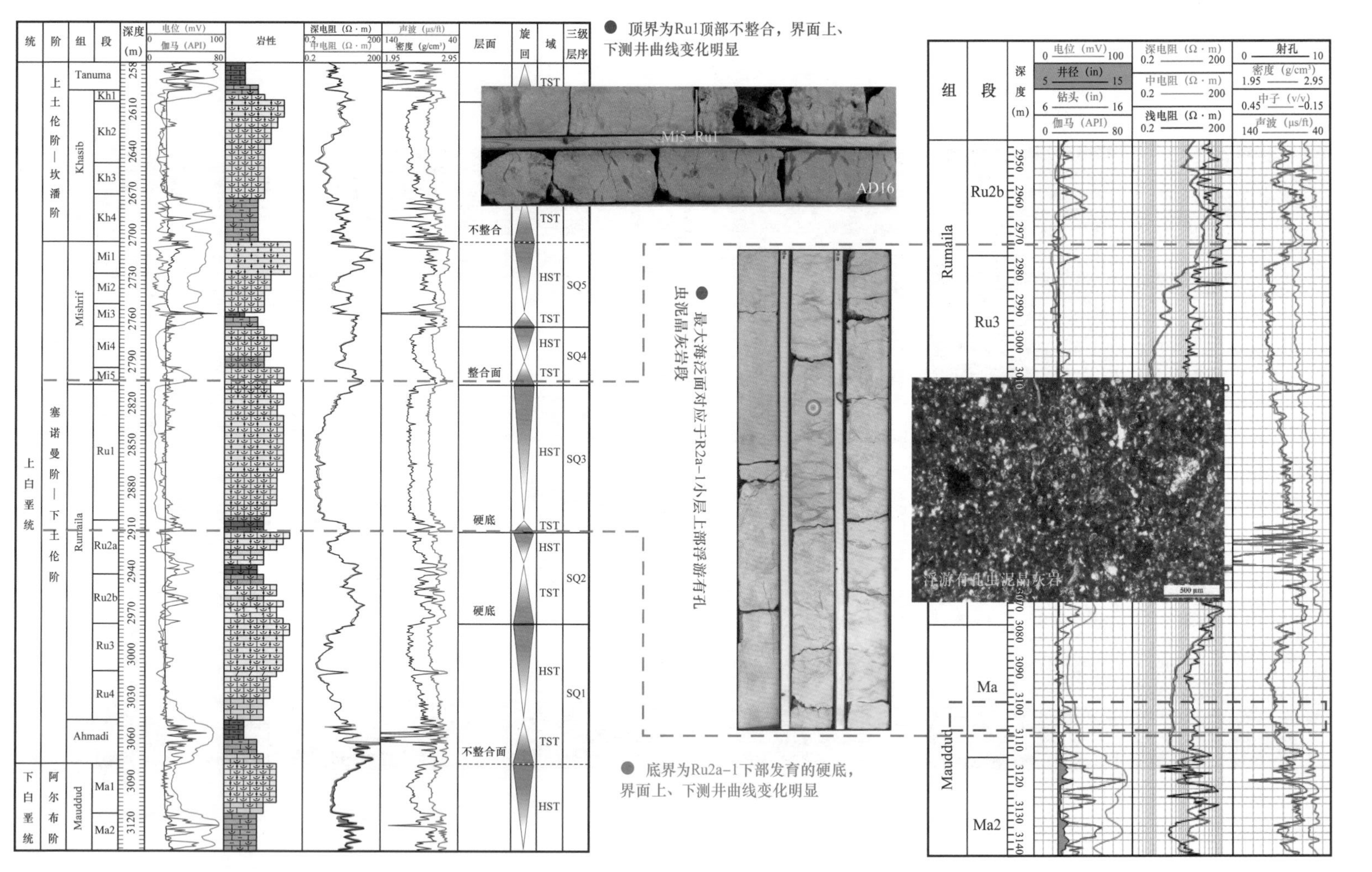


图3-6 SQ3层序界面及测井响应特征图

偏。最大海泛面对应 Mi3 段中部泥灰岩段，测井响应特征明显，明显的高自然伽马、低电阻、低密度、高声波时差，顶部界面为 Mishrif 组与 Khasib 组之间发育的不整合界面。高位体系域发育的 Mi1 段，岩性主要为亮晶颗粒灰岩，顶部粒间孔（溶孔）发育好，孔隙之间连通性较好，为 Mishrif 组最好的一套储层发育段（图 3-8）。

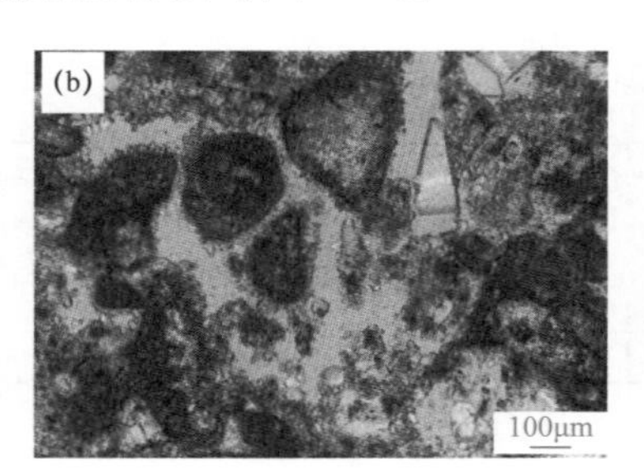


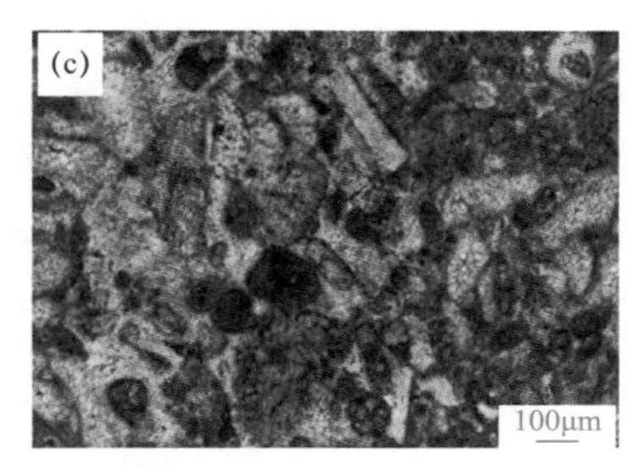


图 3-7　SQ3 层序 Rumaila 组 Ru1 段岩性特征图

## 五、层序 6（SQ6）：Khasib 组

Khasib 组划分为一个三级层序——SQ6，层序底界面为 Khasib 组与下伏 Mishrif 组之间的不整合界面，界面上下测井响应特征具有明显差异（图 3-9）。海侵体系域相当于 Kh4 下段，岩性为泥质灰岩、浮游有孔虫灰岩，测井曲线具有波动起伏特征（图 3-9）；最大海泛面对应 Kh4 中部泥灰岩段，测井响应特征明显，具有明显的高自然伽马、低电阻、低密度、高声波时差（图 3-9）；海侵体系域由 Kh3 段、Kh2 段组成，岩性为浮游有孔虫灰岩、生屑泥晶灰岩、绿藻灰岩、生屑砂屑灰岩（图 3-9）。顶界为 Kh2-1 小层顶部及 Kh1 小层顶部发育的多个侵蚀冲刷界面，在测井曲线上具有明显的响应特征，四口取心井之间也具有很好的对比性（图 3-9）。

## 六、层序对比

根据单井四口取心井资料建立了塞诺曼阶—土伦阶（Ahmadi—Khasib 组）层序划分方案，将伊拉克艾哈代布油田 Ahmadi—Khasib 组划分为六个三级层序，各层序界面在测井上具有明显的响应特征，更具层序界面的测井响应特征，开展了非取心井的层序划分及横向对比研究。

在油田范围内，Ahmadi—Khasib 组划分的六个三级层序横向上具有很好的对比性，各个层序界面在测井曲线上都具有相同的响应特征，每个三级层序内的测井曲线响应特

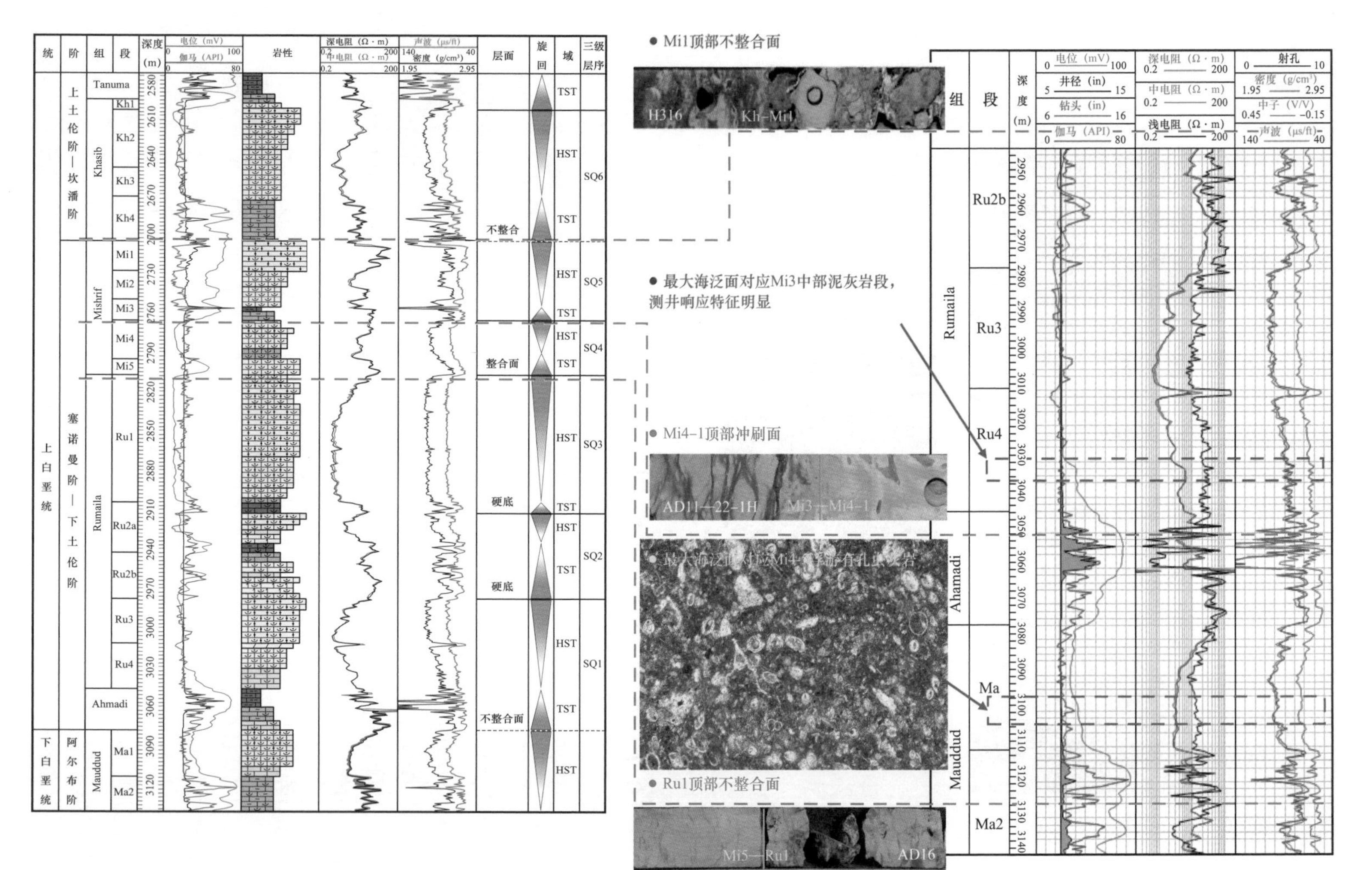


图3-8 SQ4-5层序界面及测井响应特征图

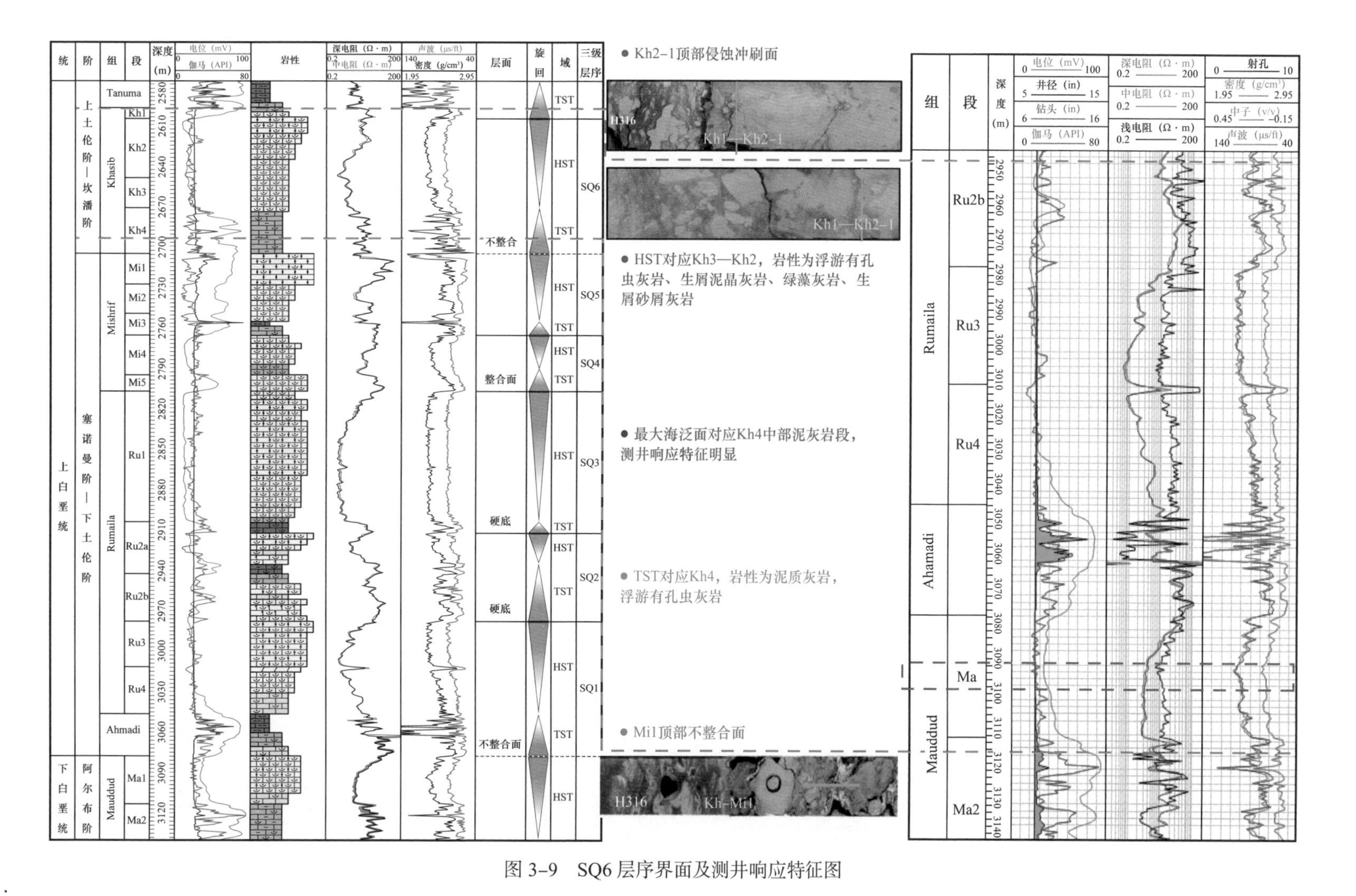


图 3-9　SQ6 层序界面及测井响应特征图

征也无明显差异，反映了在塞诺曼期—土伦期，艾哈代布油田范围内沉积稳定，横向上无明显相变。

## 第二节　沉积演化模式

在层序划分对比研究的基础上，综合区域构造及古地理沉积背景，建立了伊拉克地区塞诺曼期—土伦期沉积演化模式，认为研究区在塞诺曼早期（Ahmadi 组沉积期）发育大规模海侵淹没台地；在塞诺曼—土伦早期（Rumaila—Mishrif 组沉积期）沉积环境受基底构造活动控制，发育内陆棚盆地及浅水碳酸盐岩沉积，具有碳酸盐岩台地—缓坡的沉积特征；在土伦晚期（Khasib 组沉积期）发育碳酸盐岩缓坡沉积。

### 一、基底构造稳定阶段：Mauddud 组碳酸盐岩缓坡模式

阿尔布期伊拉克地区基底构造相对稳定，在 Mauddud 组沉积时期，发育碳酸盐岩缓坡沉积模式，艾哈代布油田 Mauddud 组发育以圆粒有孔虫灰岩为主的一套沉积（图 3–10）。

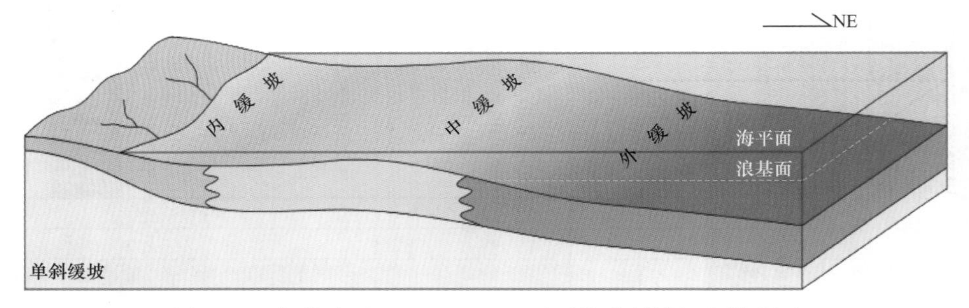


图 3–10　伊拉克地区 Mauddud 组碳酸盐岩缓坡沉积模式图

### 二、基底构造复活阶段：Ahmadi 组淹没台地沉积模式

在阿尔布晚期，伊拉克地区发育一期重要的构造运动，形成了 Mauddud 组顶部全区分布的不整合。由于此次区域构造运动导致伊拉克地区基底构造复活，在塞诺曼早期由于基底构造复活导致差异隆升—沉降作用，导致在伊拉克中部形成内陆棚盆地。同时随着塞诺曼早期快速的海侵，导致整个伊拉克范围内部分地区被淹没，形成淹没台地沉积（图 3–11）。

### 三、基底构造复活阶段：Rumaila—Mishrif 组碳酸盐岩缓坡—台地沉积模式

随着基底构造导致的差异隆升—沉降作用逐渐减弱，以及相对海平面的下降，在 Rumaila—Mishrif 组沉积时期，伊拉克地区具有碳酸盐岩缓坡—台地的沉积演化特征（图

3–12）。在 Rumaila 组沉积期经历了三次海退及两次海侵过程，在艾哈代布油田范围内沉积水体浅，迎来了大量浅水生物繁殖，在不同水体能量控制下发育了类型丰富的颗粒滩，如厚壳蛤碎屑滩、有孔虫滩、砂屑滩等，局部由于生物扰动作用形成了斑块状白云岩化。Mishrif 组沉积期经历了两次海进海退，在 Mi3 段沉积晚期海平面上升达最大后，在 Mi2—Mi1 段沉积时期开始下降，在 Mi1 段顶部发育一套颗粒滩相沉积。在伊拉克西部地区 Kifl 组沉积期的膏盐沉积代表塞诺曼阶结束，在研究区缺失该套膏盐层。

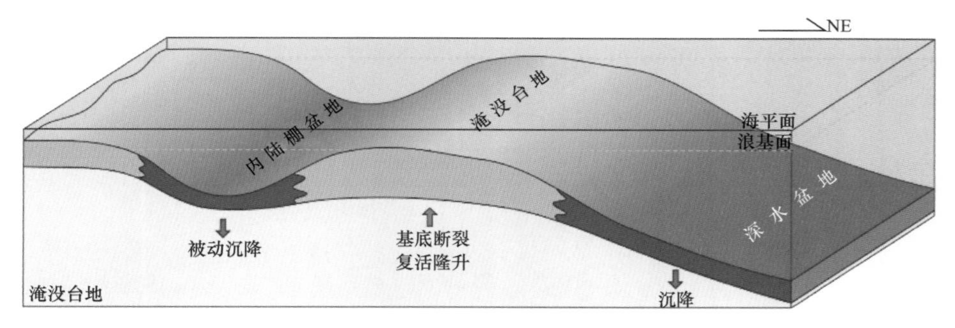


图 3–11　伊拉克地区 Ahmadi 组淹没台地沉积模式图

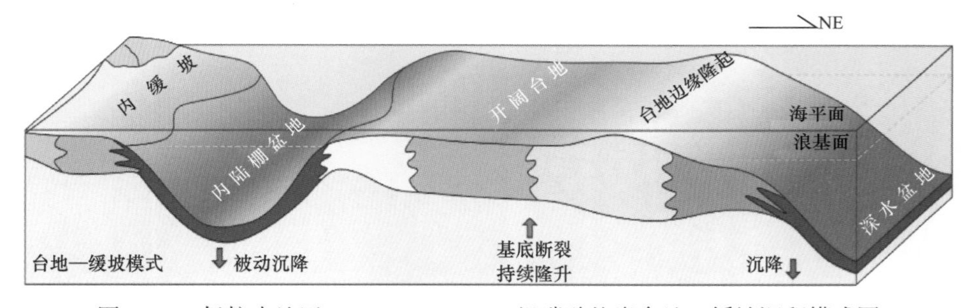


图 3–12　伊拉克地区 Rumaila—Mishrif 组碳酸盐岩台地—缓坡沉积模式图

## 四、基底构造稳定阶段：Khasib 组碳酸盐岩缓坡沉积模式

Mishrif 组沉积期末，由于海平面持续的下降，导致在伊拉克范围内原始浅水沉积区暴露接受风化剥蚀，形成了 Mishrif 组顶部的不整合。在伊拉克中部内绿皮盆地区域，由于持续海平面下降，形成局限环境，随着海水不断浓缩，发育 Kifl 组膏盐岩沉积，导致原始的内陆棚沉积区逐渐被充填。在土伦期（Khasib 组沉积时期）随着新的海侵作用，在伊拉克地区重新发育碳酸盐岩缓坡沉积模式（图 3–13）。

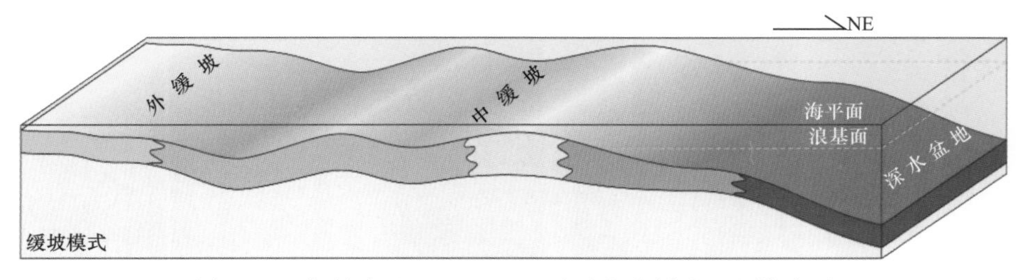


图 3–13　伊拉克地区 Khasib 组碳酸盐岩缓坡沉积模式图

在 Kh4 段沉积时期海平面上升达最大后，在 Kh3—Kh2 段沉积期海平缓慢下降，在艾哈代布油田范围内保持了较长时间的较深水环境，发育一套浮游有孔虫灰岩沉积。在 Kh2 段沉积中期随着海平面下降，沉积水体逐渐变浅，发育中缓坡低能浅滩相泥晶生屑砂屑灰岩，中缓坡绿藻生屑灰岩沉积。Kh1 段沉积期发生新的一期海侵，在 Kh2-1 小层顶部及 Kh1 段底部发育多个侵蚀冲刷面，Kh1 段沉积水体能量较弱，为一套深水沉积的泥质灰岩、泥质生屑灰岩。

# 第四章 微相类型与特征

## 第一节 Khasib 组微相类型及特征

20 世纪 60 年代末到整个 70 年代，微相分析成为碳酸盐岩沉积相分析和古环境解释的基本内容。Flügel（1978）根据现代碳酸盐岩沉积特征对 Wilson（1975）的碳酸盐岩镶边台地标准相模式（SFM）进行修正，将碳酸盐岩按照沉积学及古生物学特征划分为 26 个标准微相类型（SMF），进而对沉积环境进行分析（Flügel，1978，2004）。现今，微相研究不仅仅是微相类型的划分和确定，还包括在此基础上建立微相组合，识别层序界面和体系域，在层序地层格架下分析微相组合演化序列及分布特征，进而揭示沉积相演化规律（Dabbas 等，2010；Juboury 和 Hadidy，2009；Ziegler，2001；Amel 等，2015）并结合后期成岩作用改造的影响，分析储层发育的主控因素，从而预测碳酸盐岩储层的分布。

根据 Flügel 修订后的碳酸盐岩标准微相类型（SMF）和缓坡微相类型（RMF），通过岩石薄片观察，对岩石中沉积组构及生物组合进行定性定量分析，结合成岩作用特征，在 Khasib 组自下而上共识别出七种微相类型，分别是浮游有孔虫灰岩微相（MFT1）、泥晶生屑灰岩微相（MFT2）、绿藻生屑灰岩微相（MFT3）、泥晶生屑砂屑灰岩微相（MFT4）、亮晶生屑砂屑灰岩微相（MFT5）、生屑泥晶灰岩微相（MFT6）和泥质生屑灰岩微相（MFT7）。下文将对这七种微相类型及其特征分别进行详细描述。

### 一、浮游有孔虫灰岩微相（MFT1）

岩石主要由泥晶有孔虫生屑灰岩组成，颗粒成分主要为浮游有孔虫（20%～30%），含少量小型棘皮及双壳类碎屑。颗粒大小约 0.1～0.2mm，总量为 30%～40%。基质为泥晶方解石，含量为 60%～70%，基质支撑结构，成岩作用基本不发育（图 4-1a）。该微相类型形成于水体较深且循环较差的低能环境。

### 二、泥晶生屑灰岩微相（MFT2）

岩石以泥晶生屑灰岩为主，颗粒成分为生物碎屑，种类丰富，可见棘皮类、双壳类、藻类、有孔虫等，颗粒大小约 0.2～0.5mm，总量为 50%～60%。基质为泥晶方解石，含量为 40%～50%，基质支撑结构，可见组构选择性溶蚀（图 4-1b）。该微相形成于水体能量较低的环境。

### 三、绿藻生屑灰岩微相（MFT3）

岩石由泥晶绿藻生屑灰岩组成。颗粒成分主要为绿藻（15%～40%），以粗枝藻为主，含少量小型棘皮类、双壳类和底栖有孔虫碎屑，生屑大小约0.4～2mm，总量为50%～70%。基质为泥晶方解石（30%～50%），颗粒支撑结构，可见组构选择性溶蚀（图4-1c）。粗枝藻是重要的用于微相分析的化石钙藻，是古代浅水陆棚相碳酸盐岩环境的主要指示物，对台地和缓坡的浅海相生屑碳酸盐岩的发育具有重要贡献。该微相类型主要形成于暖水、盐度正常、水体能量较低的受限的开阔海湾及礁脊之上。

## 四、泥晶生屑砂屑灰岩微相（MFT4）

岩石以泥晶颗粒灰岩为主，颗粒成分主要为砂屑（30%～70%），粒径介于0.1～0.5mm，分选性差，且多为生屑泥晶化作用的产物，少量棘皮碎屑和底栖有孔虫未被完全泥晶化，其内部形态仍清晰可见。基质主要为泥晶方解石（15%～35%），偶见棘皮生屑边缘少量连晶亮晶方解石胶结物。颗粒之间呈点接触，颗粒支撑结构，溶蚀作用发育，可见微弱胶结作用（图4-1d）。该微相类型形成于低—中能水体的浅滩环境。

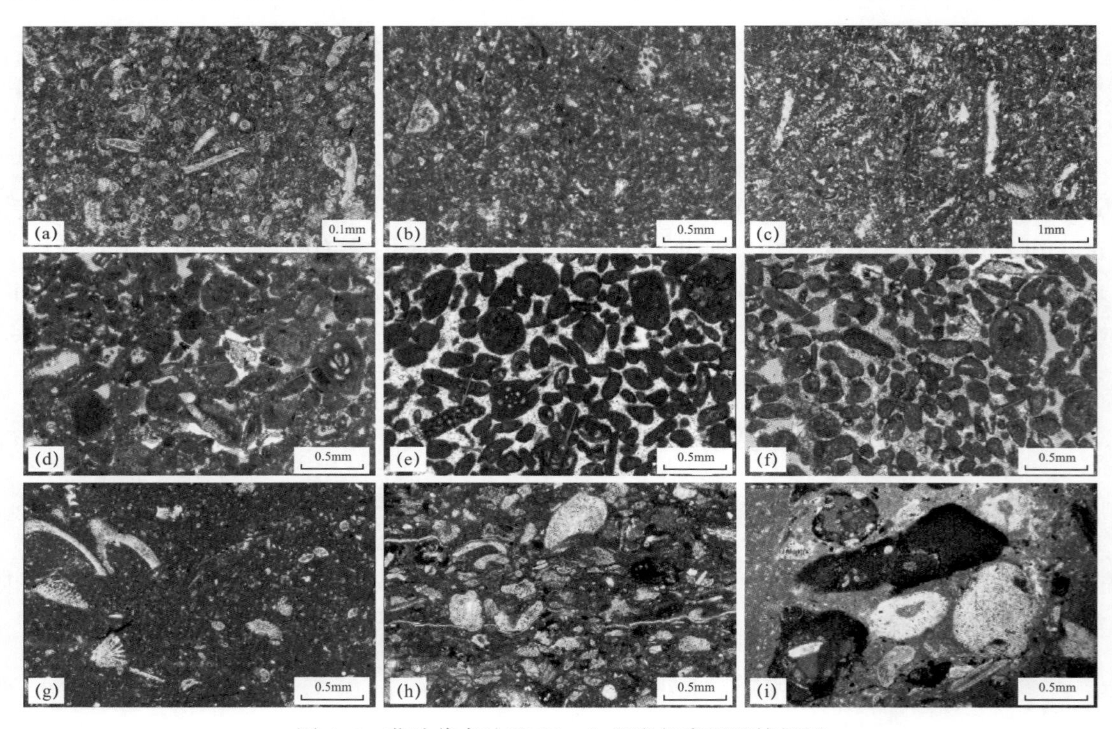


图4-1　艾哈代布油田Khasib组微相类型及特征图

（a）浮游有孔虫灰岩微相（MFT1），大量浮游有孔虫和棘皮碎屑，单偏光；（b）泥晶生屑灰岩微相（MFT2），可见棘皮类、双壳类、藻类，单偏光；（c）绿藻生屑灰岩微相（MFT3），绿藻大量发育，可见藻类孢囊，单偏光；（d）泥晶生屑砂屑灰岩微相（MFT4），砂屑分选较差，砂屑多为生屑泥晶化形成，可见底栖有孔虫和棘皮类碎屑，棘皮边缘发育少量胶结，单偏光；（e）亮晶生屑砂屑灰岩微相（MFT5），生屑泥晶化作用严重，砂屑分选较差，粒间可见明显两期胶结，分别呈犬牙状和块状，孔隙全部被胶结，单偏光；（f）亮晶生屑砂屑灰岩微相（MFT5），砂屑分选较差，溶蚀作用发育，粒间呈少量亮晶方解石，棘皮碎屑边缘可见连晶方解石胶结物，单偏光；（g）生屑泥晶灰岩微相（MFT6），生屑类型多，含量低，可见棘皮类、介形虫、双壳类、有孔虫碎屑，灰泥含量高，少量裂缝，单偏光；（h）、（i）泥质生屑灰岩微相（MFT7），棘皮生屑体积大，部分颗粒泥晶化严重，可见缝合线和裂缝，单偏光

## 五、亮晶生屑砂屑灰岩微相（MFT5）

岩石为亮晶颗粒灰岩，颗粒成分主要为砂屑（50%～80%），与泥晶生屑砂屑灰岩微相颗粒形态及成因类似，粒径介于0.1～0.5mm，分选性差，为生屑泥晶化作用的产物，少量棘皮和底栖有孔虫等碎屑未完全泥晶化，其内部形态清晰可见。基质为亮晶方解石（20%～40%），可见成岩早期的两期世代胶结物，第一世代为叶片状方解石沿颗粒边缘呈环边胶结，第二世代为呈粒状方解石向孔隙中心胶结，将孔隙完全充填（图4–1e）。随后暴露溶蚀使得部分亮晶方解石被溶解，颗粒边缘仍有少量亮晶方解石残余，同时在棘皮碎屑边缘可见少量晚于溶蚀作用的连晶亮晶方解石胶结物（图4–1f）。颗粒之间呈点接触，颗粒支撑结构，胶结作用和溶蚀作用强烈。该微相类型在Khasib组只局部发育，厚度较小，其沉积环境对应中能水体的浅滩环境。

## 六、生屑泥晶灰岩微相（MFT6）

岩石以生屑泥晶灰岩为主，颗粒成分为生物碎屑，种类丰富，可见棘皮类、双壳类、有孔虫等，粒径介于0.1～0.6mm，总量为30%～50%。基质为泥晶方解石，含量为50%～70%，基质支撑结构（图4–1g），该微相类型形成低能台内洼地环境。

## 七、泥质生屑灰岩微相（MFT7）

岩石为泥质生屑灰岩，颗粒成分以棘皮碎屑为主（20%～30%），可见少量双壳类、有孔虫等，粒径为0.1～0.5mm。基质为泥晶方解石，含量为50%～60%，基质支撑结构（图4–1h、图4–1i）。该微相类型发育于低能台内洼地环境。

# 第二节　Khasib组各小层微相类型及微相组合

## 一、Kh1小层微相类型及特征

Kh1小层发育四个侵蚀冲刷面及不同级别的最大海泛面，横向具有很好的对比性，发生过多次不同规模的海侵过程，Kh1小层可划分为4个高频旋回（图4–2）。Kh1小层发育泥质生屑灰岩微相（MFT7）、生屑泥晶灰岩微相（MFT6）、泥晶生屑砂屑灰岩微相（MFT4）三种微相类型。

泥质生屑灰岩微相（MFT7）以粒泥灰岩—泥灰岩为主，生屑类型以棘皮类为主，见少量有孔虫和介形虫，测井曲线中，16API＜GR＜23API，56μs/ft＜DT＜47μs/ft，密度介于2.52～2.69g/cm$^3$，电阻率较高。

生屑泥晶灰岩微相（MFT6）以粒泥灰岩为主，生屑类型丰富，可见棘皮类、双壳类、腹足类、有孔虫等，测井曲线呈低自然伽马（12～18API）、低声波时差（54～70μs/ft）、高电阻，密度介于2.44～2.70g/cm$^3$。

泥晶生屑砂屑灰岩微相（MFT4）以泥粒灰岩—颗粒灰岩为主，生屑类型以棘皮类和底栖有孔虫为主，测井曲线呈高自然伽马（16～23API），密度起伏较大（2.35～2.60g/cm³），声波时差介于61～76μs/ft。

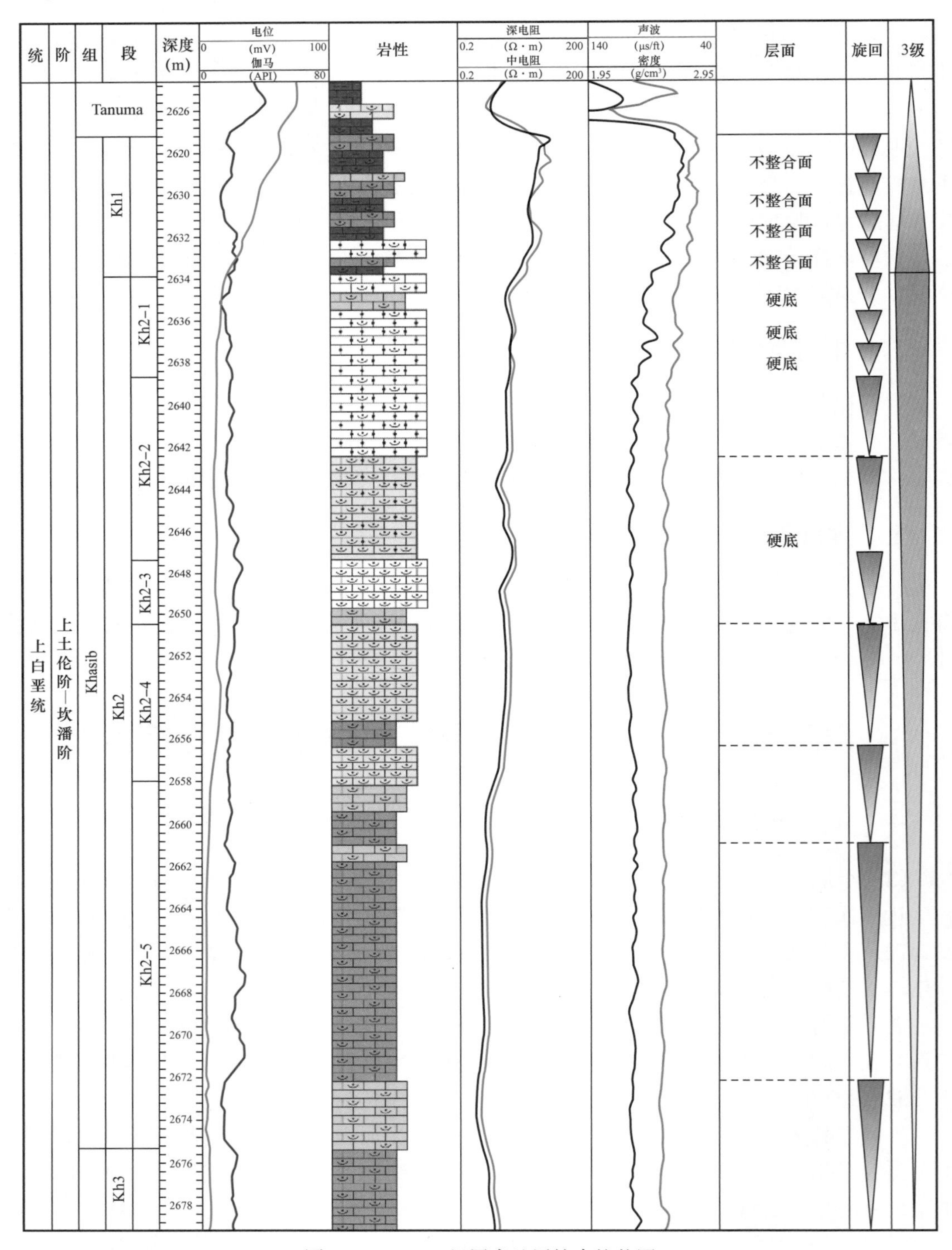


图 4-2　Khasib 组层序地层综合柱状图

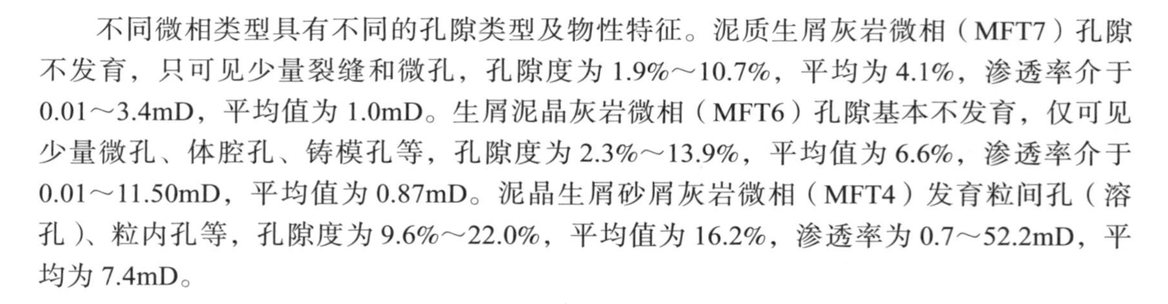

不同微相类型具有不同的孔隙类型及物性特征。泥质生屑灰岩微相（MFT7）孔隙不发育，只可见少量裂缝和微孔，孔隙度为1.9%～10.7%，平均为4.1%，渗透率介于0.01～3.4mD，平均值为1.0mD。生屑泥晶灰岩微相（MFT6）孔隙基本不发育，仅可见少量微孔、体腔孔、铸模孔等，孔隙度为2.3%～13.9%，平均值为6.6%，渗透率介于0.01～11.50mD，平均值为0.87mD。泥晶生屑砂屑灰岩微相（MFT4）发育粒间孔（溶孔）、粒内孔等，孔隙度为9.6%～22.0%，平均值为16.2%，渗透率为0.7～52.2mD，平均为7.4mD。

## 二、Kh2-1小层微相类型及特征

Kh2-1小层发育三个微不整合面，划分为3个高频旋回，分别对应Kh2-1-1、Kh2-1-2U及Kh2-1-2L三个段（图4-2）。Kh2-1小层发育泥晶生屑砂屑灰岩微相（MFT4）、亮晶生屑砂屑灰岩（MFT5）及泥晶生屑灰岩（MFT2）三种微相类型。

泥晶生屑砂屑灰岩微相（MFT4）以泥粒灰岩—颗粒灰岩为主，生屑类型丰富，可见棘皮类、双壳类、藻类类、腹足类、有孔虫等，测井曲线表现为自然伽马起伏（12.5～20API）、高声波时差（68～79μs/ft）、低密度（2.27～2.52g/cm$^3$）、高电阻。

亮晶生屑砂屑灰岩（MFT5）为颗粒灰岩结构，少量棘皮类和底栖有孔虫，测井曲线上低自然伽马（16～18API）、高声波时差（71～78μs/ft）、低密度（2.3～2.4g/cm$^3$）、高电阻。

泥晶生屑灰岩（MFT2）以粒泥灰岩为主，生屑类型丰富，可见棘皮类、双壳类、藻类、腹足类、有孔虫等，测井曲线表现为低自然伽马（12～17API）、高声波时差（73～77μs/ft）、低密度（2.32～2.38g/cm$^3$）。

泥晶生屑砂屑灰岩微相（MFT4）、亮晶生屑砂屑灰岩（MFT5）及泥晶生屑灰岩（MFT2）三种微相类型具有不同孔隙类型及储层物性。泥晶生屑砂屑灰岩微相（MFT4）以粒间孔为主，见少量粒内孔、铸模孔，孔隙度为8.6%～27.8%，平均值为19.7%，渗透率介于0.2～537.0mD，几何平均值为10.4mD。亮晶生屑砂屑灰岩（MFT5）以粒间溶孔为主，见少量粒内孔，孔隙度介于12.8%～20.4%，平均值为15.9%，渗透率介于0.1～304.8mD。泥晶生屑灰岩（MFT2）以铸模孔为主，见少量体腔孔和微孔，孔隙度介于17.8%～22.3%，平均值为12.8%，渗透率介于0.8～2.7mD，平均值为1.6mD。

通过对薄片下不同样品的生屑类型、结构组分定量分析可知，孔隙发育程度与藻类含量相关，同时绿藻与灰泥含量影响渗透率的变化，绿藻含量与渗透率呈正比，灰泥含量与渗透率呈反比。

## 三、Kh2-2小层微相类型及特征

Kh2-2小层划分为2个高频旋回，上部旋回以生屑砂屑灰岩为主，下部旋回以泥晶生屑灰岩为主（图4-2）。Kh2-2小层以泥晶生屑砂屑灰岩微相（MFT4）和泥晶生屑灰岩（MFT2）两种微相类型。

泥晶生屑砂屑灰岩微相（MFT4）以泥粒灰岩—颗粒灰岩为主，生屑类型以藻类、棘皮类为主，少量腹足类和底栖有孔虫，测井曲线上表现为低自然伽马（16～18API）、声波时差稳定（80μs/ft 左右）。

泥晶生屑灰岩（MFT2）以粒泥灰岩为主，生屑类型丰富，可见藻类、棘皮类、有孔虫及双壳类等，测井曲线上表现为低自然伽马（12～18API），声波时差稳定。

Kh2-2 小层以泥晶生屑砂屑灰岩微相（MFT4）和泥晶生屑灰岩（MFT2）两种微相类型为主，具有不同孔隙类型及储层物性。泥晶生屑砂屑灰岩微相（MFT4）以粒间孔为主，见少量粒内孔和铸模孔，孔隙度介于 16.74%～28.50%，平均值为 24.13%，渗透率介于 2.63～39.36mD，平均值为 10.75mD。泥晶生屑灰岩（MFT2）以铸模孔为主，见少量粒内孔和微孔，孔隙度介于 19.4%～28.48%，平均值为 25.35%，渗透率介于 3.68～44.81mD，平均值为 9.25mD。

通过对薄片下生屑类型、结构组分定量分析可知，绿藻与灰泥含量影响渗透率的变化，绿藻含量与渗透率呈正比，灰泥含量与渗透率呈反比。

## 四、Kh2-3 小层微相类型及特征

Kh2-3 小层发育 1 个高频旋回，岩性以绿藻生屑灰岩为主（图 4-2）。Kh2-3 小层发育绿藻生屑灰岩微相（MFT3）。

绿藻生屑灰岩微相（MFT3）以泥粒灰岩主，生屑类型以绿藻为主，次为棘皮类，见少量双壳类、有孔虫，测井曲线表现为高自然伽马（21～31API）、声波时差稳定（78～82μs/ft）。

Kh2-3 小层发育绿藻生屑灰岩微相（MFT3），以铸模孔、粒内孔为主，孔隙度为 10.6%～27.8%，平均值为 24%，渗透率为 3.7～68mD，平均值为 18.3mD。

通过对薄片下生屑类型、结构组分定量分析可知，绿藻与灰泥含量影响渗透率的变化，绿藻含量与渗透率呈正比，灰泥含量与渗透率呈反比。

## 五、Kh2-4 小层微相类型及特征

Kh2-4 小层发育 1.5 个高频旋回，岩性为泥晶生屑灰岩、浮游有孔虫灰岩（图 4-2）。Kh2-4 小层发育泥晶生屑灰岩（MFT2）、浮游有孔虫灰岩微相（MFT1）两种微相类型。

泥晶生屑灰岩（MFT2）以泥粒灰岩为主，生物类型丰富，可见棘皮类、藻类、有孔虫、双壳类，测井曲线表现为低自然伽马（13～25API）、低密度（2.21～2.32g/cm$^3$）、高声波时差（79.5～85.9μs/ft）。

浮游有孔虫灰岩微相（MFT1）为泥粒灰岩—粒泥灰岩，以浮游有孔虫和棘皮类碎屑为主，测井曲线表现为低自然伽马（12～19API）、低密度（2.24～2.34g/cm$^3$）、高声波时差（76.3～84.6μs/ft）。

Kh2-4 小层发育泥晶生屑灰岩（MFT2）、浮游有孔虫灰岩微相（MFT1）两种微相类型并具有不同孔隙类型及物性特征。泥晶生屑灰岩（MFT2）以体腔孔、粒间溶孔和微孔为主，孔隙度为 21.0%～28.5%，平均值为 26.1%，渗透率介于 2.1～39.0mD，平均值 9.8mD。浮游有孔虫灰岩微相（MFT1）以微孔和体腔孔为主，孔隙度为 20.1%～28.1%，平均值为 24.7%，渗透率介于 1.0～39.3mD，平均值为 3.9mD。

通过对薄片下不同样品的生屑类型、结构组分定量分析可知，绿藻含量与渗透率呈正比。

### 六、Kh2–5 小层微相类型及特征

Kh2–5 小层发育 2.5 个高频旋回，岩性为浮游有孔虫灰岩（图 4–2）。Kh2–5 小层只发育浮游有孔虫灰岩微相（MFT1）一种微相类型，以粒泥灰岩为主，生物类型为浮游有孔虫和棘皮类碎屑，测井曲线上表现为自然伽马起伏（11～26API）、低密度（2.25～2.36g/cm$^3$）、高声波时差（75.4～85.4μs/ft）。孔隙类型为体腔孔、微孔及少量裂缝，孔隙度为 19.6%～28.9%，平均值为 23.7%，渗透率介于 0.5～32.9mD，平均值为 3.1mD。

## 第三节 Khasib 组微相综合表征

艾哈代布油田 Khasib 组共发育七种微相类型：浮游有孔虫灰岩微相（MFT1）、泥晶生屑灰岩微相（MFT2）、绿藻生屑灰岩微相（MFT3）、泥晶生屑砂屑灰岩微相（MFT4）、亮晶生屑砂屑灰岩微相（MFT5）、生屑泥晶灰岩微相（MFT6）和泥质生屑灰岩微相（MFT7）。4 口取心井岩心孔隙度测试数据表明，各类型微相孔隙度变化微弱，渗透率之间差异较大。通过定性、定量分析不同微相类型的沉积组构、生屑类型变化，表明微相类型和储层物性之间存在紧密联系（图 4–3）。

MFT1 浮游有孔虫灰岩微相形成于低能外缓坡环境，孔隙度介于 19.6%～28.9%，平均值为 24.3%；渗透率分布于 0.5～393mD，几何平均值为 3.5mD。主要组构为泥晶基质（60%～70%）及有孔虫生物碎屑（20%～30%），发育大量浮游有孔虫孤立体腔孔和微孔。该微相类型的储层面孔率低，孔隙连通性差。高压压汞曲线呈现斜率低的平台状，排驱压力为 0.4～1MPa；压汞测试显示 MFT1 微相的孔喉半径呈现分布于 0.02～1.5μm 的单峰形态。

MFT2 泥晶生屑灰岩微相沉积于中缓坡低能滩环境，孔隙度介于 19.8%～28.6%，平均值为 25.7%；渗透率分布于 2.1～80.2mD，几何平均值为 11.2mD。主要组构为丰富的生物碎屑（50%～60%）及泥晶基质（40%～50%）。孔隙类型主要为体腔孔、铸模孔以及粒间孔，面孔率较高，孔隙连通性较差。高压压汞曲线呈现斜率较低的缓坡状，排驱压力为 0.1～0.3MPa；压汞测试显示 MFT2 微相的孔喉半径分布在 0.01～8μm，呈现出单强峰多弱峰的特征。

MFT3 绿藻生屑灰岩微相对应中缓坡低能绿藻滩环境，孔隙度介于 15.4%～28.7%，平均值为 24.5%；渗透率分布于 0.5～114.4mD，几何平均值为 20.4mD。主要组构为绿藻生物碎屑（15%～40%）及灰泥基质（30%～50%）。孔隙类型以藻类铸模孔为主，发育部分体腔孔，面孔率高，孔隙连通性中等。高压压汞曲线呈现斜率较低的缓坡状形态，排驱压力 0.1～0.2MPa；压汞测试显示 MFT2 微相的孔喉半径分布在 0.01～10μm，呈现出单峰分布形态。

MFT4 泥晶生屑砂岩灰岩微相沉积于中缓坡低能绿藻砂屑滩环境，孔隙度介于 5.8%～28.5%，平均值为 21.2%；渗透率分布于 0.1～99.9mD，几何平均值为 10.7mD。

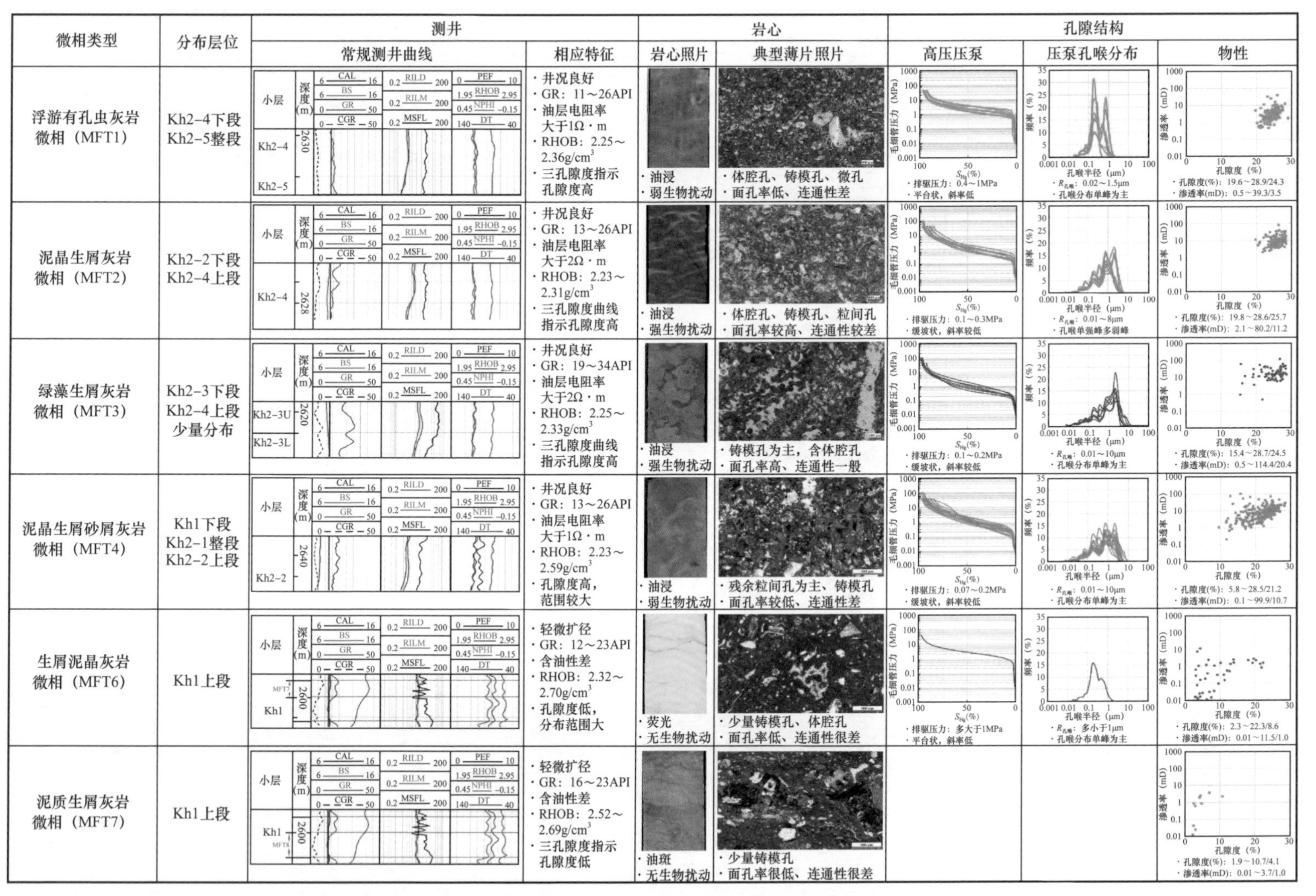


图 4-3 艾哈代布油田 Khasib 组碳酸盐岩不同微相类型特征及测井响应图

主要组构为砂屑（30%～80%）、生物碎屑、灰泥基质。孔隙类型主要为残余粒间孔及铸模孔，面孔率较低，孔隙连通性差。高压压汞曲线为斜率较低的缓坡状形态，排驱压力为0.07～0.2MPa；压汞测试显示MFT2微相的孔喉半径分布在0.01～10μm，分布以单峰形态为主。

MFT5亮晶生屑砂屑灰岩微相沉积于中缓坡低能绿藻砂屑滩环境，以致密亮晶方解石胶结区别于MFT4泥晶生屑砂岩灰岩微相。受成岩作用改造，储层储集空间差，孔隙连通性不好。由于取样原因，该微相类型储层的排驱压力及孔喉分布特征未知。

MFT6生屑泥晶灰岩微相沉积于外斜坡深水低能环境，孔隙度介于2.3%～22.3%，平均值为8.6%；渗透率分布于0.01～11.5mD，平均值为1mD。孔隙类型为少量铸模孔及体腔孔，面孔率低，孔隙连通性差。高压压汞曲线呈现斜率低的平台状形态，排驱压力多大于1MPa；压汞测试显示MFT2微相的孔喉半径多小于1μm，呈单峰形态。

MFT7泥质生屑灰岩微相沉积于外斜坡深水低能环境，孔隙度介于1.9%～10.7%，平均值为4.1%；渗透率分布于0.01～3.7mD，平均值为1mD。面孔率很低，孔隙发育程度低，发育少量铸模孔，孔隙连通性很差。

## 第四节　Khasib组微相平面分布特征

艾哈代布油田Khasib组垂向上微相类型变化较为明显，各小层发育特定的微相类型。最下部的Kh3段、Kh2-5小层及Kh2-4小层下部对应浮游有孔虫灰岩微相（MFT1），Kh2-4小层上部则发育泥晶生屑灰岩微相（MFT2）。Kh2-3小层微相类型以绿藻生屑灰岩微相（MFT3）为主，Kh2-2小层下部对应泥晶生屑灰岩微相（MFT2），上部为生屑砂屑灰岩微相（MFT4）。Kh2-1小层及Kh1段下部以生屑砂屑灰岩微相为主，上部则发育生屑泥晶灰岩微相（MFT6）及泥质生屑灰岩微相（MFT7）（图4-4）。

自下而上从Kh3段至Kh2-1小层顶部，Khasib组微相类型由MFT1逐渐过渡为MFT4，泥晶基质相对含量逐渐降低，浮游有孔虫生屑相对含量降低，颗粒百分含量增高，反映出沉积水体逐渐变浅，水动力逐渐增强的沉积过程，对应三级海退沉积层序；而自Kh2-1小层中上部至Kh1段，微相类型由MFT4转变为MFT6、MFT7，泥晶基质相对含量增加，颗粒百分含量降低，反映出沉积水体向上加深，水动力减弱的过程，对应三级海进层序。

通过岩石薄片显微观察及测井曲线连井曲线对比工作，认为研究区AD1—12—8H、AD1—22—1H、ADMa—4H、AD—16四口取心井相同层位岩石学特征、测井响应具有相似的特征。横向上对应属性无明显变化，微相展布稳定，反映出艾哈代布油田Khasib组整体的沉积环境稳定，变化不大，微相类型的横向非均质性弱，井间可对比性强（图4-5）。

以ADMa-4H井微相的测井响应特征为标准，建立不同微相类型的测井响应模板，利用测井资料进行研究区非取心井ADM2—2、ADR3—3、ADM4—5、ADR6—6、AD—13、ADR8—8的微相类型识别及井间微相类型对比工作。结果同取心井的微相对比工作一致：不同井的各层段测井曲线响应特征具有相似规律，对应相同的微相类型，反映出研究区横向上沉积连续性好，地层展布稳定，微相类型无明显变化，储层的横向非均质性不强（图 4–6）。

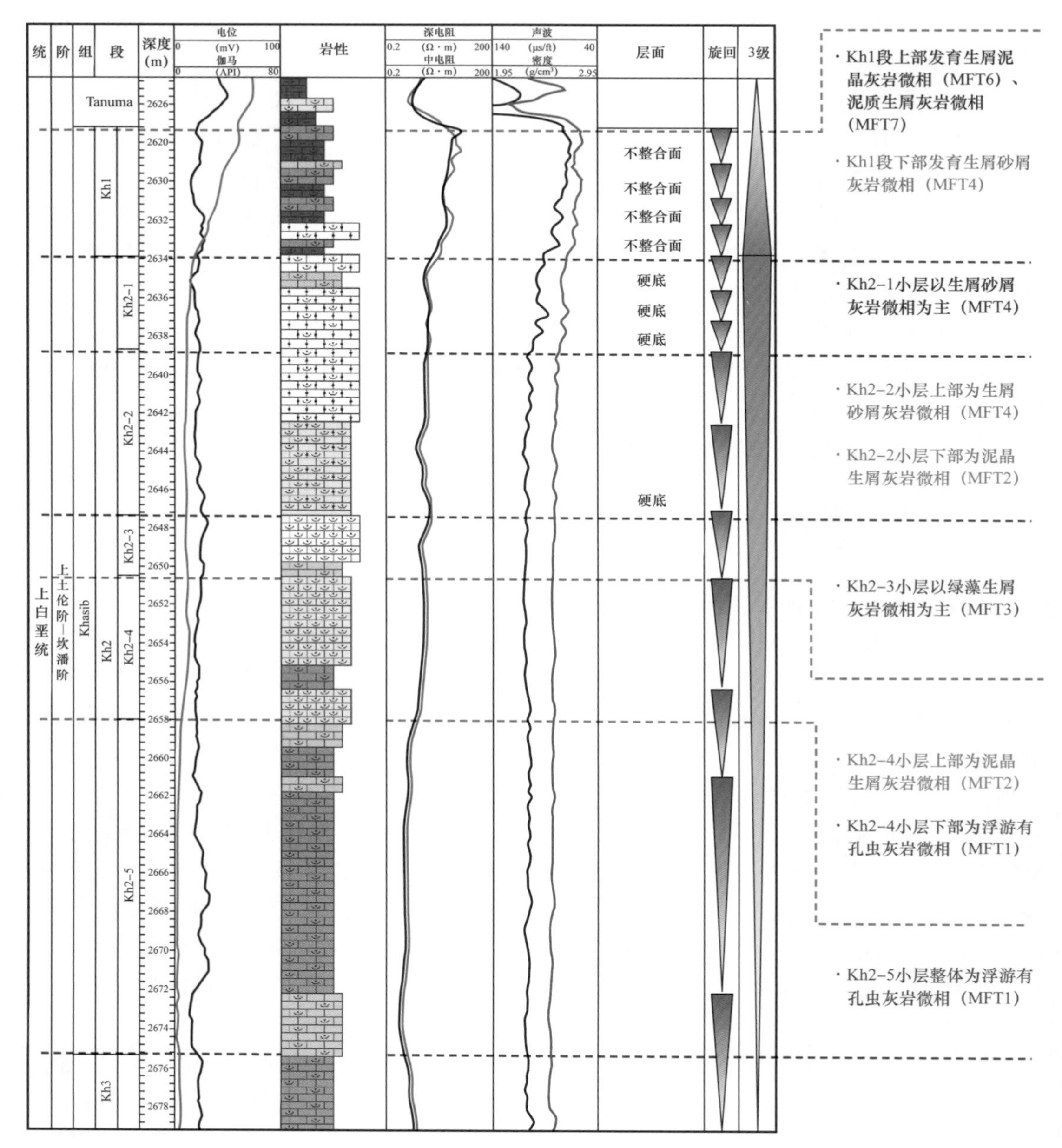


图 4–4　Khasib 组不同微相类型纵向演化特征图

以自然伽马测井数据为横轴，密度测井数据为纵轴，将艾哈代布油田 AD1、AD2、AD4 井区 Kh2–1–1、Kh2–1–2U、Kh2–1–2L、Kh2–2、Kh2–3、Kh2–4 小层的测井数据投图。结果显示，除 AD4—6—3HP 井因不可知原因存在一定偏离外，各小层的测井响应差异不大，分布在基本稳定的区域内。

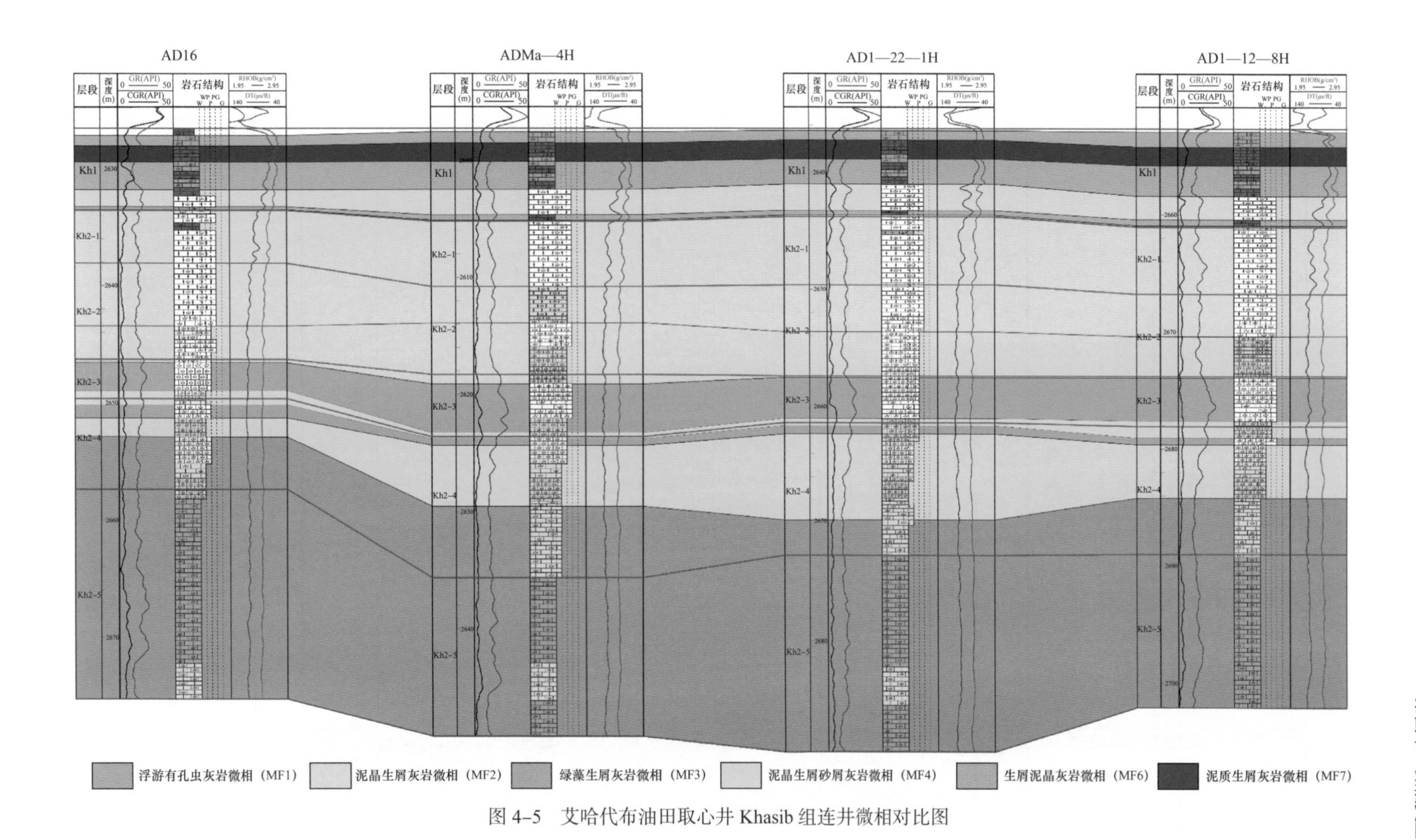


图 4-5　艾哈代布油田取心井 Khasib 组连井微相对比图

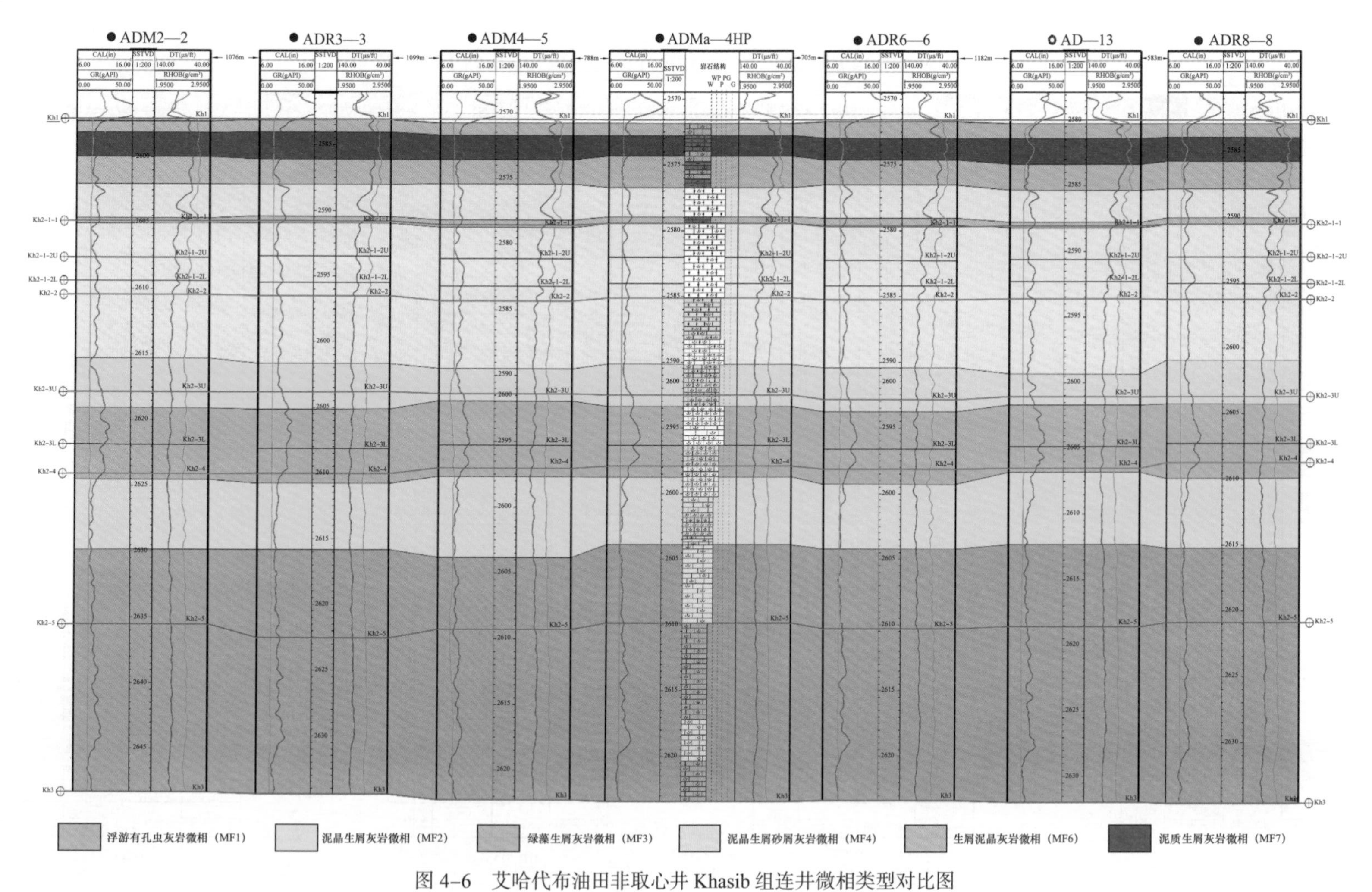


图 4-6　艾哈代布油田非取心井 Khasib 组连井微相类型对比图

AD2—13—3H 以及 AD1—19—5H 水平井测井结果表明，相同层位横向上微相无明显变化：Kh2-1-2L 小层下部、Kh2-1-2U 小层上部的泥晶生屑砂屑灰岩微相表现出自然伽马、声波时差、电阻率测井曲线起伏较大特征；Kh2-3 小层绿藻生屑灰岩微相具有明显高自然伽马特征；Kh2-2 小层下部泥晶生屑灰岩微相则表现出自然伽马起伏高、声波时差稳定、电阻率较高的测井响应特征。各小层水平方向上测井响应特征相似度高，表明储层横向非均质性较弱。

# 第五节　Rumaila 组微相类型划分

## 一、Rumaila 组各小层高频旋回划分及微相特征

### 1. Ru1-1—Ru1-3 小层高频旋回划分及微相特征

Ru1-1 小层划分为 1 个高频旋回，顶部界限为三级层序界面，底部以微不整合面为界，整体岩性单一，以泥粒灰岩为主，发育不规则泥质条纹和少量白色斑块（生屑更富集，棘皮为主），整体富含油（图 4-7）。Ru1-2 小层共划分为 8 个高频旋回，其中上段划分为 4 个高频旋回，以微不整合面为界，旋回顶部均可见溶蚀孔洞，岩性为薄层颗粒灰岩，旋回中下段以泥粒灰岩为主，整体饱含油。下段划分为 4 个高频旋回，以微不整合面或岩性转换面为界，旋回顶部发育薄层白色硬底段，岩性为颗粒灰岩，并发育溶蚀孔洞，旋回中下段岩性以泥粒灰岩为主，整体富含油。Ru1-3 小层共划分为 8 个高频旋回，其中上段划分为 4 个高频旋回，以岩性转换面为界，由薄层颗粒灰岩转换为泥粒灰岩，旋回顶部均发育溶蚀孔洞，有时发育白色硬底段，整体富含油。下段划分为 4 个高频旋回，以岩性转换面或微不整合面为界，由颗粒灰岩演变为粒泥—泥粒灰岩，界面之下发育溶蚀孔洞，上半部分整体富含油、下半部分旋回顶部呈油浸。

### 2. Ru1-1—Ru1-3 小层微相特征

Ru1-1—Ru1-3 小层共发育四种微相类型，分别为亮晶生屑似球粒颗粒灰岩微相（MFT3.2）、生屑似球粒泥粒灰岩微相（MFT4.1）、棘皮条带—团块生屑似球粒泥粒灰岩微相（MFT4.2）、富绿藻泥粒灰岩微相（MFT5.1）。其中 MFT4.1 及 MFT4.2 两种微相最为发育，约占 70%，MFT3.2 和 MFT5.1 仅少量分布，分别占 18% 和 12%。MFT4.1 以似球粒为主，棘皮类含量较高，含绿藻及底栖有孔虫。纵向单层厚度为 0.5～4.5m，平均 2m 左右，多分布在三级层序的中上部（图 4-8）。MFT4.2 中棘皮类含量高，团块—条带状富集，含似球粒及有孔虫。纵向成层性差，岩心上表现为斑块状胶结与基质之间的差异，常伴有明显压实—压溶作用。MFT3.2 以似球粒为主，含棘皮类、有孔虫及绿藻。岩心上表现为局部斑块状胶结，薄片中呈强烈粒间胶结，故该微相类型多与硬底伴生。纵向单层厚度较薄，介于 0.3～0.9m，平均 0.4m，主要分布于高频旋回顶部。MFT5.1 中以绿藻富集为特征，含少量棘皮类、底栖有孔虫及似球粒。纵向厚度较薄，单层厚度介于 0.2～0.3m，主要分布在高频旋回中下部。

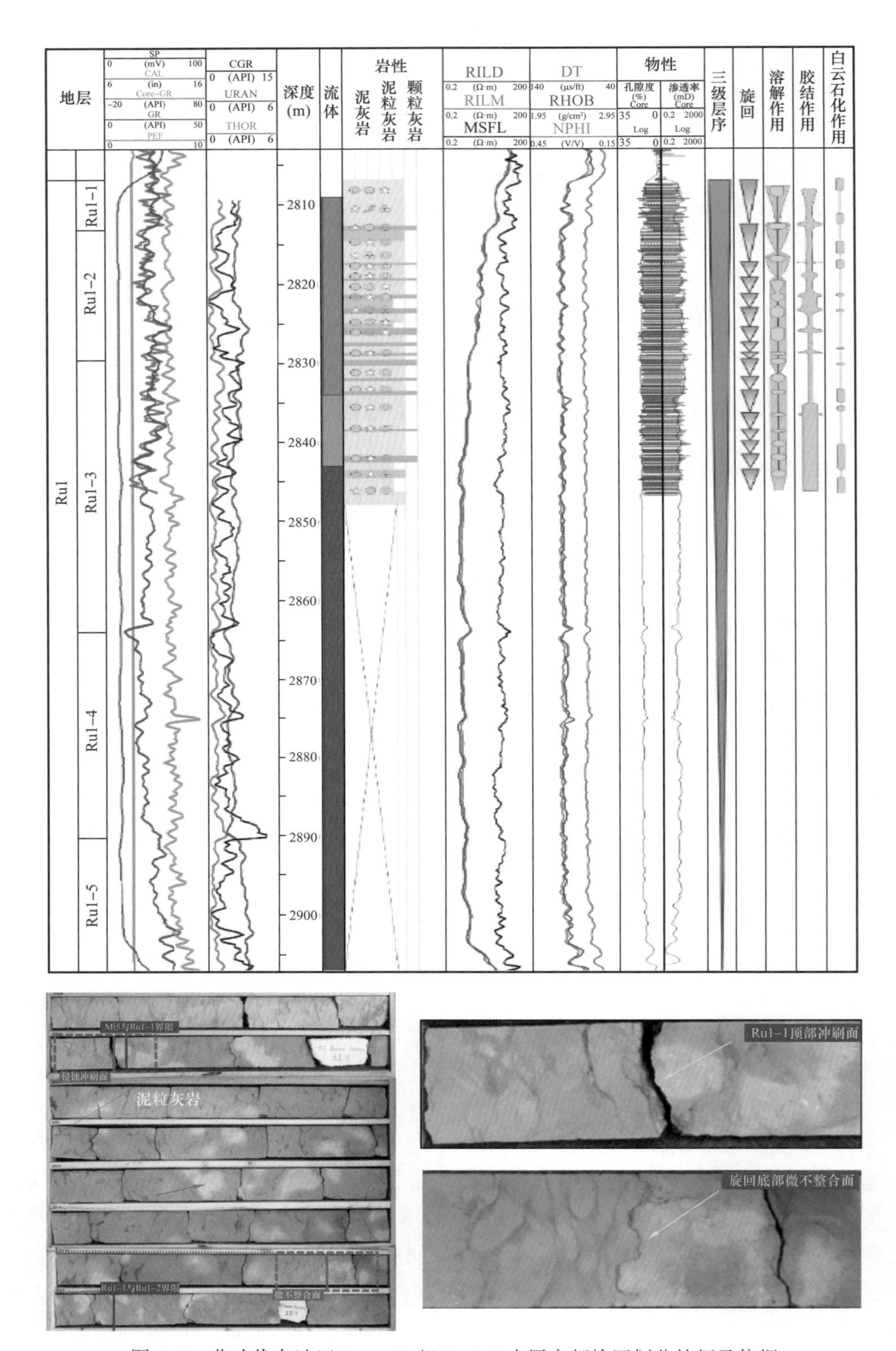


图 4-7　艾哈代布油田 Rumaila 组 Ru1-1 小层高频旋回划分特征及依据

图 4-8 艾哈代布油田 Rumaila 组 Ru1-1—Ru1-3 小层 MFT4.2 微相特征图
（a）ADMa—4H，Ru1-1 小层，2807.67m；（b）ADMa—4H，Ru1-1 小层，2812.76m；
（c）ADMa—4H，Ru1-2 小层，2814.92m；（d）ADMa—4H，Ru1-3 小层，2845.49m

不同微相的孔隙类型及物性特征存在差异。MFT4.1 孔隙类型以粒间孔和铸膜孔为主，局部可见溶蚀孔洞，MFT4.2 仅可见少量粒内孔。孔隙度介于 13.5%～29.2%，平均为 23.2%，渗透率介于 0.4～67.9mD，平均为 13.9mD。MFT3.2 以残余粒间孔和铸膜孔为主，见少量溶蚀孔洞，孔隙度介于 13.0%～28.0%，平均为 23.8%，渗透率介于 0.4～86.5mD，平均为 32.6mD。MFT5.1 以绿藻溶蚀形成的藻膜孔为显著特征，伴生少量溶蚀孔洞，孔隙度介于 10.1%～26.9%，平均为 22.8%，渗透率介于 3.1～41.4mD，平均为 15.1mD。Ru1-1—Ru1-3 小层总体平均孔隙度为 23.2%，平均渗透率为 16.1mD。

Ru1-1—Ru1-3 小层整体以粒泥灰岩为主，岩石结构组成变化弱，层内孔隙度和渗透率差异较小，孔隙类型以铸膜孔、粒间（溶）孔和溶蚀孔洞为主，同时发育大量微孔。岩石组构及生屑类型主要影响孔隙类型，对孔隙度渗透率变化影响较弱。高频旋回顶部颗粒灰岩硬底叠加溶蚀孔洞，使其孔隙度变小，渗透率降低，棘皮类团块轻微加剧了非均质性。

## 二、Ru2a-1 小层高频旋回划分及微相特征

### 1. Ru2a-1 小层高频旋回划分

Ru2a-1 划分为 2 个高频旋回，整体属于一个完整海侵体系域，以岩性转换面为界，除第二个旋回下段富含油外，整体不含油，局部油斑（图 4-9）。

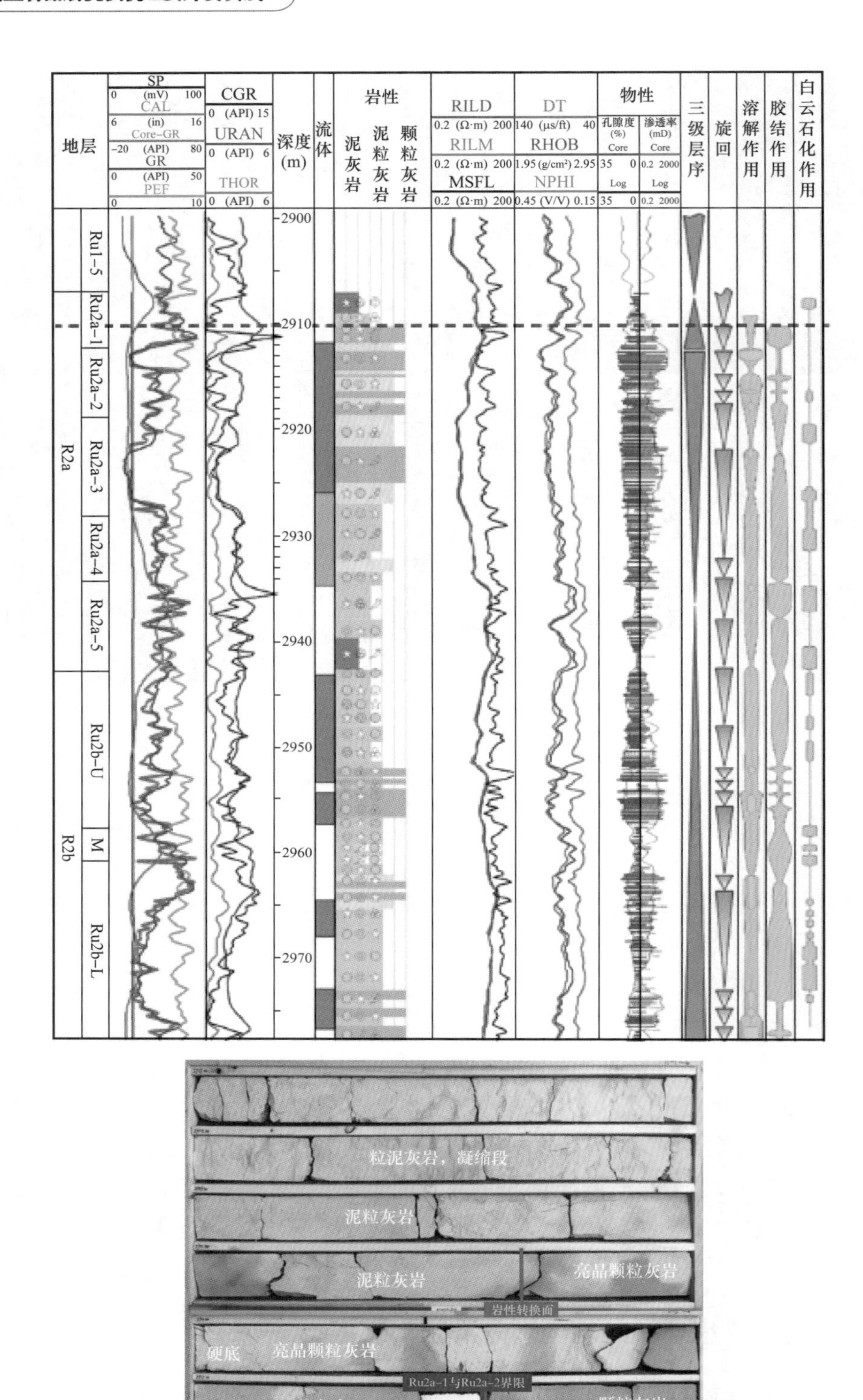


图 4-9　艾哈代布油田 Rumaila 组 Ru2a-1 小层高频旋回划分特征及依据

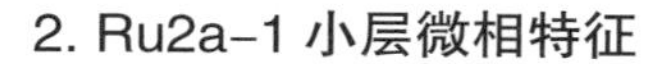

#### 2. Ru2a-1 小层微相特征

Ru2a-1 小层共发育三种微相类型，分别为亮晶生屑似球粒颗粒灰岩微相（MFT3.2）、含完整生屑泥粒灰岩微相（MFT6）及细粒生屑粒泥灰岩微相（MFT7）。MFT3.2 以似球粒为主，含棘皮类、双壳类及底栖有孔虫，发育强烈粒间胶结，纵向呈 1.6m 层状，分布在高频旋回上段（图 4-10）。MFT6 生屑类型丰富，保存有较完整棘皮类、双壳类碎屑，同时可见绿藻及浮游有孔虫，纵向呈 1m 层状，分布于三级层序海侵域晚期。MFT7 中浮游有孔虫发育，含细粒棘皮类及双壳类生屑。纵向呈 2m 层状，分布于三级层序最大海泛面凝缩段。

不同微相的孔隙类型及物性特征存在差异。MFT3.2 由于胶结作用强烈，仅发育少量残余粒间孔及微裂缝，孔隙度介于 3.4%～17.4%，平均为 10.1%，渗透率介于 0.02～15.5mD，平均为 4.9mD。MFT6 中仅可见少量铸膜孔，孔隙度介于 9.1%～15.2%，平均为 12.0%，渗透率介于 0.3～3.4mD，平均为 1.0mD。MFT7 以微孔为主，孔隙度介于 3.0%～11.1%，平均为 6.5%，渗透率介于 0.01～1.9mD，平均为 0.3mD（图 4-11）。Ru1-1—Ru1-3 小层总体平均孔隙度为 23.2%，平均渗透率为 16.1mD。Ru2a-1 小层总体孔隙发育差，平均孔隙度仅为 9.6%，平均渗透率为 2.5mD。

Ru2a-1 小层仅发育少量残余粒间孔、铸膜孔及微孔，岩石组构中的灰泥及亮晶对储层孔渗控制作用明显，上部 MFT7 发育，灰泥含量高，储层孔隙度及渗透率较低，下部 MFT3.2 发育，粒间孔多被亮晶胶结物充填，储层孔隙发育较差。

### 三、Ru2a-2—Ru2a-4 小层高频旋回及微相特征

#### 1. Ru2a-2—Ru2a-4 小层高频旋回划分

Ru2a-2—Ru2a-4 小层整体划分为 6 个高频旋回，其中 Ru2a-2—Ru2a-3 上段划分为 4 个高频旋回，以岩性转换面为界，颗粒灰岩演化为泥粒灰岩，旋回顶部发育溶蚀孔洞，部分发育硬底，除硬底段外富含油（Ru2a 油藏）（图 4-12）。Ru2a-3 中下段—Ru2a-4 划分为 2 个高频旋回，顶部颗粒灰岩富含油，下部为泥粒—粒泥灰岩，呈油浸—油斑。

#### 2. Ru2a-2—Ru2a-4 小层微相特征

Ru2a-2—Ru2a-4 小层共发育 5 种微相类型，分别为生屑似球粒颗粒灰岩微相（MFT3.1）、生屑似球泥粒灰岩微相（MFT4.1）、棘皮团块—条带生屑似球粒泥粒灰岩微相（MFT4.2）、亮晶充填富绿藻泥粒灰岩微相（MFT5.2）、含完整生屑泥粒灰岩微相（MFT6）。MFT3.1 以似球粒为主，含棘皮类、双壳类及底栖有孔虫，纵向单层厚度约为 0.5～2m，分布于高频旋回顶部（图 4-13）。MFT4.1 以似球粒为主，含棘皮类、底栖有孔虫及绿藻，纵向呈 1～2m 厚，分布于高频旋回下段。MFT4.2 富含棘皮类碎屑且呈团块状—条带状分布，含少量底栖有孔虫，纵向成层性差，多与压实—压溶作用相关（图 4-14）。MFT5.2 富含绿藻，含少量棘皮类、底栖有孔虫及似球粒，纵向呈 1.5m 层状，

分布于高频旋回中部。MFT6 中富含完整的厚壳蛤壳体，含棘皮类和浮游有孔虫，纵向呈 5m 厚层分布于高频旋回底部。

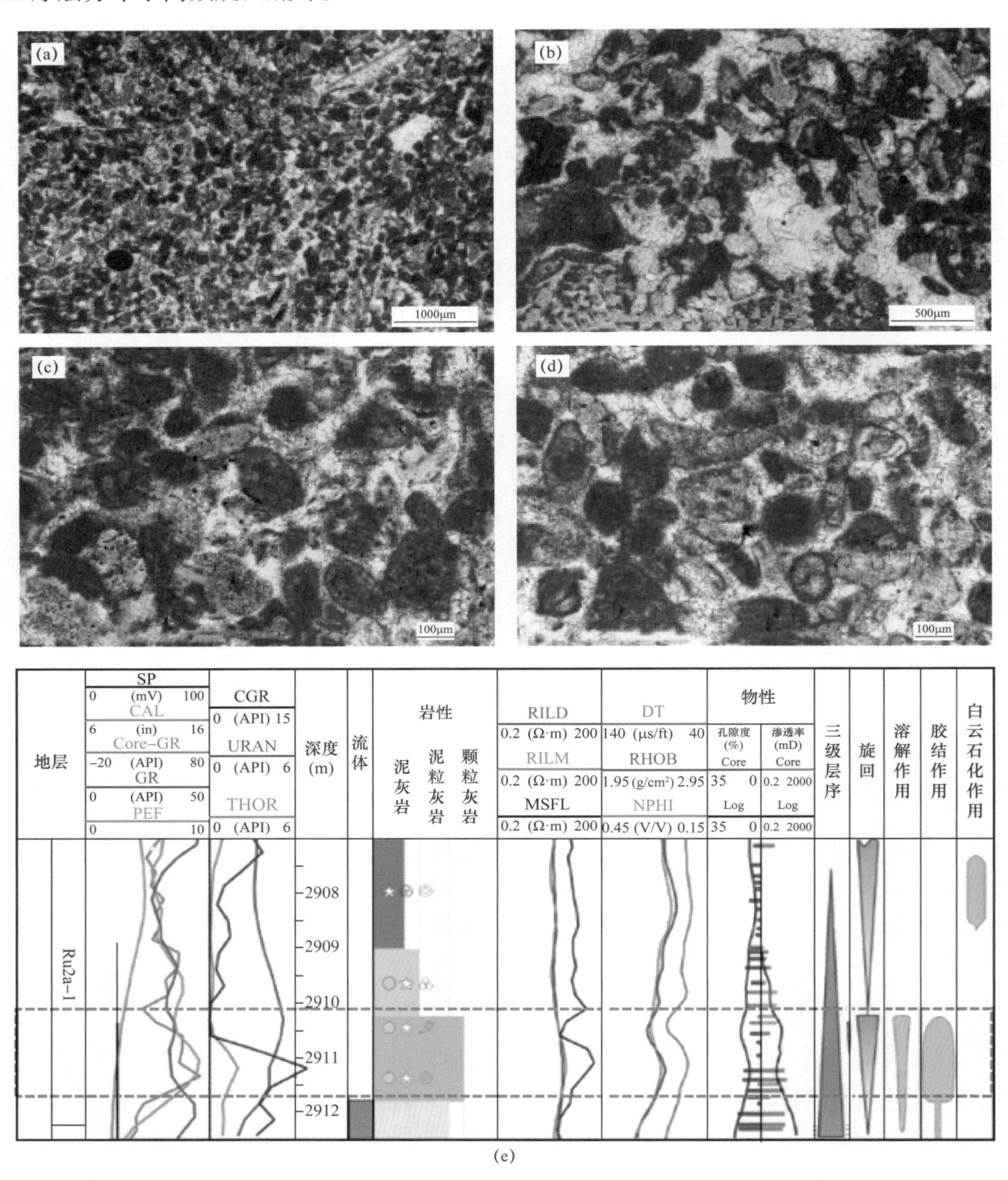


图 4-10 艾哈代布油田 Rumaila 组 Ru2a-1 小层 MFT3.2 微相特征图

（a）ADMa—4H，Ru2a-1，2910.95m；（b）ADMa—4H，Ru1-2，2911.50m；（c）ADMa—4H，Ru1-2，2911.00m；（d）ADMa—4H，Ru1-2，2911.84m

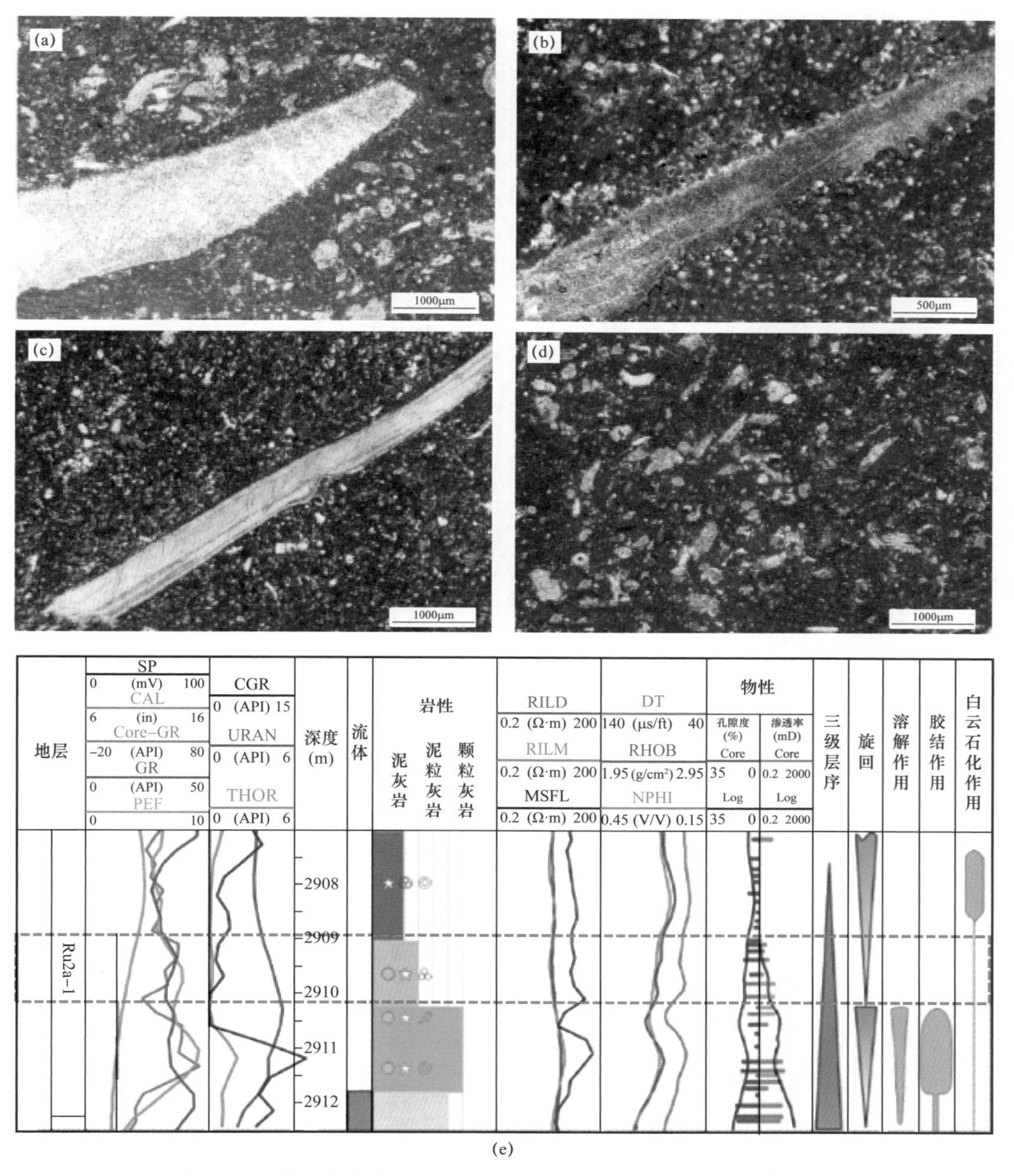


图 4-11 艾哈代布油田 Rumaila 组 Ru2a-1 小层 MFT6 微相特征图

（a）ADMa—4H，Ru2a-1，2909.19m；（b）ADMa—4H，Ru1-2，2909.35m；（c）ADMa—4H，Ru1-2，2909.35m；（d）ADMa—4H，Ru1-2，2909.19m

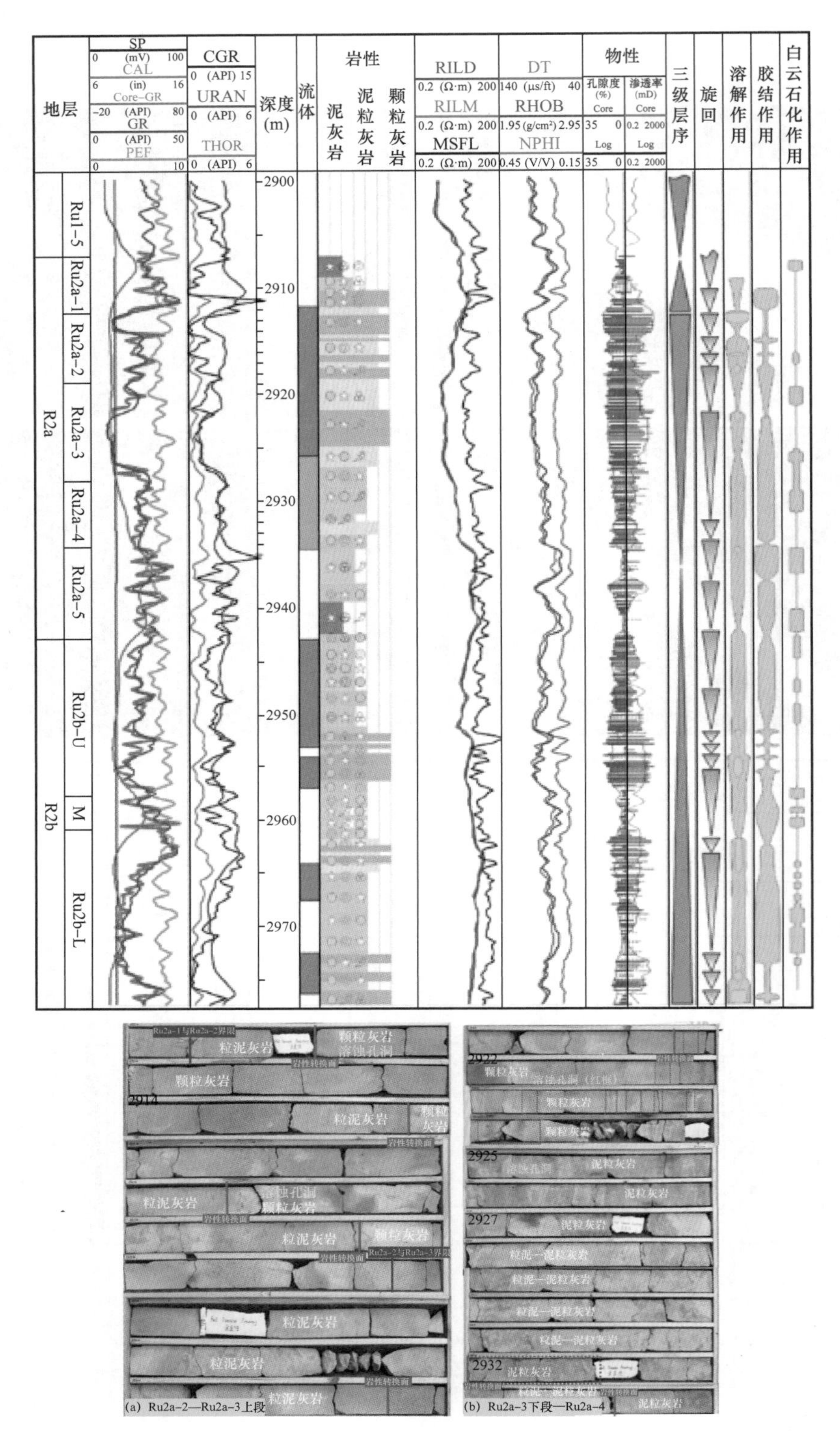


图 4-12 艾哈代布油田 Rumaila 组 Ru2a-2—Ru2a-4 小层高频旋回划分特征及依据

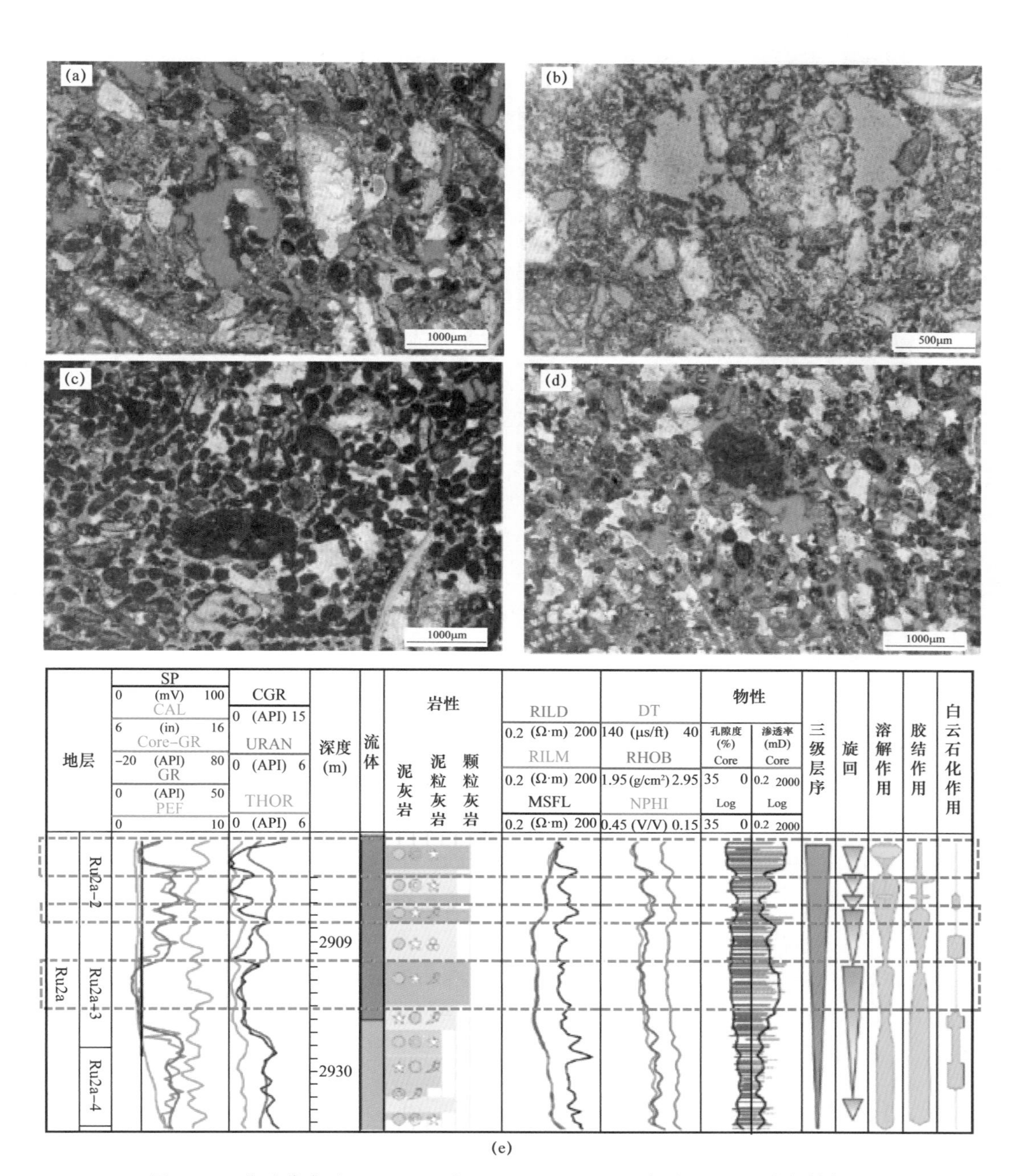


图 4-13　艾哈代布油田 Rumaila 组 Ru2a-2—Ru2a-4 小层 MFT3.1 微相特征图

（a）ADMa—4H，Ru2a-2，2912.80m；（b）ADMa—4H，Ru2a-2，2914.00m；

（c）ADMa—4H，Ru2a-2，2917.80m；（d）ADMa—4H，Ru2a-3，2923.82m

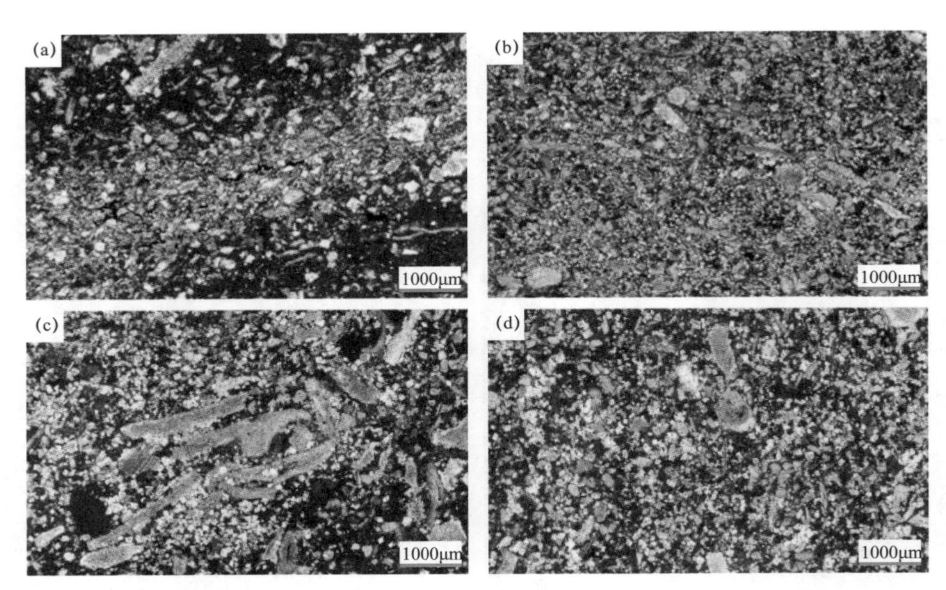


图 4-14　艾哈代布油田 Rumaila 组 Ru2a—3 小层 MFT4.2 微相特征图

（a）ADMa—4H，Ru2a-3，2925.75m；（b）ADMa—4H，Ru2a-3，2925.75m；（c）ADMa—4H，Ru2a-3，2925.98m；（d）ADMa—4H，Ru2a-3，2926.09m

不同微相的孔隙类型及物性特征存在差异。MFT3.1 中粒间孔和铸膜孔发育，局部可见溶蚀孔洞，孔隙度介于 17.1%～26.8%，平均为 23.0%，渗透率介于 18.9～368.5mD，平均为 75.5mD。MFT4.1 以铸膜孔及粒间孔为主，孔隙度介于 7.6%～24.3%，平均为 19.2%，渗透率介于 0.7～18.8mD，平均为 6.3mD。MFT4.2 无明显可见孔，孔隙度介于 14.4%～20.4%，平均为 17.3%，渗透介于 1.0～21.3mD，平均为 4.4mD。MFT5.2 中胶结作用强烈，铸膜孔大部分被亮晶充填，仅存少量残余铸膜孔，孔隙度介于 15.0%～22.0%，平均为 17.4%，渗透介于 1.9～10.7mD，平均为 4.2mD。MFT6 中孔隙不发育，仅可见少量粒内裂缝及铸膜孔，孔隙度介于 7.3%～16.8%，平均为 11.7%，渗透率介于 0.06～2.0mD，平均为 0.9mD（图 4-15）。Ru2a-2—Ru2a-4 小层总体孔隙发育较好，平均孔隙度为 18.4%，平均渗透率为 17.8mD。

Ru2a-2—Ru2a-4 小层以铸模孔、粒间孔和粒内孔为主，岩石组构中的灰泥及亮晶对储层孔隙度渗透率控制作用明显，储层孔隙度和渗透率变化与灰泥及亮晶含量之和呈负相关，其中 Ru2a-2—Ru2a-3 整体沉积于高位域晚期，叠加早期淡水淋滤，储层质量较好。

## 四、Ru2a-5 小层高频旋回划分及微相特征

### 1. Ru2a-5 小层高频旋回划分

Ru2a-5 小层划分为 2 个高频旋回，界面以侵蚀冲刷面为特征，旋回上段为泥粒灰岩，富含油，下段为粒泥灰岩凝缩段，不含油（图 4-16）。

### 2. Ru2a-5 小层微相特征

Ru2a-5 小层发育 3 种微相类型，分别为绿藻生屑泥粒灰岩微相（MFT4.1）、含完整

生屑泥粒灰岩微相（MFT6）、浮游有孔虫细粒生屑粒泥灰岩微相（MFT7）。MFT4.1 中绿藻丰富，含棘皮类和有孔虫，纵向呈 1m 层状，分布于海侵域高频旋回顶部（图 4–17）。MFT6 以完整厚壳蛤壳体为主，含棘皮类和浮游有孔虫，纵向呈 3m 层状，分布于高频旋回底部（图 4–18）。MFT7 以浮游有孔虫为主，含棘皮类等细粒生屑，纵向呈 4m 厚层，分布于三级最大海泛面附近（图 4–19）。

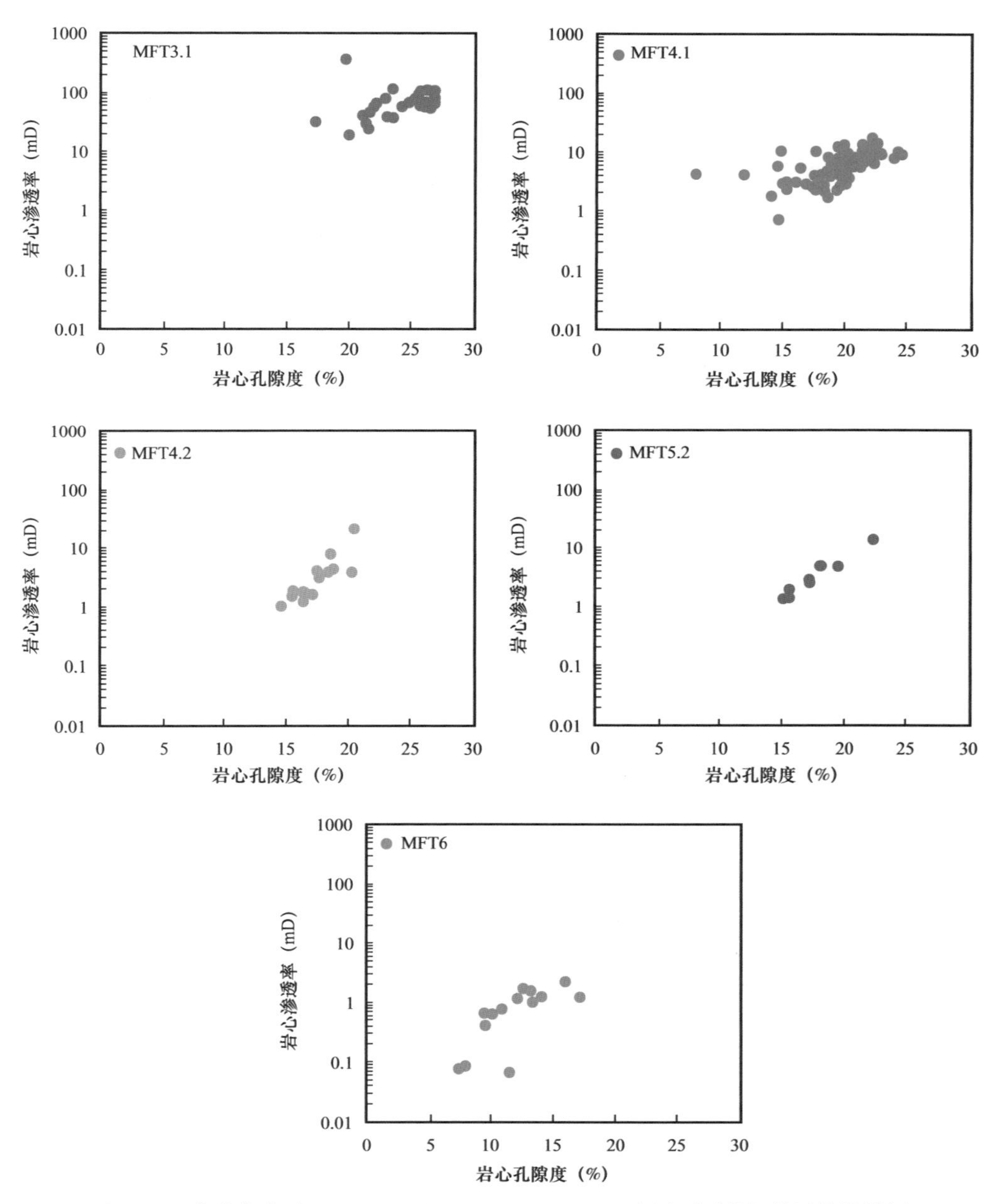


图 4–15　艾哈代布油田 Rumaila 组 Ru2a–2—Ru2a–4 小层不同微相储层物性特征

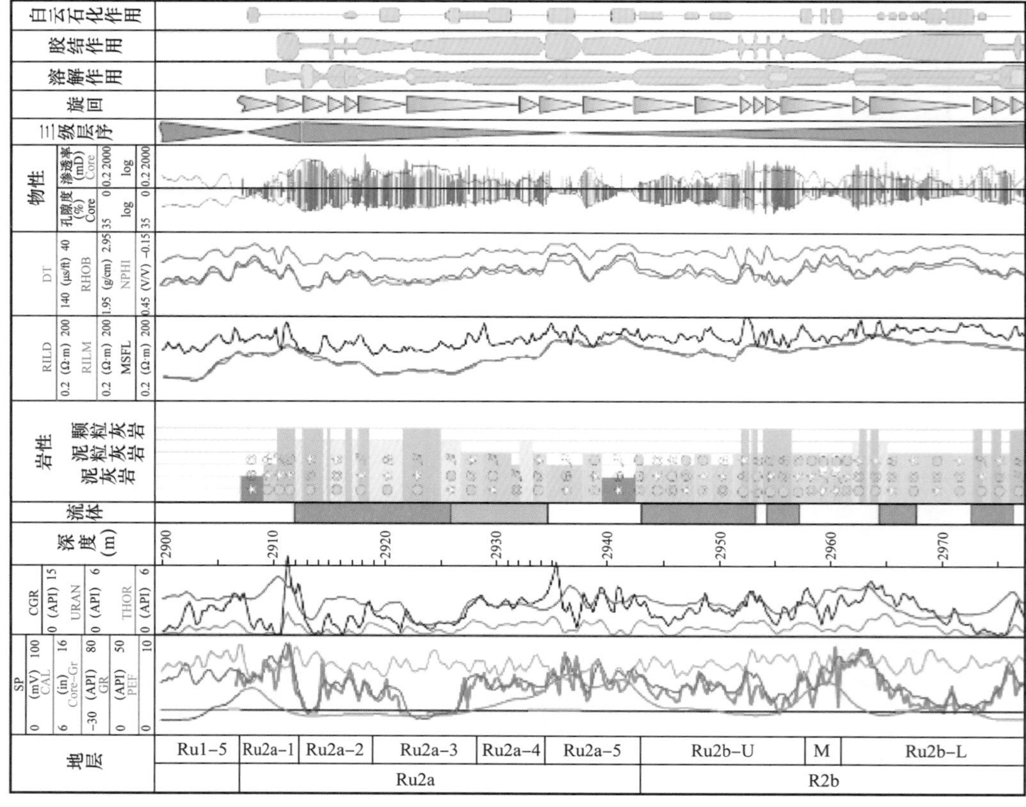


图 4-16 艾哈代布油田 Rumaila 组 Ru2a-5 小层高频旋回划分特征及依据

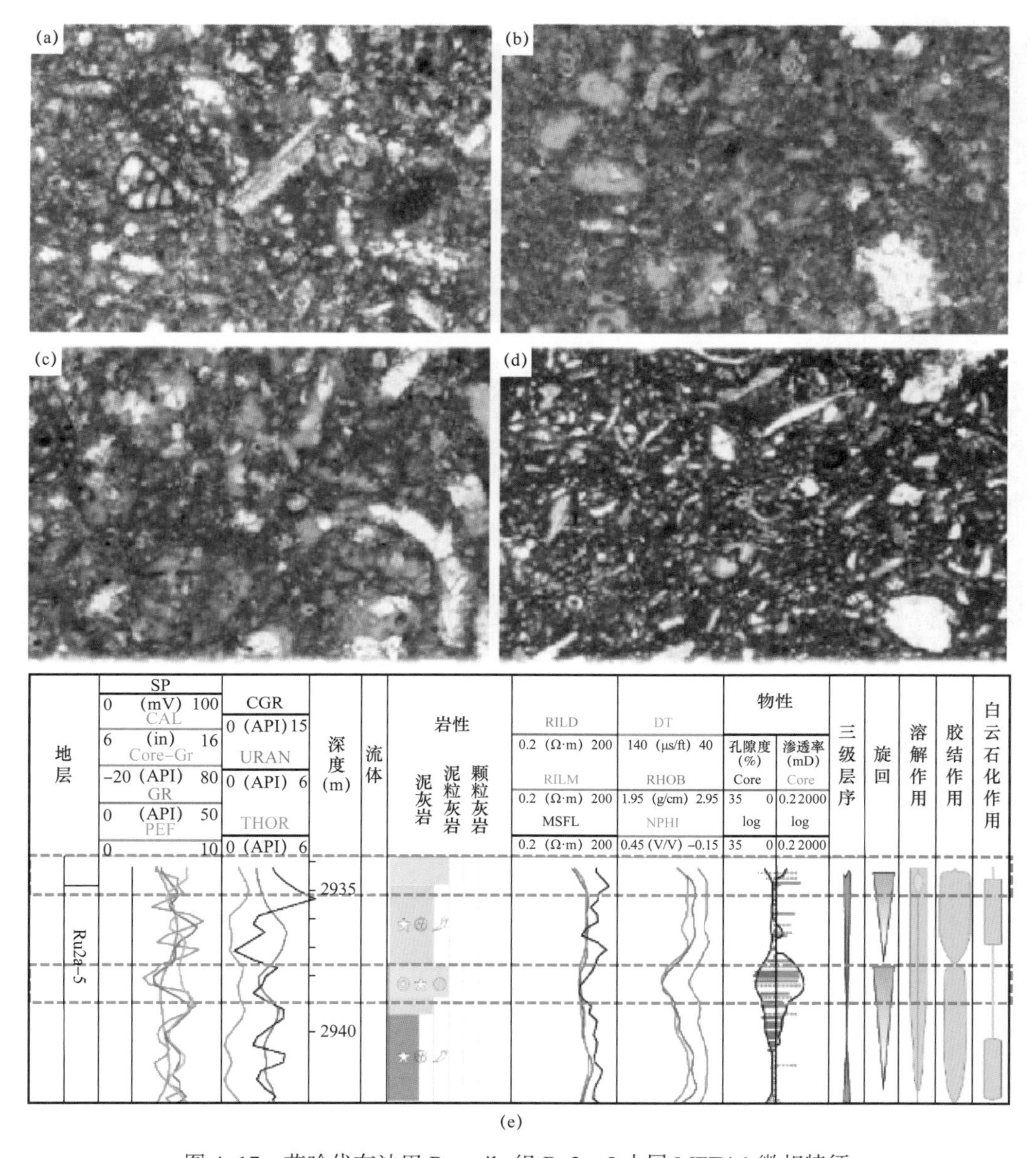


图 4-17　艾哈代布油田 Rumaila 组 Ru2a-5 小层 MFT4.1 微相特征

（a）ADMa—4H，Ru2a-5，2937.87m；（b）ADMa—4H，Ru2a-5，2938.37m；（c）ADMa—4H，Ru2a-5，2938.63m；（d）ADMa—4H，Ru2a-5，2939.82m

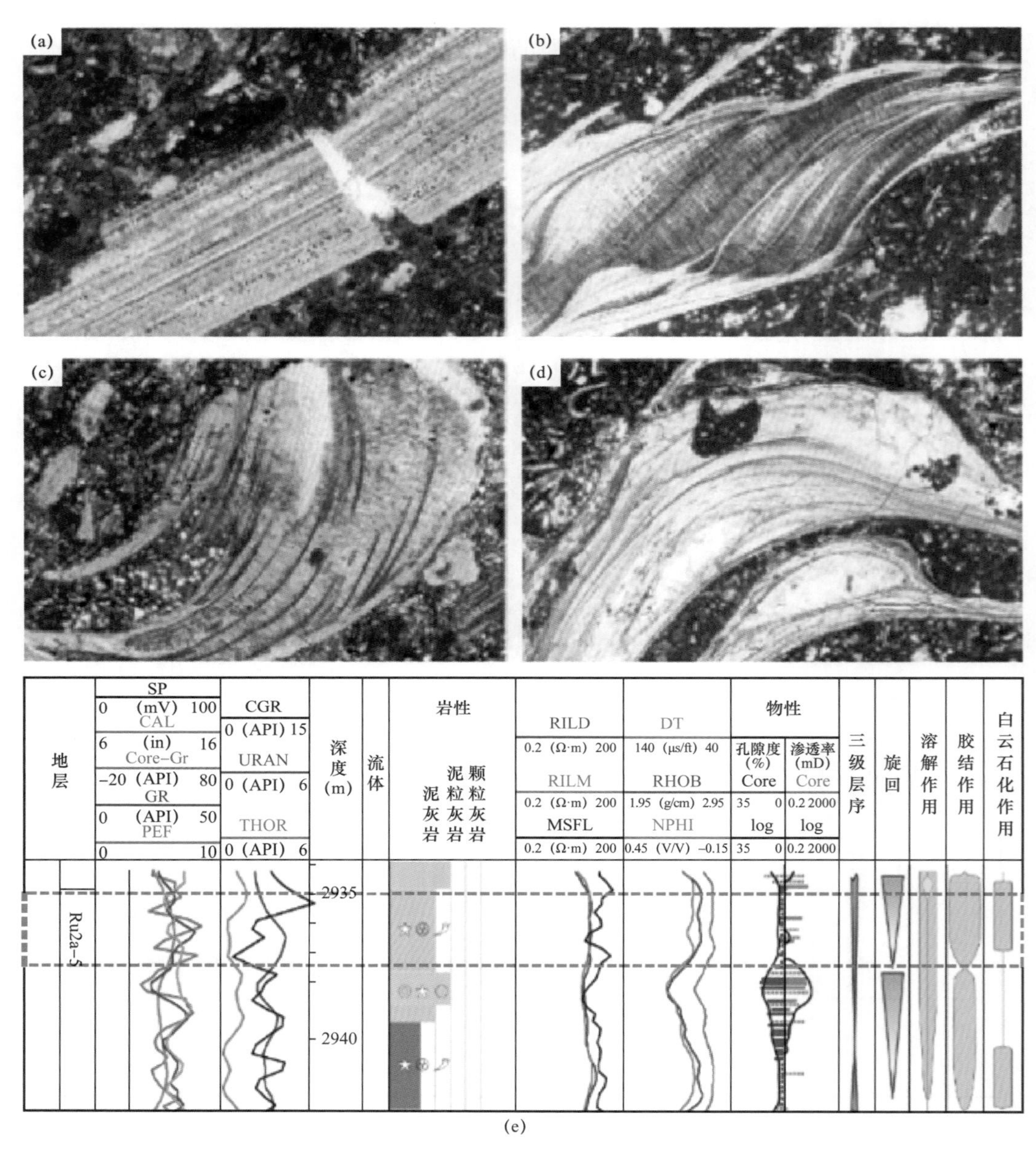


图 4-18　艾哈代布油田 Rumaila 组 Ru2a-5 小层 MFT6 微相特征

（a）ADMa—4H，Ru2a-5，2935.16m；（b）ADMa—4H，Ru2a-5，2935.33m；（c）ADMa—4H，Ru2a-5，2936.50m；（d）ADMa—4H，Ru2a-5，2936.75m

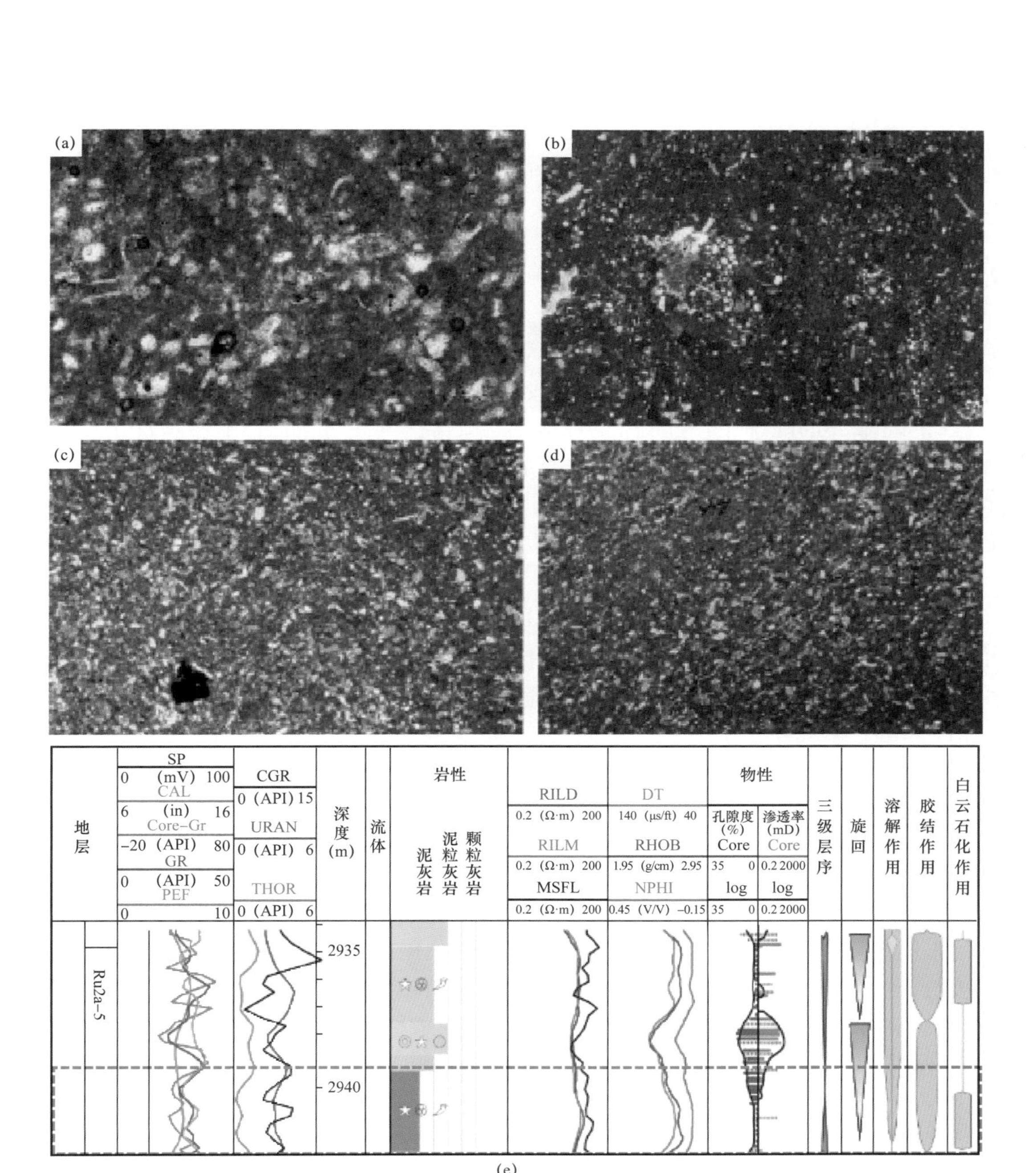


图 4-19　艾哈代布油田 Rumaila 组 Ru2a-5 小层 MFT7 微相特征

（a）ADMa—4H，Ru2a-5，2940.13m；（b）ADMa—4H，Ru2a-5，2940.84m；（c）ADMa—4H，Ru2a-5，2941.45m；（d）ADMa—4H，Ru2a-5，2941.64m

不同微相的孔隙类型及物性特征存在差异。MFT4.1 铸膜孔及粒间孔发育，孔隙度介于 15.9%～21.7%，平均为 18.8%，渗透率介于 2.9～10.2mD，平均为 6.7mD。MFT6 仅发育少量粒内裂缝及铸膜孔，孔隙度介于 1.9%～15.2%，平均为 6.7%，渗透率介于 0.05～12.2mD，平均为 1.4mD。MFT7 以微孔为主，孔隙度介于 1.9%～8.9%，平均为 4.1%，渗透率介于 0.01～0.5mD，平均为 0.1mD。Ru2a–5 小层孔隙发育较差，平均孔隙度为 8.0%，平均渗透率为 1.9mD。

Ru2a–5 小层以铸膜孔为主，其他孔隙类型少见，储层孔隙度和渗透率受高频旋回控制明显，旋回顶部储层泥晶含量较下部少，孔隙度和渗透率较旋回下部高。

## 五、Ru2b–U—Ru2b–M 小层高频旋回划分及微相特征

### 1. Ru2b–U—Ru2b–M 小层高频旋回划分

Ru2b–U—Ru2b–M 小层共划分为 6 个高频旋回，其中 Ru2b–U 上段划分为 2 个高频旋回，以侵蚀冲刷面为界，岩性以泥粒灰岩为主，富含油—油浸（Ru2b–U 油藏）（图 4–20a）。Ru2b–U 下段—Ru2b–M 划分为 4 个高频旋回，以岩性转换面为界，旋回顶部白色硬底颗粒灰岩，不含油（图 4–20b）。

### 2. Ru2b–U—Ru2b–M 小层微相特征

Ru2b–U—Ru2b–M 小层共发育 5 种微相类型，分别为生屑似球粒颗粒灰岩（MFT3.1）、亮晶生屑似球粒颗粒灰岩（MFT3.2）、富绿藻泥粒灰岩（MFT5.1）、亮晶充填富绿藻泥粒灰岩（MFT5.2）、浮游有孔虫细粒生屑粒泥灰岩（MFT7）。MFT3.1 以似球粒为主，含底栖有孔虫、棘皮类及双壳类，纵向呈 1～2m 薄层，分布在高频旋回顶部（图 4–21）。MFT3.2 以似球粒为主，含底栖有孔虫、棘皮类及双壳类，纵向呈 0.1～0.2m，分布在高频旋回顶部。MFT5.1 富绿藻，含棘皮类、底栖有孔虫及似球粒，纵向呈 0.2～1m 薄层，分布在高频旋回中下部。MFT5.2 富绿藻，含棘皮类、底栖有孔虫及似球粒，纵向呈 0.5～3m，分布于高频旋回中下部。MFT7 富含浮游有孔虫，含棘皮类等细粒生屑，纵向呈 0.2～4m 层状，分布于高频旋回底部（图 4–22）。

不同微相的孔隙类型及物性特征存在差异。MFT3.1 以粒间孔及铸膜孔为主，孔隙度介于 15.2%～27.3%，平均为 22.6%，渗透率介于 17.0～88.7mD，平均为 40.8mD。MFT3.2 粒间孔多被亮晶胶结物充填，仅含少量残余粒间孔，孔隙度介于 2.5%～4.0%，平均为 3.2%，渗透率介于 0.08～1.9mD，平均为 0.8mD。MFT5.1 发育铸膜孔，孔隙度介于 14.7%～24.1%，平均为 19.1%，渗透率介于 0.5～12.6mD，平均为 4.1mD。MFT5.2 铸膜孔多被亮晶胶结物充填，仅存少量残余铸膜孔及体腔孔，孔隙度介于 5.1%～17.4%，平均为 12.6%，渗透率介于 0.1～2.4mD，平均为 0.8mD。MFT7 仅发育少量微孔，孔隙度介于 2.2%～10.1%，平均为 4.7%，渗透率介于 0.01～2.3mD，平均为 0.4mD。Ru2b–U—Ru2b–M 小层平均孔隙度为 14.6%，平均渗透率为 10.3mD。

Ru2b–U—Ru2b–M 小层以铸模孔为主，其他孔隙类型少见，Ru2b–U 小层微孔含量高。该段孔隙发育程度与灰泥含量和亮晶方解石含量之和负相关。Ru2b–U—Ru2b–M 整体沉积于海侵域晚期，灰泥含量高，且高频旋回顶部硬底发育，导致储层质量整体一般。

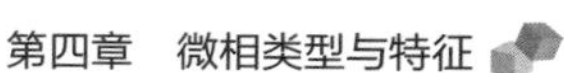

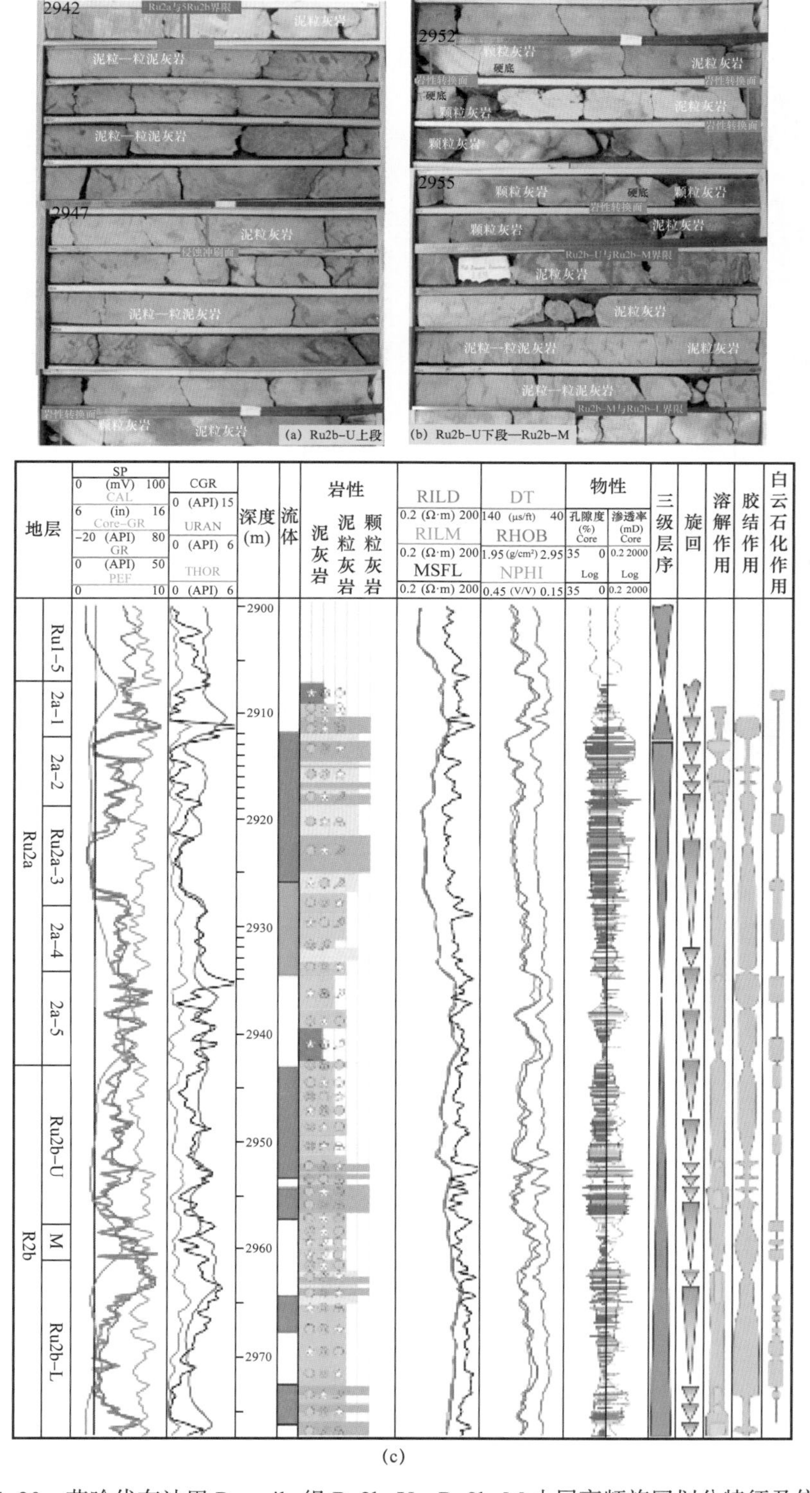

图 4-20 艾哈代布油田 Rumaila 组 Ru2b-U—Ru2b-M 小层高频旋回划分特征及依据

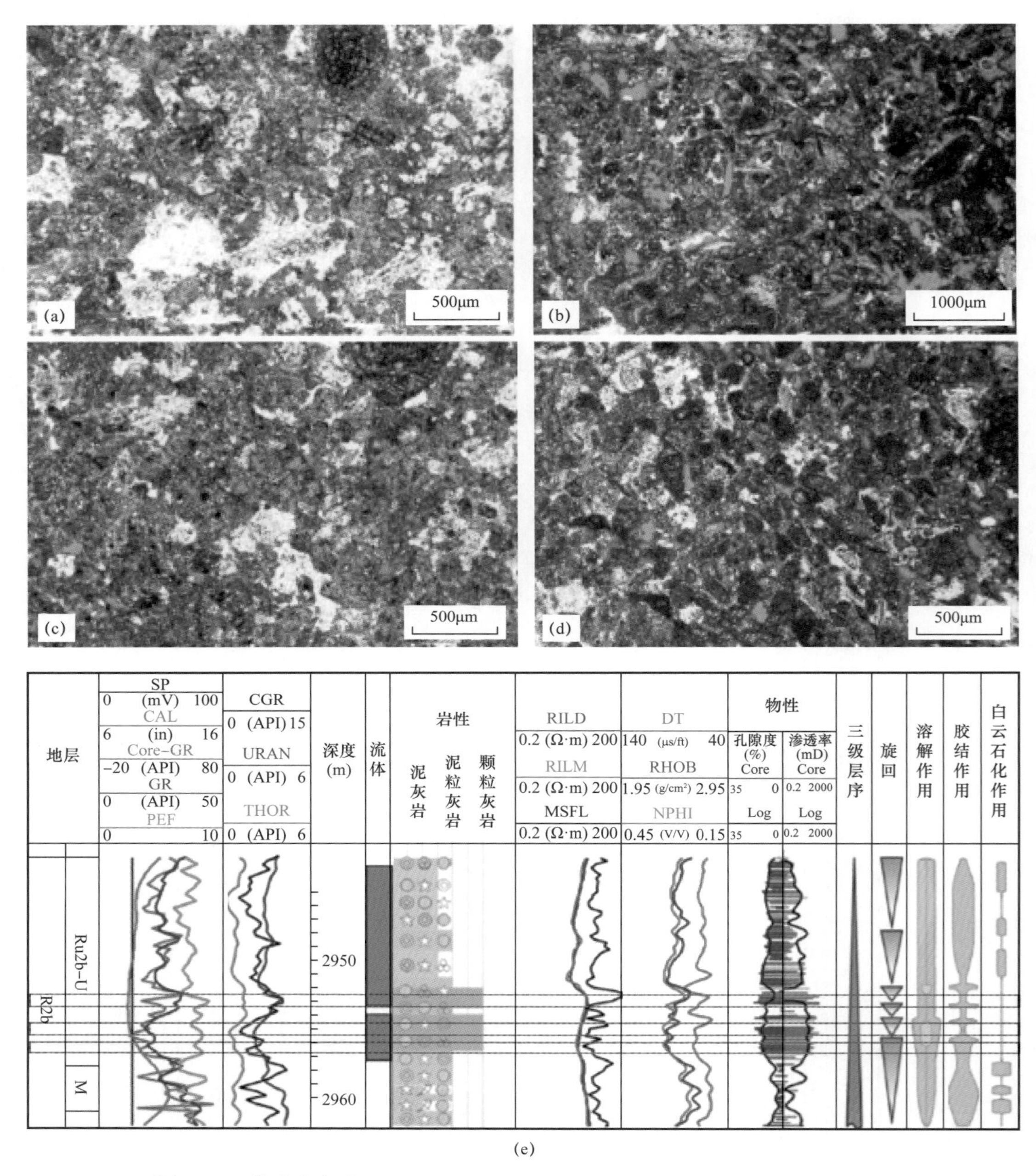


图 4-21　艾哈代布油田 Rumaila 组 Ru2b-U—Ru2b-M 小层 MFT3.1 微相特征

（a）ADMa—4H，Ru2b-U，2953.00m；（b）ADMa—4H，Ru2b-U，2954.28m；（c）ADMa—4H，Ru2b-U，2954.00m；（d）ADMa—4H，Ru2b-U，2955.27m

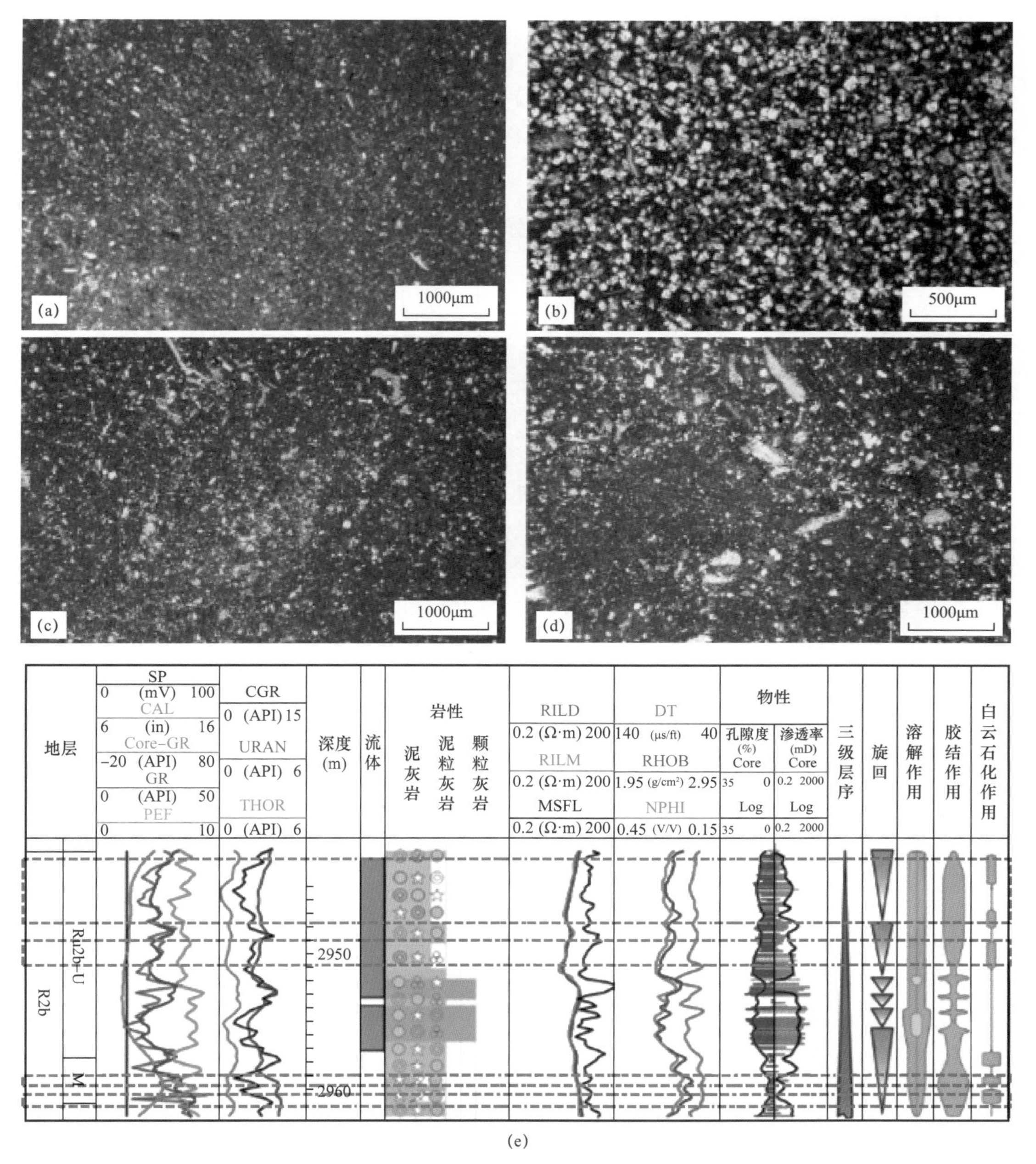


(e)

图 4-22　艾哈代布油田 Rumaila 组 Ru2b-U—Ru2b-M 小层 MFT7 微相特征

（a）ADMa—4H，Ru2b-U，2943.49m；（b）ADMa—4H，Ru2b-U，2944.32m；（c）ADMa—4H，Ru2b-U，2946.89m；（d）ADMa—4H，Ru2b-U，2947.37m

## 六、Ru2b-L 小层高频旋回划分及微相特征

### 1. Ru2b-L 小层上段高频旋回划分

Ru2b—L 小层上段划分 3 个高频旋回，以岩性转换面为界，旋回顶部为颗粒灰岩，硬底胶结呈白色，旋回下段为泥粒灰岩，岩心呈富含油—油浸—油迹的变化（Ru2b-L 油藏）（图 4-23）。

### 2. Ru2b-L 小层上段微相特征

Ru2b-L 小层上段发育 4 种微相类型，分别为亮晶生屑似球粒颗粒灰岩（MFT3.2）、生屑似球粒泥粒灰岩（MFT4.1）、棘皮团块—条带生屑似球粒泥粒灰岩（MFT4.2）、亮晶充填富绿藻泥粒灰岩（MFT5.2）。MFT3.2 以似球粒为主，含棘皮类、底栖有孔虫及绿藻，纵向呈 1m 层状，分布在高频旋回顶部（图 4-24）。MFT4.1 与 MFT4.2 棘皮类富集，含似球粒和底栖有孔虫，纵向成层性差，与压实—压溶作用相关。MFT5.2 富含绿藻，含棘皮类、底栖有孔虫及似球粒，纵向呈 1～3m 层状，分布于高频旋回中下部。

不同微相的孔隙类型及物性特征存在差异。MFT3.2 胶结作用强烈，粒间孔多被亮晶胶结物充填，仅存少量残余粒间孔及铸膜孔，孔隙度介于 2.6%～16.5%，平均为 8.3%，渗透率介于 0.01～2.5mD，平均为 1.2mD。MFT4.1 与 MFT4.2 无明显可见孔，孔隙度介于 15.8%～20.6%，平均为 18.2%，渗透率介于 5.6～43.3mD，平均为 17.1mD。MFT5.2 胶结作用强烈，铸膜孔几乎完全被亮晶胶结物充填，仅存少量残余铸膜孔和粒内孔，孔隙度介于 2.8%～18.3%，平均为 10.0%，渗透率介于 0.07～9.5mD，平均为 2.6mD。Ru2b-L 小层上段总体孔隙发育较差，平均孔隙度为 12.0%，平均渗透率为 6.4mD。

Ru2b-L 小层上段以铸模孔、残余粒间孔和粒内孔为主。该段孔隙度和渗透率与泥晶和亮晶含量之和负相关，高频旋回上段孔隙度、渗透率高于下段。

### 3. Ru2b-L 小层下段高频旋回划分

Ru2b-L 下段划分为 3 个高频旋回，以岩性转换面为界，旋回顶部均为硬底胶结的颗粒灰岩，呈白色，发育溶蚀孔洞，呈油斑，旋回下段泥粒灰岩，富含油—油浸（图 4-25）。

### 4. Ru2b-L 小层下段微相特征

Ru2b-L 小层下段发育 2 种微相类型，分别为亮晶生屑似球粒颗粒灰岩微相（MFT3.2）、富绿藻泥粒灰岩微相（MFT5.1）。MFT3.2 以似球粒为主，含底栖有孔虫、棘皮类和双壳类，纵向呈 0.7m 薄层状，分布于高频旋回顶部（图 4-26）。MFT5.1 富集绿藻，含棘皮类、底栖有孔虫及似球粒，纵向呈 0.3～0.6m 薄层状，分布于高频旋回中下部（图 4-27）。

不同微相的孔隙类型及物性特征存在差异。MFT3.2 胶结作用强烈，粒间孔多被亮晶胶结物完全或大部分充填，仅存少量残余粒间孔，孔隙度介于 5.4%～13.0%，平均为 8.8%，渗透率介于 0.02～19.2mD，平均为 3.3mD。MFT5.1 以铸膜孔为主，孔隙度介于 12.8%～17.6%，平均为 15.3%，渗透率介于 3.4～14.7mD，平均为 8.3mD。该段整体孔隙发育较差，平均孔隙度为 11.8%，平均渗透率为 5.6mD。

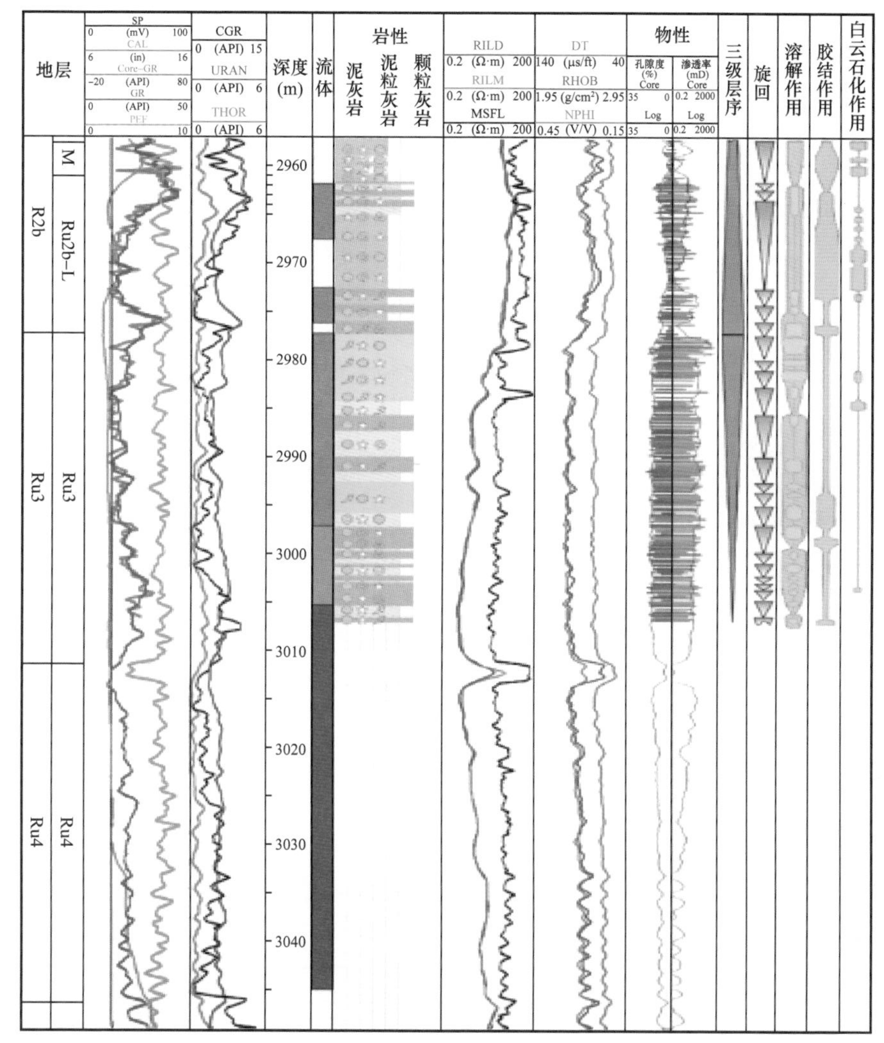


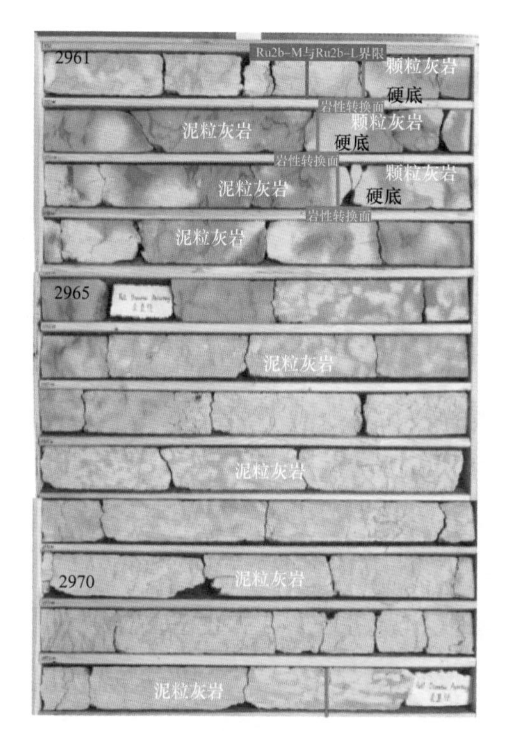


图 4-23　艾哈代布油田 Rumaila 组 Ru2b-L 小层上段高频旋回划分特征及依据

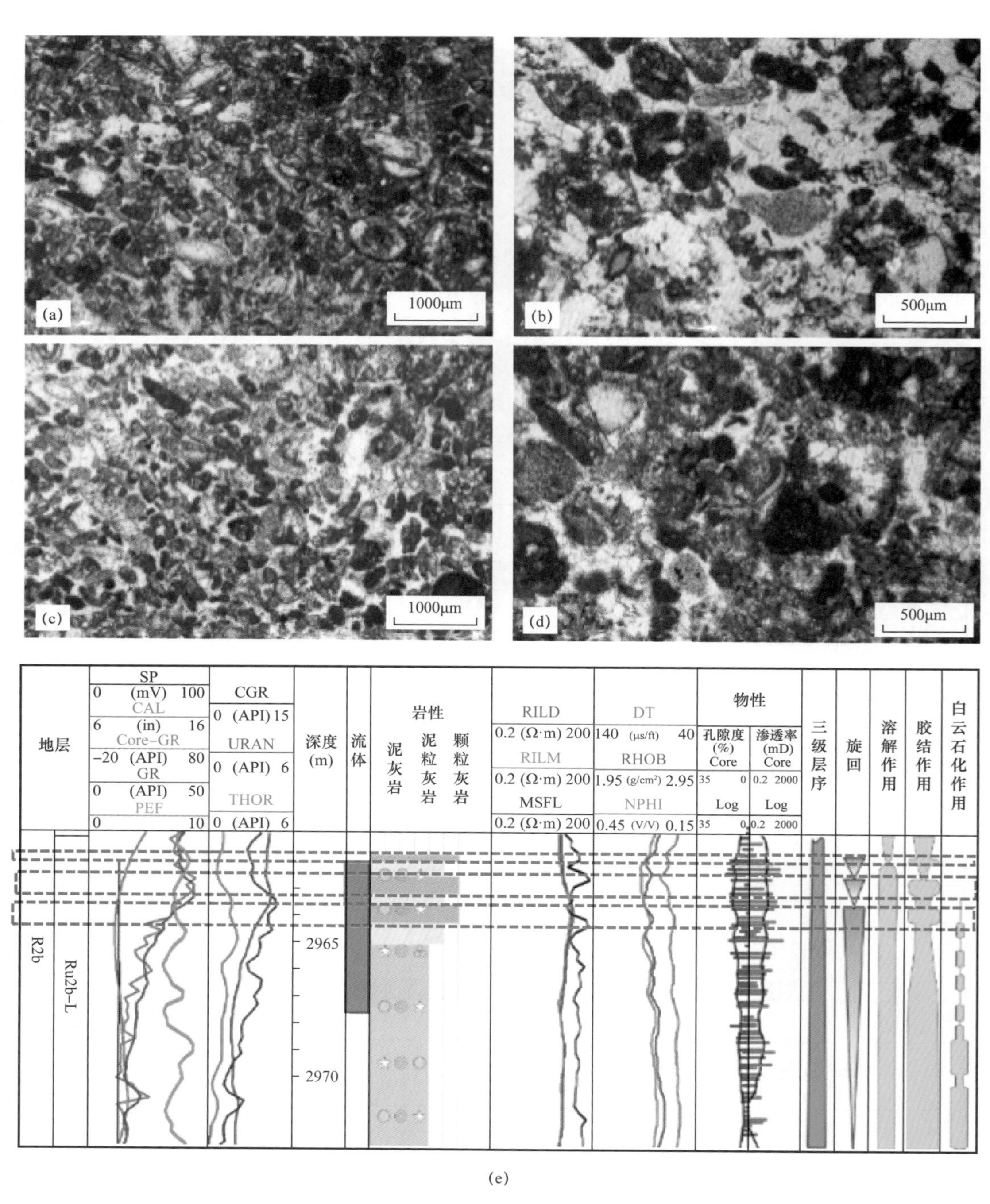


(e)

图 4-24　艾哈代布油田 Rumaila 组 Ru2b-L 小层上段 MFT3.2 微相特征

（a）ADMa—4H，Ru2b-L，2962.73m；（b）ADMa—4H，Ru2b-L，2962.89m；（c）ADMa—4H，Ru2b-L，2963.81m；（d）ADMa—4H，Ru2b-L，2964.14m

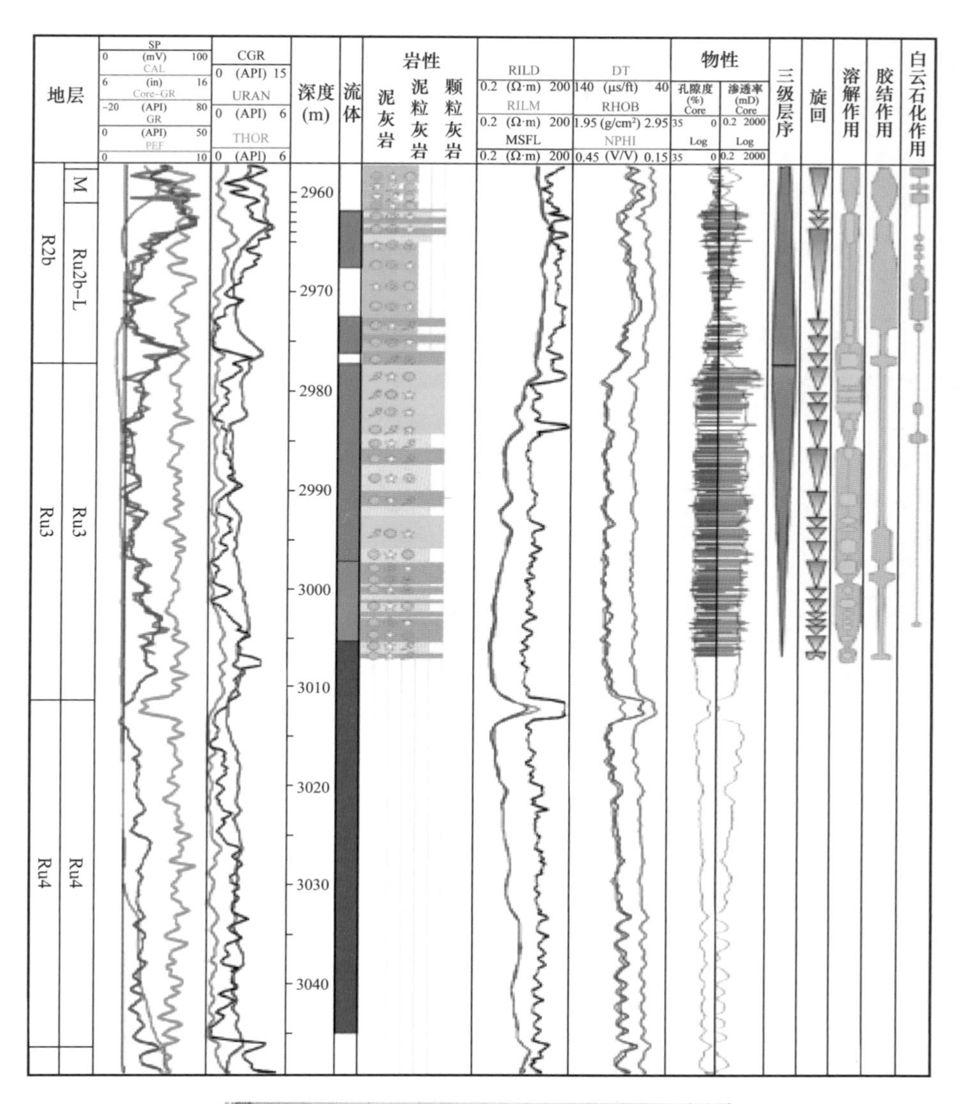

图 4–25　艾哈代布油田 Rumaila 组 Ru2b–L 小层下段高频旋回划分特征及依据

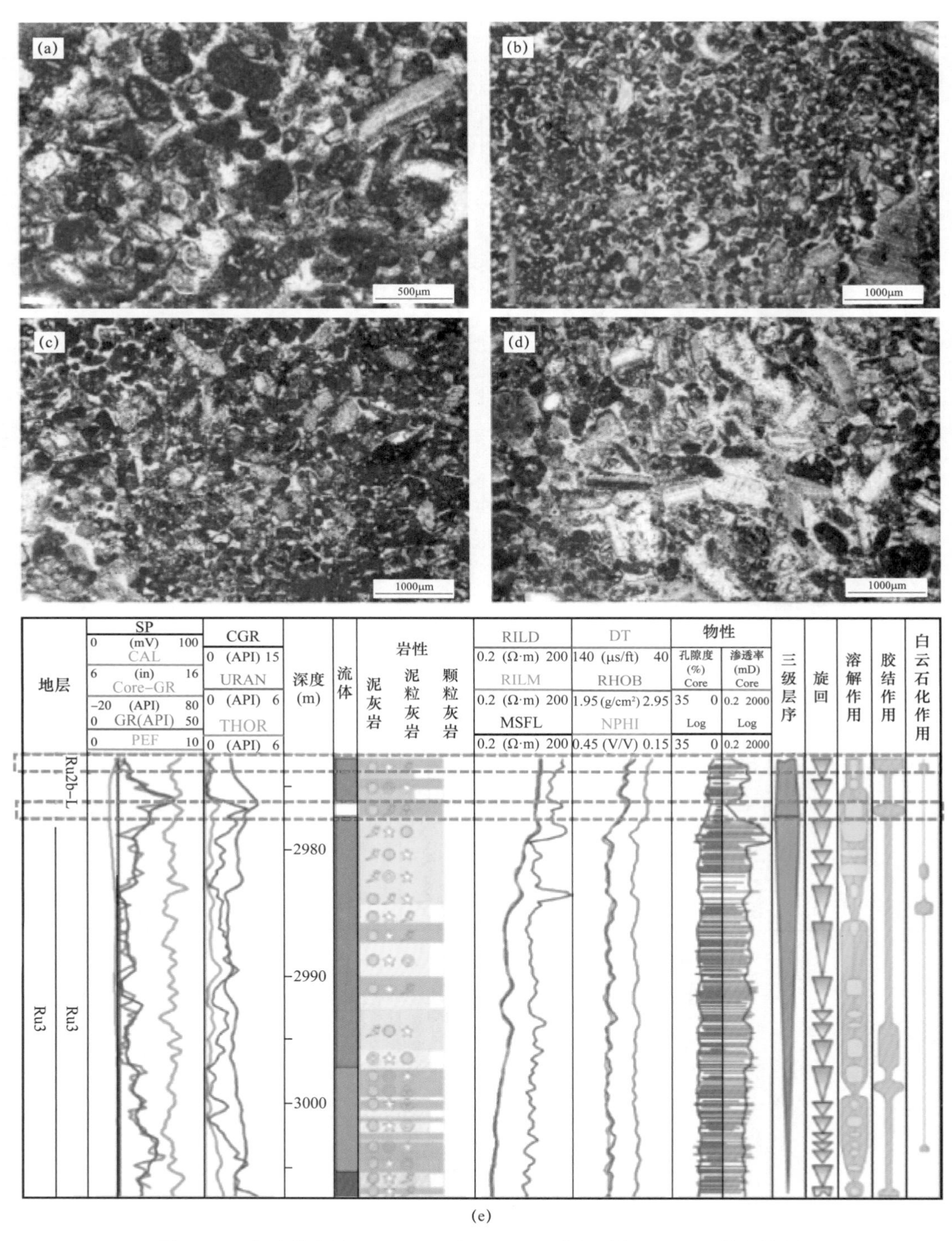


(e)

图 4–26 艾哈代布油田 Rumaila 组 Ru2b–L 小层下段 MFT3.2 微相特征

（a）ADMa—4H，Ru2b–L，2972.76m；（b）ADMa—4H，Ru2b–L，2976.37m；（c）ADMa—4H，Ru2b–L，2976.58m；（d）ADMa—4H，Ru2b–L，2977.49m

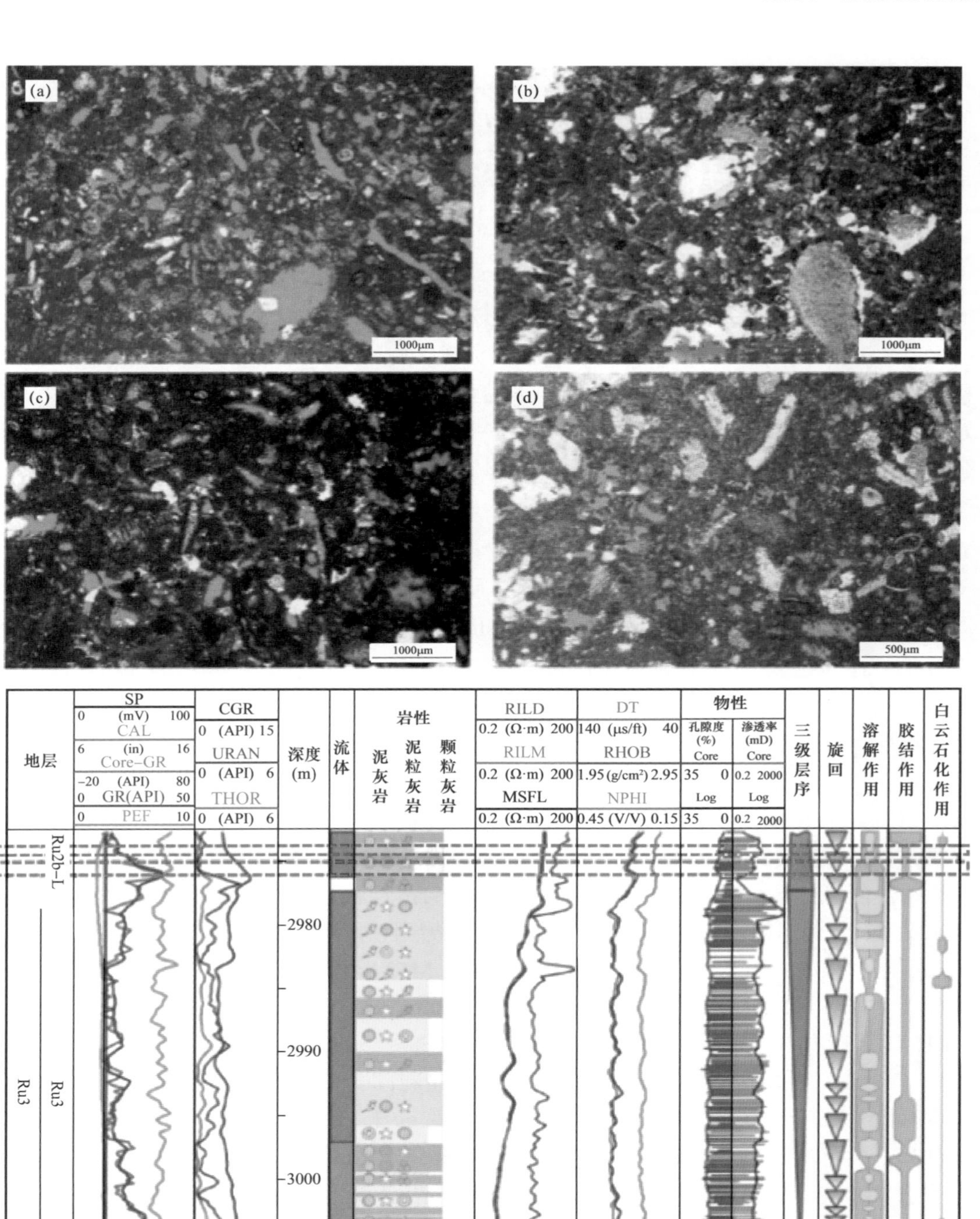


(e)

图 4-27 艾哈代布油田 Rumaila 组 Ru2b-L 小层下段 MFT5.1 微相特征

（a）ADMa—4H，Ru2b-L，2973.49m；（b）ADMa—4H，Ru2b-L，2973.71m；（c）ADMa—4H，Ru2b-L，2974.22m；（d）ADMa—4H，Ru2b-L，2975.03m

Ru2b–L 下段以铸膜孔、粒间（溶）孔为主，微孔含量低。Ru2b–L 下段受到强烈的早期海水胶结作用，高频旋回顶部形成硬底，孔隙发育程度差。

## 七、Ru3 小层高频旋回划分及微相特征

### 1. Ru3 小层高频旋回划分

Ru3 小层共划分为 16 个高频旋回。上段划分为 4 个高频旋回，以岩性转换面为界，整体岩性均为颗粒灰岩，旋回顶部发育较多溶蚀孔洞，整体富含油（图 4–28a）。Ru3 小层中段划分为 5 个高频旋回，以岩性转换面为界，旋回顶部为颗粒灰岩，发育溶蚀孔洞，整体富含油，旋回下部泥粒灰岩，孔洞不发育，呈富含油—油浸（图 4–28b）。Ru3 下段划分为 7 个高频旋回，以岩性转换面为界，整体以颗粒灰岩为主，旋回顶部发育溶蚀孔洞，旋回下部泥粒灰岩，孔洞不发育，整体上部分油浸、下部分仅在旋回顶部呈油斑—油迹（图 4–28c）。

### 2. Ru3 小层微相特征

Ru3 小层共发育 6 种微相类型，分别为厚壳蛤颗粒灰岩微相（MFT1）、似球粒厚壳蛤颗粒灰岩微相（MFT2）、生屑似球粒颗粒灰岩微相（MFT3.1）、亮晶生屑似球粒颗粒灰岩微相（MFT3.2）、生屑似球泥粒灰岩微相（MFT4.1）、棘皮团块—条带生屑似球粒泥粒灰岩微相（MFT4.2）。MFT1 以厚壳蛤为主，含棘皮类、有孔虫，纵向单层厚 2m，分布于三级层序高位域顶部（图 4–29）。MFT2 以厚壳蛤和似球粒为主，含棘皮类、有孔虫，纵向单层厚 2～3m，分布于高位体系域晚期（图 4–30）。MFT3.1 以似球粒为主，含棘皮类、双壳类、有孔虫，纵向上单层厚 0.5～2m，分布于高频层序顶部。MFT3.2 以似球粒为主，含双壳类、棘皮类、有孔虫，纵向上呈 1m 厚层状，分布于高频层序上段。MFT4.1 以似球粒为主，含棘皮类、有孔虫、绿藻，纵向上呈 1～2m 层状，分布于高频层序下段。MFT4.2 富棘皮类，含似球粒、双壳类、有孔虫，纵向上成层性差，与压实—压溶相关。

不同微相的孔隙类型及物性特征存在差异。MFT1 粒间孔、Vug、铸模孔发育，孔隙度介于 13.2%～27.5%，平均为 20.5%，渗透率介于 35.7～581.8mD，平均为 205.5mD。MFT2 以铸膜孔和粒间孔为主，孔隙度介于 17.3%～25.5%，平均为 21.2%，渗透率介于 3.7～95.8mD，平均为 30.4mD。MFT3.1 发育大量粒间孔、铸模孔，含少量溶蚀孔洞，孔隙度介于 15.6%～10.7%，平均为 30.0%，渗透率介于 10.7～122.1mD，平均为 53.4mD。MFT3.2 仅存少量铸膜孔及残余粒间孔，孔隙度介于 13.0%～21.0%，平均为 15.3%，渗透率介于 0.1～0.4mD，平均为 0.2mD。MFT4.1 以铸模孔、粒间孔为主，孔隙度介于 13.4%～27.4%，平均为 21.9%，渗透率介于 0.7～38.7mD，平均为 13.6mD。MFT4.2 仅含少量铸膜孔，孔隙度介于 1.9%～10.7%，平均为 4.1%，渗透率介于 0.01～3.7mD，平均为 1.0mD。Ru3 小层整体平均孔隙度为 22.0%，平均渗透率为 45.5mD。

Ru3 小层以粒间（溶）孔、铸模孔为主，微孔含量高。Ru3 整体沉积于高位体系域晚期，灰泥含量低，物性好，高频旋回对渗透率的控制作用明显。

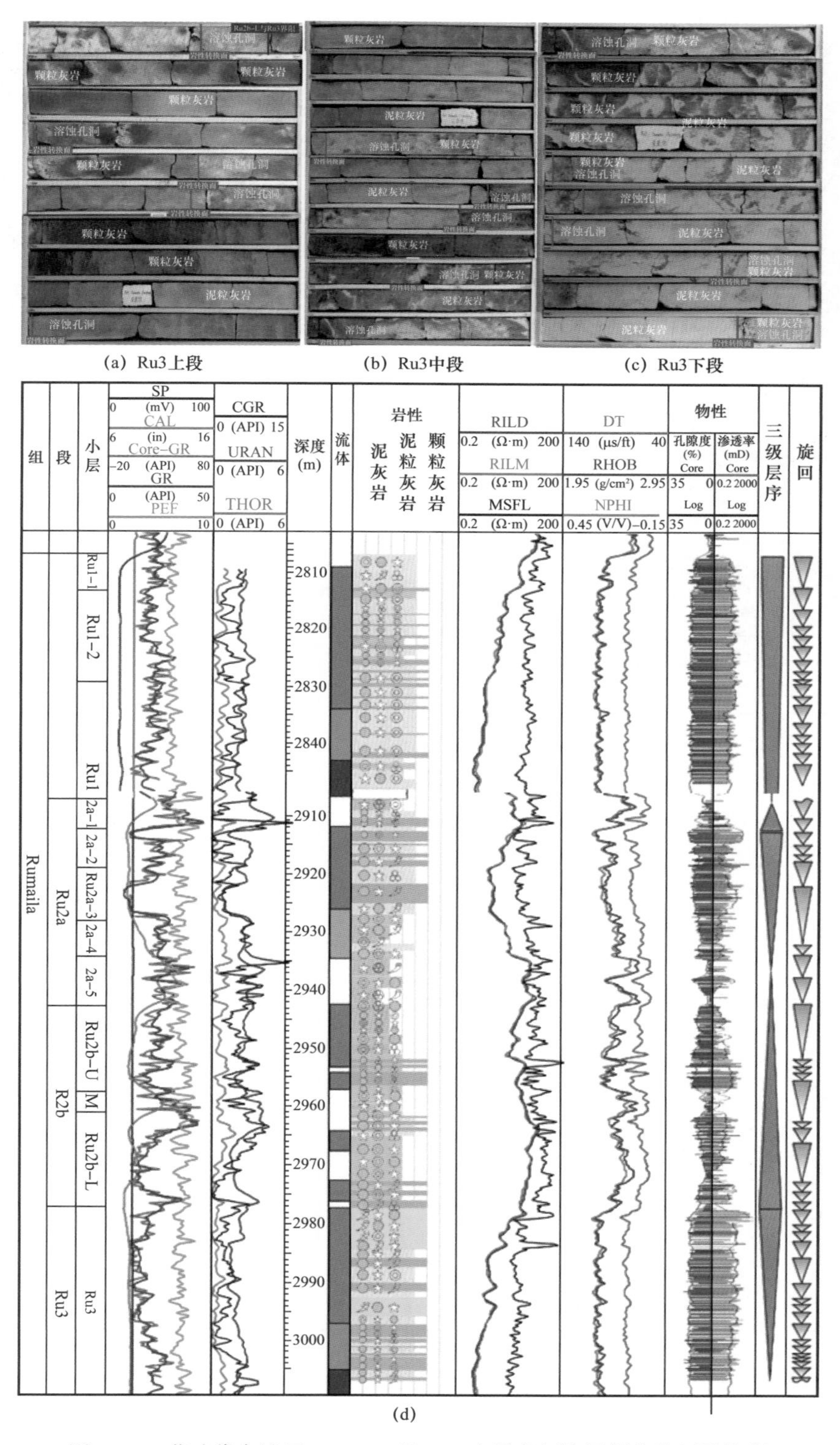


图 4-28　艾哈代布油田 Rumaila 组 Ru3 小层高频旋回划分特征及依据

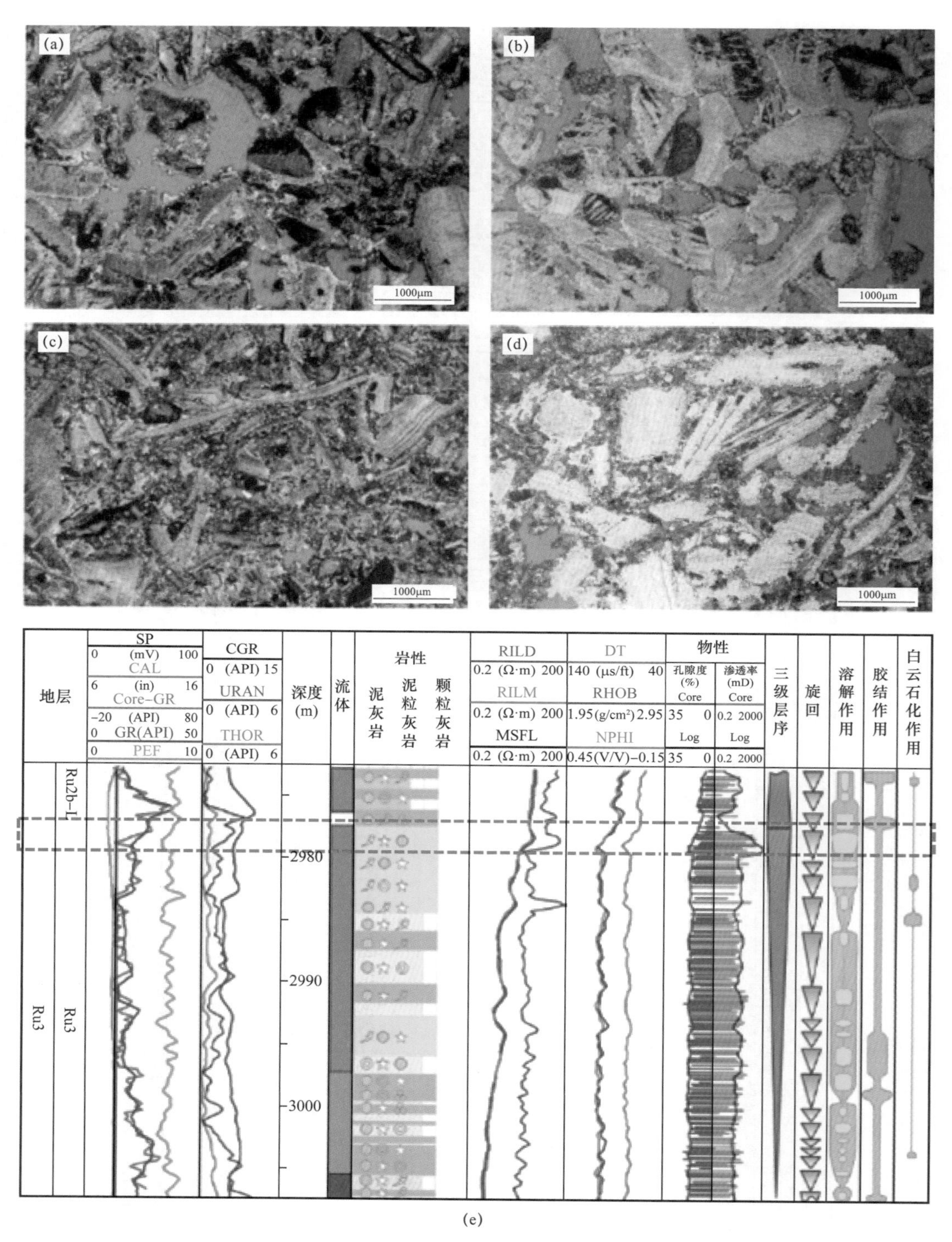


图 4-29　艾哈代布油田 Rumaila 组 Ru3 小层 MFT1 微相特征

（a）ADMa—4H，Ru3，2978.36m；（b）ADMa—4H，Ru3，2978.73m；（c）ADMa—4H，Ru3，2993.80m；（d）ADMa—4H，Ru3，2978.82m

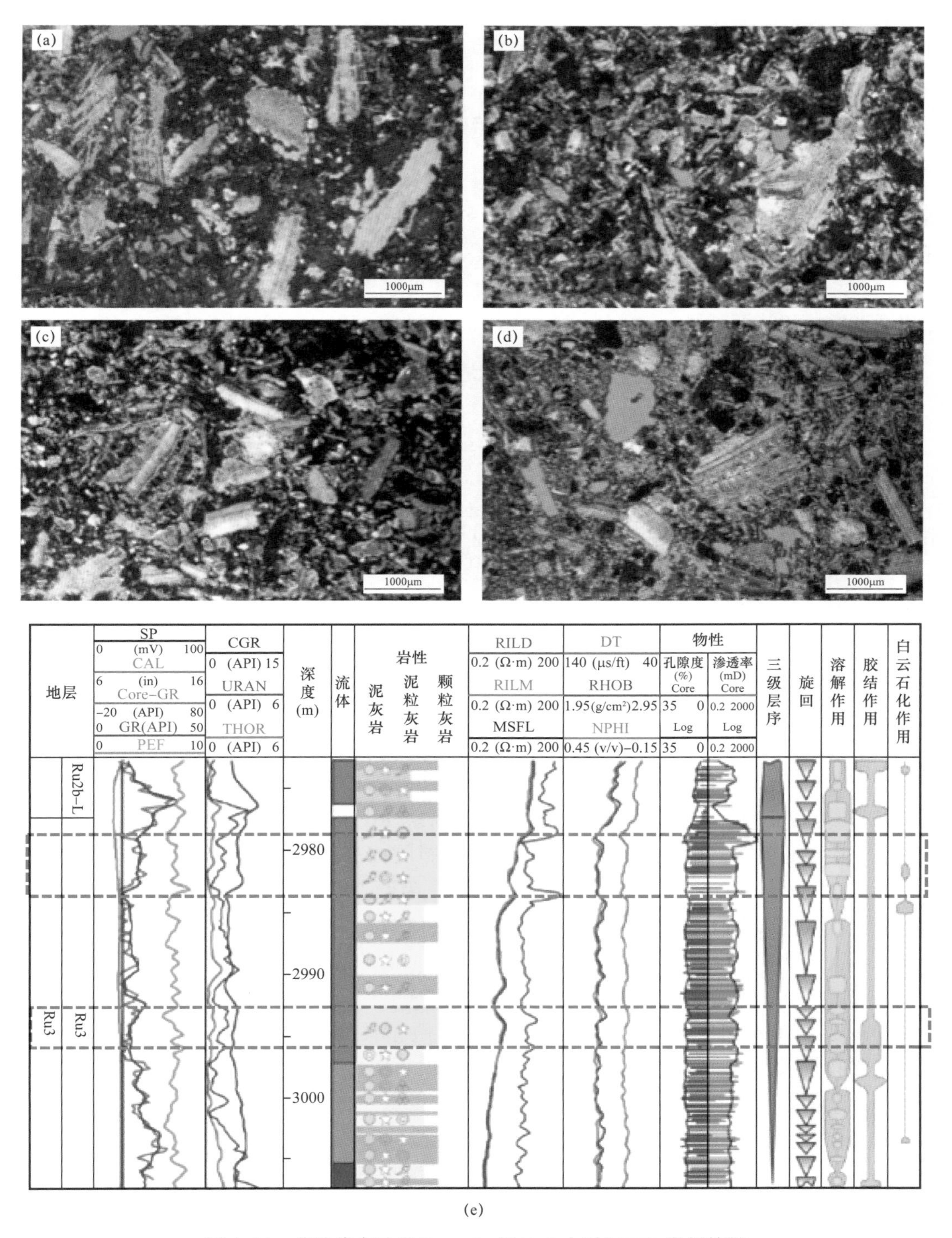


(e)

图 4-30　艾哈代布油田 Rumaila 组 Ru3 小层 MFT2 微相特征

（a）ADMa—4H，Ru3，2992.95m；（b）ADMa—4H，Ru3，2994.71m；（c）ADMa—4H，Ru3，2979.76m；（d）ADMa—4H，Ru3，2980.39m

## 第六节 Rumaila 组微相综合表征

### 一、Rumaila 组微观组构对储层质量的影响

通过对 Rumaila 组岩石组构、生屑类型及面孔率定性定量研究，确定了不同小层的微相类型并分析了不同微相类型的储层特征，研究表明岩石组构及生屑类型对储层质量具有一定的控制作用。表现为储层孔隙度与绿藻和双壳具有一定正相关性，与泥晶和亮晶胶结之和呈负相关，孔隙度相近时，泥晶含量越低、渗透率越高；孔隙度相近时，微孔孔隙度越低，渗透率越高。

### 二、Rumaila 组微相及其测井响应特征

在微相类型划分及其储层物性分析基础上，结合常规测井响应及微观孔隙结构特征，对 Rumaila 组微相及其测井响应进行了综合表征（图 4–31）。结果表明相同微相类型的物性、孔喉半径、核磁 $T_2$ 谱等特征相似，同时微相类型对储层含油性具有明显的控制作用，油层段 MFT1、MFT2、MFT3.1、MFT4.1、MFT5.1 含油性优于 MFT3.2、MFT4.2、MFT5.2、MFT6、MFT7。

### 三、Rumaila 组微相分布及其对储层质量的影响

根据 Rumaila 组实测孔隙度、渗透率数据，分析了不同微相的储层物性特征，孔隙度以 15% 为界，将 Rumaila 组储层划分为高孔及低孔，渗透率以 1mD、10mD 及 50mD 为界划分为特低渗、低渗、中渗及高渗。MFT1 平均孔隙度大于 20%，平均渗透率超过 100mD，为高孔高渗储层；MFT2 及 MFT3.1 平均孔隙度超过 20%，平均渗透率分别为 22.1mD 和 45.7mD，为高孔中高渗储层；MFT4.1、MFT4.2 及 MFT5.1 平均孔隙度超过 20%，平均渗透率介于 5～10mD，为高孔低渗储层；MFT3.2、MFT5.2、MFT6 及 MFT7 平均孔隙度均低于 10%，平均渗透率低于 1mD，为低孔特低渗储层。根据不同微相压汞特征分析，发现 MFT1、MFT2、MFT3.1、MFT4.1、MFT5.1 平均压阀较低，均低于 0.2MPa，平均孔喉半径均大于 1μm，其中 MFT1 及 MFT3.1 平均压阀仅为 0.02MPa，平均孔喉半径超过 2μm。MFT3.2、MFT5.2、MFT6 及 MFT7 平均压阀介于 0.8～2MPa，平均孔喉半径均低于 0.5μm（图 4–32）。综上所述，相同微相具有相似的储层物性及孔隙结构特征，储层物性及压汞特征均指示 MFT1、MFT3.1、MFT2、MFT4.1、MFT5.1 五种微相是 Rumaila 组储层发育有利微相类型。

Rumaila 组微相分布具有很好的成层性及分段性，不同微相类型对储层质量具有很好的控制作用，根据微相分布可预测储层纵向分布特征，分析结果表明 Ru3、Ru1–2 及 Ru2a–2—2a–3 小层主要分布微相 MFT1、MFT3.1、MFT2、MFT4.1，储层质量最好；Ru1–3、Ru1–1、Ru2b–U、Ru2b–L 小层主要分布微相 MFT3.2、MFT4.1、MFT5.1 及 MFT5.2，储层质量中等；Ru2a–1、Ru2a–4、Ru2a–5、Ru2b–M 小层主要分布微相 MFT7，储层质量最差（图 4–33）。

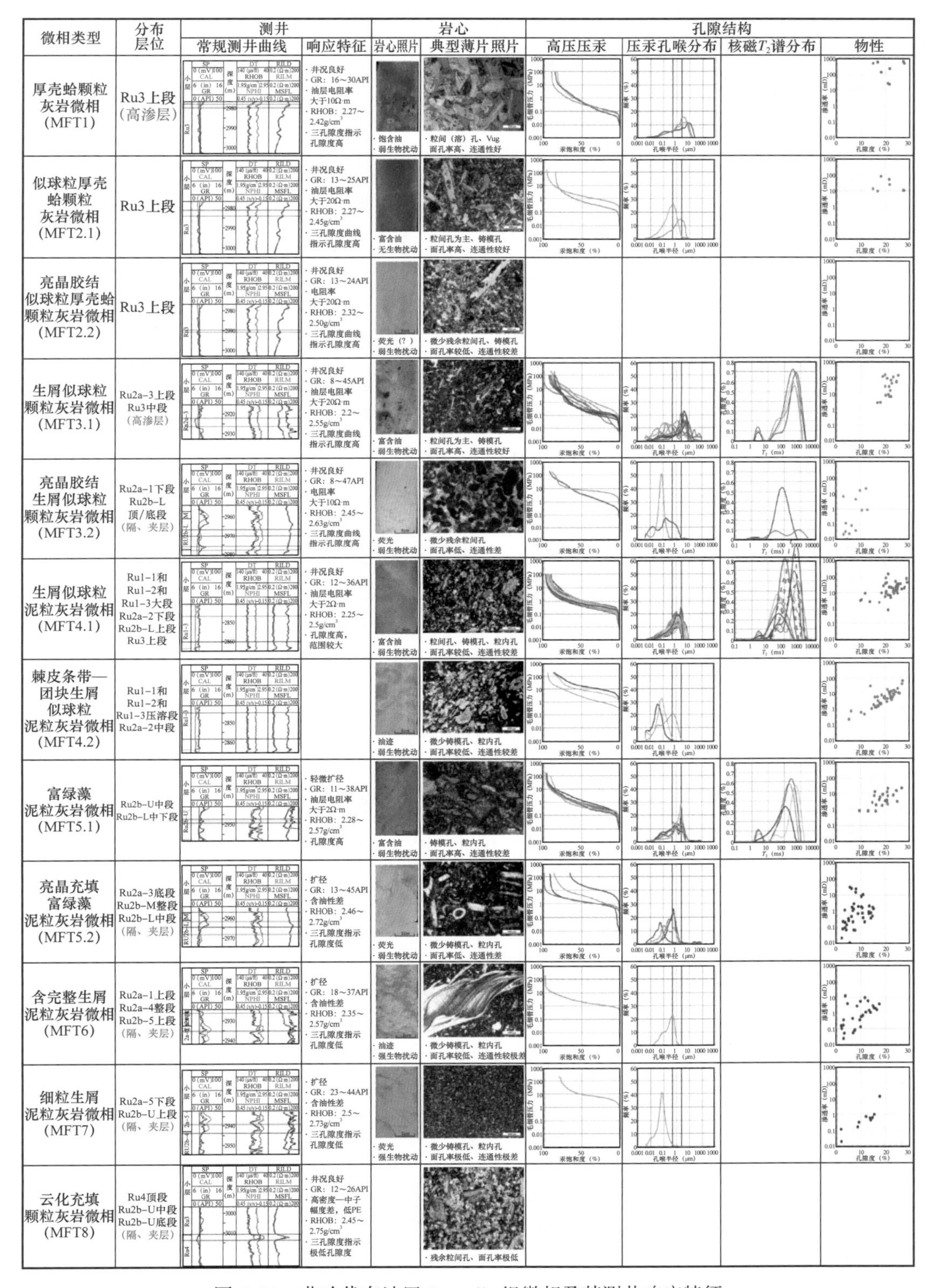


图 4-31 艾哈代布油田 Rumaila 组微相及其测井响应特征

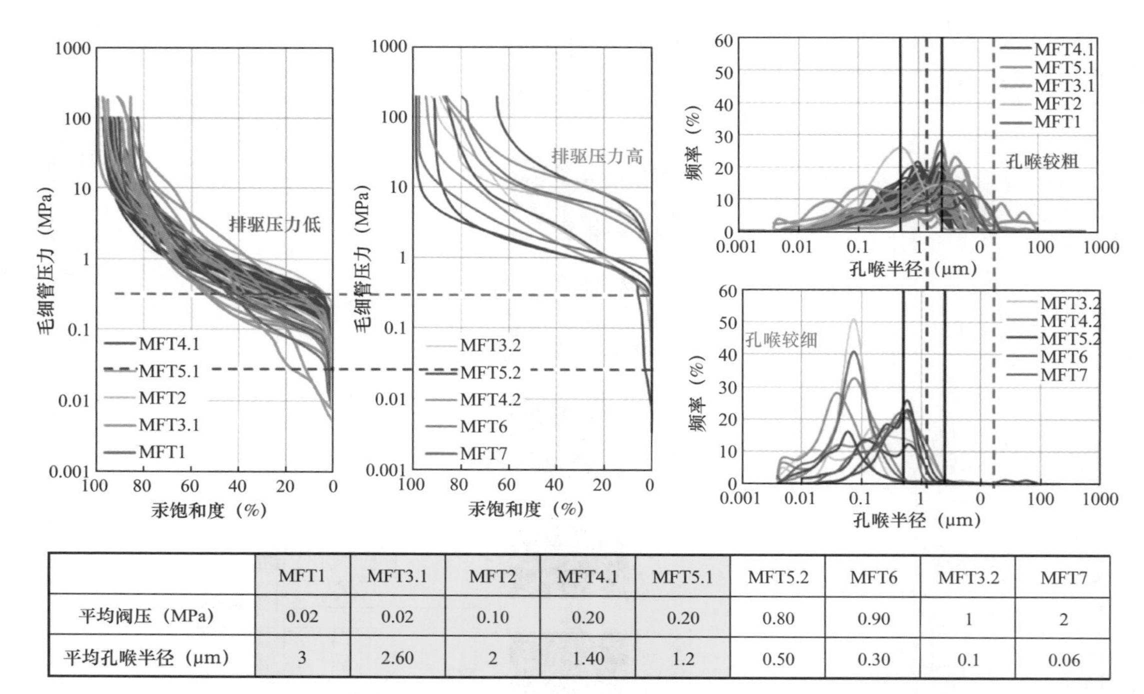


|  | MFT1 | MFT3.1 | MFT2 | MFT4.1 | MFT5.1 | MFT5.2 | MFT6 | MFT3.2 | MFT7 |
|---|---|---|---|---|---|---|---|---|---|
| 平均阀压（MPa） | 0.02 | 0.02 | 0.10 | 0.20 | 0.20 | 0.80 | 0.90 | 1 | 2 |
| 平均孔喉半径（μm） | 3 | 2.60 | 2 | 1.40 | 1.2 | 0.50 | 0.30 | 0.1 | 0.06 |

图 4-32　艾哈代布油田 Rumaila 组基于微相类型的压汞曲线特征

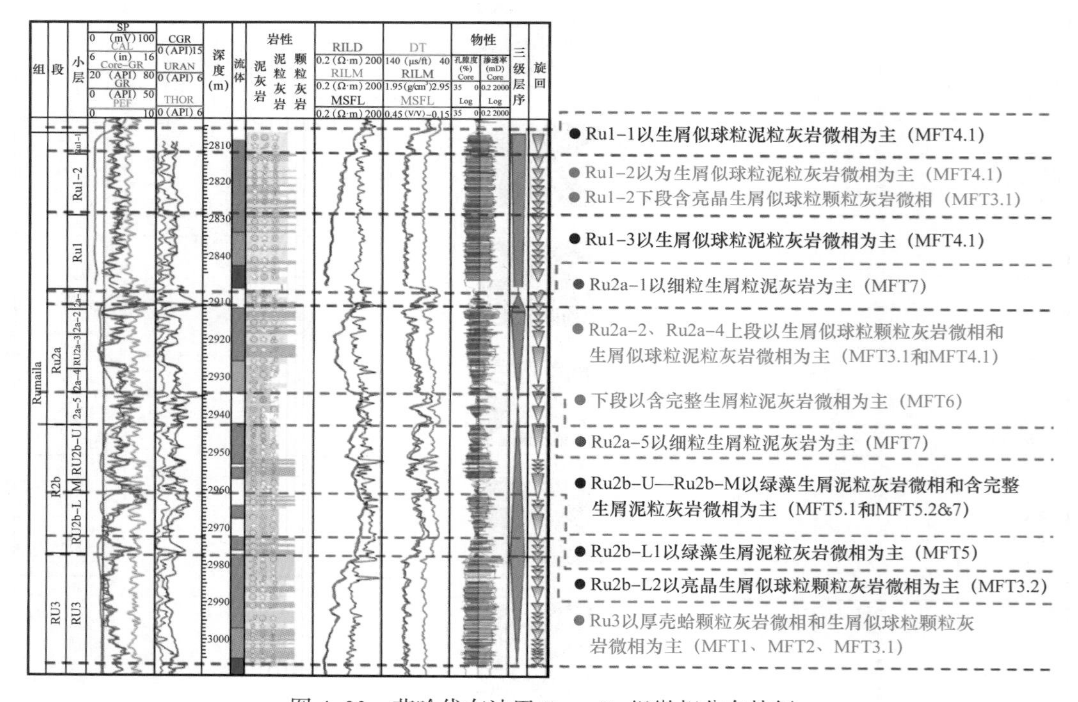


图 4-33　艾哈代布油田 Rumaila 组微相分布特征

# 第七节　Rumaila 组微相测井识别及其区域对比

## 一、Rumaila 组微相测井识别

根据常规测井影响特征定量分析，表明 Rumaila 组不同微相的测井响应特征具有相似性，故根据自然伽马（GR）及密度与声波比值（RHOB/DT）交会图，将 10 种微相微相划分为 4 种测井相（图 4–34）。

| 测井相 | GR (API) | RHOB/DT | 微相类型 | |
|---|---|---|---|---|
| 测井相一 | <23 | <40 | MFT1 | 厚壳蛤颗粒灰岩 |
| | | | MFT2 | 厚壳蛤似球粒颗粒灰岩 |
| | | | MFT3.1 | 生屑似球粒颗粒灰岩 |
| | | | 部分MFT4.1 | 生屑似球粒泥粒灰岩 |
| 测井相二 | >23 | <40 | 部分MFT4.1 | 生屑似球粒泥粒灰岩 |
| | | | MFT5.1 | 高绿藻生屑泥粒灰岩 |
| 测井相三 | >20 | >35 | MFT3.2 | 亮晶胶结生屑似球粒颗粒灰岩 |
| | | | MFT5.2 | 亮晶充填高绿藻泥粒灰岩 |
| | | | MFT6 | 含完整生屑泥粒灰岩 |
| | | | MFT7 | 细粒生屑粒泥灰岩 |
| 测井相四 | <20 | >40 | MFT8 | 灰质云岩 |

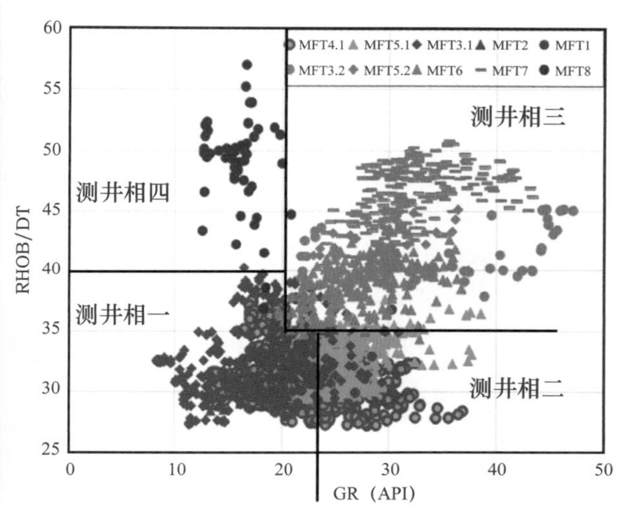


图 4–34　艾哈代布油田 Rumaila 组微相测井识别划分图

测井相一：微相类型包括厚壳蛤颗粒灰岩微相（MFT1）、厚壳蛤似球粒颗粒灰岩微相（MFT2）、生屑似球粒颗粒灰岩微相（MFT3.1）、部分生屑似球粒泥粒灰岩微相（MFT4.1），储层特征表现为纯净颗粒灰岩，弱胶结，粒间孔为主，连通性好，高孔中高渗为主。测井相表现为较低自然伽马（8～28API）、高声波（>62μs/m）、低密度（<2.45g/cm³）、高中子（>0.18%）、油层较高电阻率、水层低电阻率。

测井相二：微相类型包括部分生屑似球粒泥粒灰岩微相（MFT4.1）、富绿藻泥粒灰岩微相（MFT5.1），储层特征表现为含灰泥，弱胶结，铸模孔为主，含粒间孔，连通性中等，高孔低渗为主。测井相特征为中—高自然伽马（20～35API）、较高声波（>64μs/m）、低密度（<2.45g/cm³）、较高中子（>0.16%）、油层或水层中等电阻率。

测井相三：微相类型包括亮晶充填富绿藻泥粒灰岩微相（MFT5.2）、含完整生屑泥粒灰岩微相（MFT6）、细粒生屑粒泥灰岩微相（MFT7）、亮晶胶结生屑似球粒颗粒灰岩微相（MFT3.2）。储层特征为富含灰泥（MFT3.2 除外），强胶结或充填，发育残余孔、体腔孔，连通性弱，低孔低渗。测井响应特征表现为中—高自然伽马（20～40API）、低声波（<65μs/m）、高密度（>2.47g/cm³）、低中子（<0.15%）、低—高电阻率。

测井相四：沉积特征为Ru4段顶部约2m厚的全区稳定分布的灰质云岩层（定义为微相MFT8，由于取心井资料匮乏，微相类型中没有另做说明），储层表现为缺乏灰泥，强胶结或充填，发育残余粒间孔，连通性弱，低孔低渗为主。测井响应表现为低自然伽马（10～20API）、低声波（<60μs/m）、高密度（>2.55g/$cm^3$）、低中子（<0.14%）、高电阻率、低光电吸收截面指数（<6）。

## 二、Rumaila组微相分布区域性对比

仅凭测井识别具有多解性，微相的连井识别对比，需要在Rumaila组精细分层框架内，以标志层为约束，利用微相测井响应特征，结合已识别的微相组合类型，进行综合判别。

艾哈代布油田自SW向NE划分为AD1、AD2和AD4三个井区，其中AD1井区中井位较多。AD1井区内各个方向连井剖面图指示总体微相横向展布稳定，仅在局部位置存在相变，NW—SE向剖面中在Ru2b-U小层和Ru3段顶部存在横向相变，SW—NE向剖面中Ru2a-3小层、Ru2b-U小层和Ru3段存在相变，S—N向剖面中Ru2b-U小层和Ru3段存在横向相变。整个油田范围内，也表现为微相横向展布总体稳定，局部相变的特征，NW—SE向剖面中AD1区与AD2、AD4区在Ru2a-1小层、Ru2a-2小层、Ru2a-3小层、Ru2a-4小层、Ru2a-5小层、Ru2b-U小层、Ru2b-L小层和Ru3段均存在相变。

# 第五章 储层非均质性类型及特征

## 第一节 Khasib 组非均质性特征与生物扰动

### 一、非均质性宏观特征

艾哈代布油田 Khasib 组岩心表现出明显的非均质斑块状结构特征，潜穴与基质在岩性、含油性等方面存在较大差异。不同含油级别区域分布与生物遗迹的形态及空间展布相关，例如：Kh2-3 小层广泛发育 *Thalassinoide* 海生迹，潜穴部分富含油，局部存在有机质富集现象；基质部分则为不含油—油浸含油级别，局部发育溶孔；Kh2-2 小层发育具有泥质衬壁典型识别特征的 *Ophiomorpha* 蛇形迹，潜穴部分含油级别为油浸，遗迹周缘区域含油级别可达富含油，基质则呈油浸（图 5-1、图 5-2）。

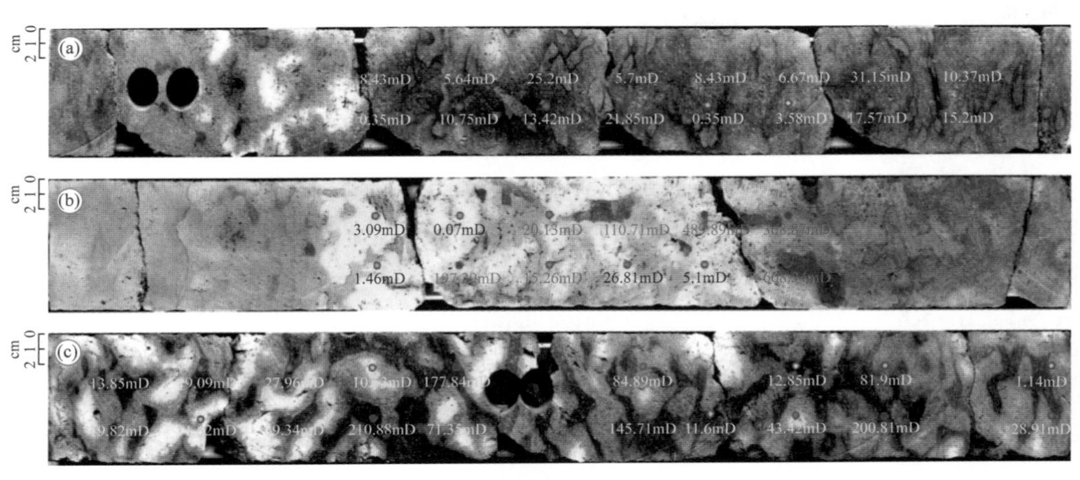


图 5-1 艾哈代布油田 Kh2 段各生物扰动非均质储层点渗透率测试结果图

（a）*Ophiomorpha* 遗迹组构，*Skolithos* 遗迹相，AD1—22—1H，Kh2-2，2649～2650m；

（b）*Thalassinoide* 遗迹组构，*Glossifungites* 遗迹相，AD—16，Kh2-1-2L，2638～2639m；

（c）*Thalassinoide* 遗迹组构，*Cruziana* 遗迹相，AD1—22—1H，Kh2-3，2657～2658m

基于达西渗流定率的常规岩心塞渗透率测试无法区分潜穴与基质部分的渗透率差异，而利用压力衰减特征谱渗透仪的点渗透率测试可以分别测试潜穴与基质部分的渗透率，达到定量研究生物扰动作用对储层物性影响的研究目的，近些年点渗透率测试被广泛应用于定量表征潜穴与基质的渗透率差异（Knaust，2009；Lemiski 等，2011；Pemberton，2005；Tonkin 等，2010；Gingras 等，2012）。艾哈代布油田 Kh2 段储层点渗透率测试表明，渗透率分布规律同生物潜穴密切相关。例如，将样品的点渗透率数据绘制成等值线，发现其分布规律同生物遗迹的空间展布存在较强相关性，渗透率高值区域为遗迹的中心区域，由内向外呈环带状递减。

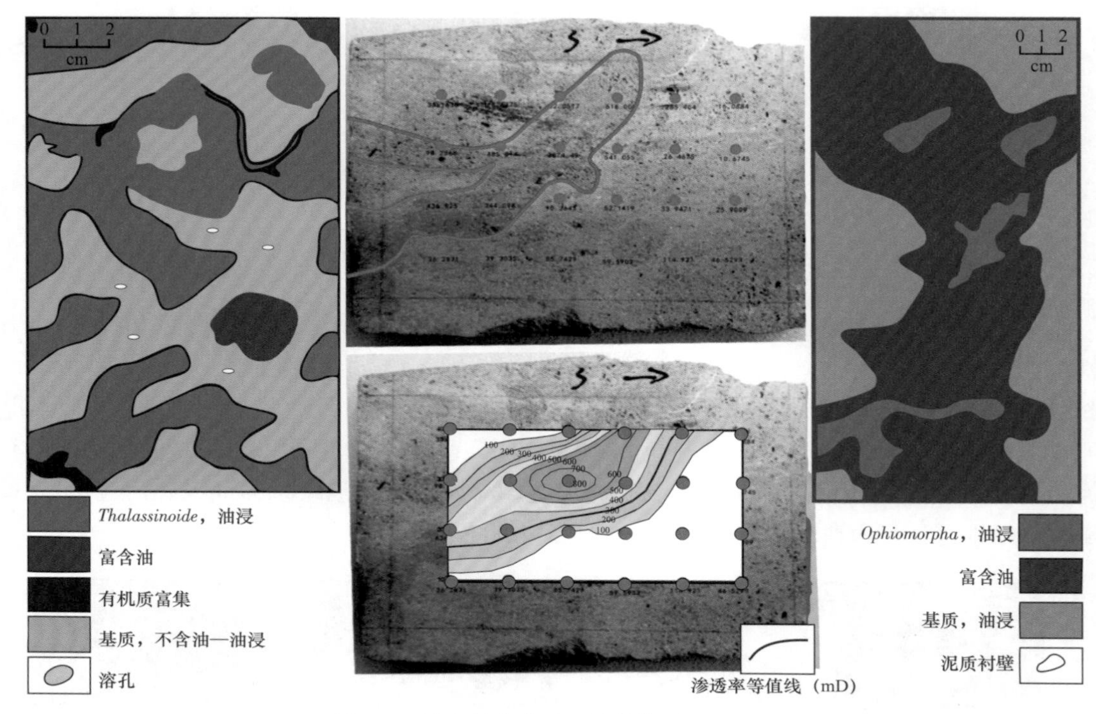


图 5-2　岩心尺度含油区域非均质性示意图

*Ophiomorpha* 以及 *Thalassinoide* 是影响 Kh2 段储层非均质性的主要遗迹组构类型，Kh2-1-1 以及 Kh2-2 小层泥晶生屑砂屑灰岩层段主要发育 *Ophiomorpha*，Kh2-1-1U、Kh2-1-2L、Kh2-3 小层则主要发育 *Thalassinoide*。*Ophiomorpha* 的潜穴充填方式既可以是主动充填，也可以是被动充填；*Thalassinoide* 则主要为被动充填。基于岩石薄片以及点渗透率测试资料，结合沉积—成岩—遗迹学研究，认为生物扰动主要造成了潜穴与基质的组成成分以及成岩作用差异，从而增强了 Kh2 段储层的非均质性。其中，成岩差异非均质性又可分为差异溶蚀非均质性、差异抵抗压实非均质性、差异固底化胶结非均质性（图 5-3）。不同类型的生物扰动非均质储层对应的沉积环境、岩石类型、遗迹相、主要遗迹组构类型存在差异，下面将对四种类型的非均质生物扰动储层成因进行探讨。

## 二、生物遗迹组构类型

遗迹组构是地质历史时期的造迹生物通过潜穴、钻孔、爬痕、足迹、移迹、生物扰动，在沉积物表面或内部留下各种生物活动行迹构造经历充填、埋藏、成岩石化而形成的最终记录，是生物过程与物理过程相互作用的产物（龚一鸣等，2009；杨式溥，2004）。艾哈代布油田 Kh2 段共识别出三种主要遗迹组构，分别为海生迹 *Thalassinoide*、蛇形迹 *Ophiomorpha* 以及管状古藻迹 *Paleophycus*。

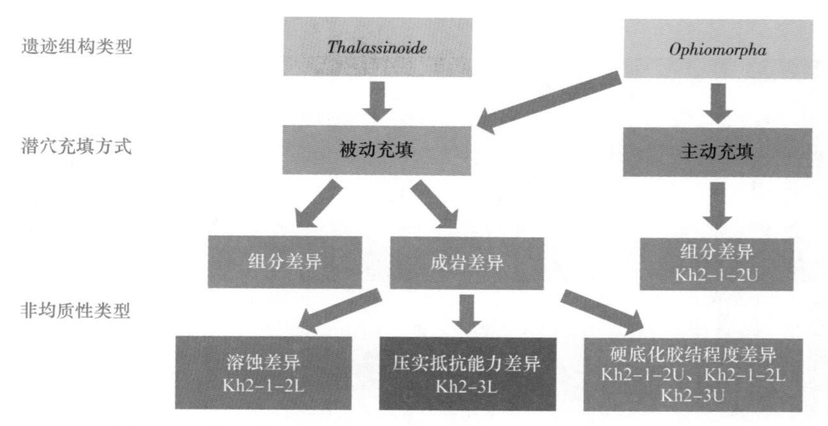


图 5-3 艾哈代布油田 Kh2 段生物扰动非均质储层类型图

### 1. *Thalassinoide* 遗迹组构

海生迹 *Thalassinoide* 由 Ehrenberg 于 1944 年命名，可见于多种海相沉积环境，如浅滩（Nickell，1995）、河口与扇三角洲（Swinbank 和 Lnternauer，1987）、深水白垩岩沉积（Bromley，1967）等。*Thalassinoide* 分布时代广泛，从奥陶纪到全新世均有发现，造迹生物随时代不同而有所差异。二叠纪以来的 *Thalassinoide* 造迹生物与 *Ophiomorpha* 类似，以美人虾科为主（Knaust，2012）；古生代的 *Thalassinoide* 则与节肢动物、蠕虫等的生命活动密切相关（Ekdale 和 Bromley，2003；Cherns 等，2006）。*Thalassinoide* 遗迹组构在油气储层研究方面具有重要研究意义。由于 *Thalassinoide* 具有分布广泛的特征以及独特的三维网状空间结构，当受到物性优于基质的沉积物被动充填时，潜穴可以转化为优势通道，改善储层的渗流性能。例如，世界第一大油田加沃尔油田的固底沉积层受到 *Thalassinoide* 遗迹组构的改造，形成了著名的阿拉伯高渗层（Arab-D）。

研究区 *Thalassinoide* 受到油气充注的影响，潜穴与基质部分含油性不同。潜穴为棕色，而基质部分为颜色较浅的泥晶生屑灰岩或受到强烈胶结作用的灰白色亮晶生屑砂屑灰岩，使得 *Thalassinoide* 潜穴呈现出较为清晰的形态。*Thalassinoide* 潜穴不具有衬壁，呈三维网状连通管形，单个潜穴直径为 5～25mm。潜穴的三维连通性随生物扰动程度的增加而逐渐增强。*Thalassinoide* 在 Kh2 段分布广泛，同时发育在 Kh2-3、Kh2-4 小层上部中缓坡潮下绿藻礁沉积的泥晶绿藻生屑灰岩，Kh2-2 下部、Kh2-3L、Kh2-4 小层中部中缓坡中—低能滩前沉积的泥晶生屑灰岩以及 Kh2-1-2L、Kh2-3U 小层上部中缓坡中—低能滩固底沉积对应的亮晶生屑砂屑灰岩层段，对应微相类型为 MFT3、MFT2、MFT5。

### 2. *Ophiomorpha* 遗迹组构

蛇形迹 *Ophiomorpha* 最早由 Lundgren 于 1891 年命名，是一种广为人知且易于识别的遗迹组构，主要出现在中生代以来的高能海洋沉积环境，在指示古沉积环境方面有着广泛应用（Lundgren，1891；Frey 等，1978；Leaman 等，2015）。*Ophiomorpha* 的造迹生物是美人虾科为代表的摄食沉积物、悬浮物的侏罗虾（Knaust，2012）。研究区 *Ophiomorpha* 潜穴呈直径约为 5～15mm 的管状形态，分布方式以水平为主。随着扰动程

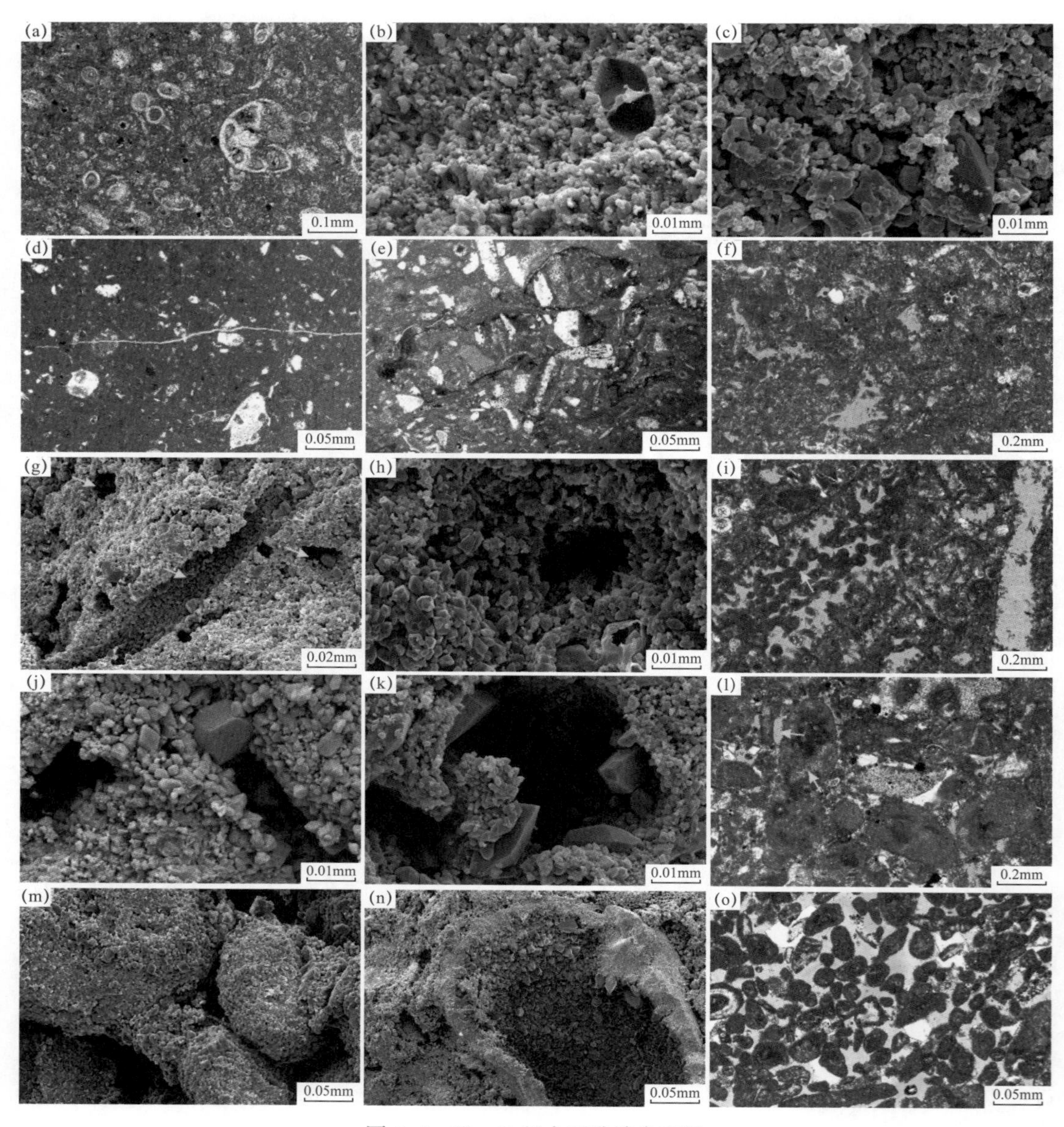


图 5–4　Khasib 组主要孔隙类型图

（a）浮游有孔虫灰岩微相（MFT1），发育有孔虫孤立体腔孔，单偏光；（b）、（c）浮游有孔虫灰岩微相（MFT1），可见孤立体腔孔和微孔，扫描电镜；（d）生屑泥晶灰岩微相（MFT6），孔隙不发育，偶见裂缝，单偏光；（e）棘皮生屑粒泥—泥粒灰岩微相（MFT7），孔隙不发育，偶见裂缝和缝合线；（f）泥晶生屑灰岩微相（MFT2），生物铸模孔发育，单偏光；（g）、（h）泥晶生屑灰岩微相（MFT2），藻模孔和其他生物铸模孔，扫描电镜；（i）绿藻生屑灰岩微相（MFT3），可见藻类孢囊，藻模孔发育，单偏光；（j）、（k）绿藻生屑灰岩微相（MFT3），藻模孔发育，扫描电镜；（l）泥晶生屑砂屑灰岩微相（MFT4），发育大量粒间孔和少量粒内孔，单偏光；（m）泥晶生屑砂屑灰岩微相（MFT4），粒间孔，扫描电镜；（n）泥晶生屑砂屑灰岩微相（MFT4），粒内孔，扫描电镜；（o）亮晶生屑砂屑灰岩微相（MFT5），溶蚀扩大粒间孔，单偏光度的增加，*Ophiomorpha* 由相对孤立状态转变为空间具有一定的连通性。受油气充注影响，潜穴与基质含油性存在差异，二者颜色存在反差，加之 *Ophiomorpha* 潜穴发育泥质衬壁，使得潜穴个体明显可辨。Kh2 段 *Ophiomorpha* 主要发育于 Kh2-1-1 以及 Kh2-2 层段中缓坡浅滩沉积的泥晶生屑砂屑灰岩，对应微相类型 MFT4，指示较为高能的水体环境。

### 3. *Paleophycus* 遗迹组构

管状古藻迹 *Palaeophycus* 由 Hall 于 1847 年首次命名，发育于陆相与海相的多种沉积环境，如河湖相、滨岸相（Knaust，2012）、大陆坡（Hubbard 等，2012）、深海扇（Uchman 和 Wetzel，2012）等。*Palaeophycus* 在各地质历史时期分布广泛，显生宙以来的各个时代均有发现。造迹生物主要为蠕虫状动物，如环节动物以及节肢动物等。研究区 *Palaeophycus* 潜穴主要呈水平分布，岩性剖面上呈轻微弯曲—直管状、截面为圆形—椭圆形态，直径在 2.5～10mm 之间。潜穴之间未显示出较好的连通性，相对孤立分布（图 5-4 K—N）。Kh2 段 *Palaeophycus* 常与海生迹 *Thalassinoide* 伴生出现，其分布同 *Thalassinoide* 具有相似规律，在 Kh2-2 下部、Kh2-3 以及 Kh2-4 小层上中部均有发现。同时，*Palaeophycus* 潜穴亦大量出现于研究目的层 Kh2 段的上覆 Kh1 层段，对应相对深水环境的生屑泥晶灰岩以及泥质生屑灰岩沉积。

## 三、生物遗迹相类型

遗迹化石广泛发育于陆相、海相、海陆过渡相的多种沉积环境。1967 年，Seilacher 基于深度是控制造迹生物分布与丰度的重要因素，提出遗迹化石的形态与空间展布受沉积相带控制的理论，将遗迹化石形成的具有一定规律的组合称为遗迹相（Seilacher，1967）。随着地质学家的深入研究，有关遗迹相的研究逐步得到完善。最初的遗迹相模式基于海相滨岸碎屑岩沉积建立，认为深度是主控因素，而如今盐分、底质类型等也被认为是控制遗迹相展布的重要因素；多种沉积环境的遗迹相被区分开来深入研究，如湖泊遗迹相、三角洲遗迹相、深海扇遗迹相等。碳酸盐岩与碎屑岩相比，在沉积环境、形成过程、伴生生物、结构组分、成岩作用等方面均存在较大差异，基于此，Knaust 于 2012 年提出了碳酸盐岩缓坡环境的遗迹相模式。*Psilonichnus*、*Skolithos*、*Cruziana* 被认为是浅海碳酸盐岩沉积的主要遗迹相类型，当沉积间断或岩化作用增强时，主要受底质类型控制的 *Glossifungites* 遗迹相以及 *Trypanite* 遗迹相可叠加于先前的三种遗迹相之上（Knaust，2012）。

基于艾哈代布油田 Kh2 段各层位的微相分析以及主要遗迹组构识别工作，结合 Knaust 提出的浅海碳酸盐岩遗迹相模式，认为 Kh2 段主要发育 *Cruziana*、*Skolithos* 以及 *Glossifungites* 三种遗迹相，各类遗迹相发育的典型遗迹组构及垂向分布特征如表 5-1 及图 5-5 所示。

### 1. *Cruziana* 遗迹相

*Cruziana* 是现代遗迹学之父 Dolf Seilacher 于 20 世纪 60 年代中期最先建立的六种遗迹相之一，是一种分布范围广泛、底质为未固结沉积物的典型浅海遗迹相（Seilacher，

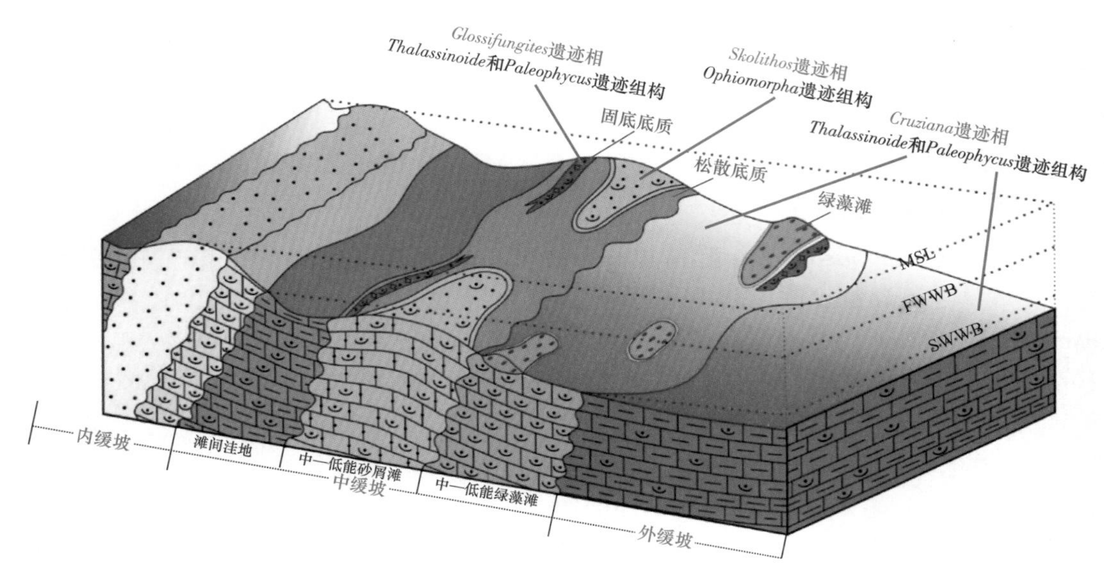


图 5-5　艾哈代布油田 Kh2 段遗迹相及主要遗迹组构类型与沉积环境对应关系

**表 5-1　艾哈代布油田 Kh2 段主要遗迹组构及遗迹相类型分布特征**

| 主要遗迹组构 | 遗迹相 | 微相类型 | 沉积环境 | 分布层位 |
| --- | --- | --- | --- | --- |
| *Thalassinoide* | *Cruziana* | 绿藻生屑灰岩微相（MFT3） | 中缓坡绿藻滩 | Kh2-3、Kh2-4 上部 |
| | | 泥晶生屑灰岩微相（MFT2） | 中缓坡绿藻滩滩间 | Kh2-2 下部、Kh2-3、Kh2-4 中部 |
| | *Glossifungites* | 亮晶生屑砂屑灰岩微相（MFT5） | 中缓坡砂屑滩固底底质 | Kh2-1-2L、Kh2-1-2U |
| *Ophiomorpha* | *Skolithos* | 泥晶生屑砂屑灰岩微相（MFT4） | 中缓坡砂屑滩松散底质 | Kh2-1-1、Kh2-2 |
| *Paleophycus* | *Glossifungites* | 亮晶生屑砂屑灰岩微相（MFT5） | 中缓坡砂屑滩固底底质 | Kh2-1-2L、Kh2-1-2U |
| | *Cruziana* | 绿藻生屑灰岩微相（MFT3） | 中缓坡绿藻滩 | Kh2-3、Kh2-4 上部 |
| | | 泥晶生屑灰岩微相（MFT2） | 中缓坡绿藻滩滩间 | Kh2-2 下部、Kh2-3、Kh2-4 中部 |

1964，1967）。*Cruziana* 常见于晴天浪基面—风暴浪基面之间的多种中—低能浅海碳酸盐岩沉积环境，发育由沉积食性生物、爬行生物产生的多种横、纵向生物扰动构造，遗迹丰度和分异度均较高。研究区 *Cruziana* 遗迹相主要发育于中缓坡潮下滩前绿藻礁以及中

缓坡低能滩前环境，分别对应 MFT3 绿藻生屑灰岩微相以及 MFT2 泥晶生屑灰岩微相，纵向上主要分布在 Kh2-3、Kh2-4 上部以及 Kh2-2 下部、Kh2-3L、Kh2-4 上部。Kh2 段 *Cruziana* 遗迹相的主要遗迹组构为 *Thalassinoide* 与 *Paleophycus*。

#### 2. *Skolithos* 遗迹相

*Skolithos* 同样为 Seilacher 早期建立的遗迹相类型，主要发育在沉积松散底质的高能海洋环境（Seilacher，1964，1967）。*Skolithos* 常见于潮间带沙滩至潮下带远端的碳酸盐岩，发育滤食性生物产生的垂直或倾角较大的潜穴。造迹生物在沉积物表面的快速定殖活动，使得 Skolithos 遗迹相具有低遗迹丰度、高生物扰动强度的特点（Knaust，2012）。研究区 *Skolithos* 遗迹相主要发育于 MFT4 泥晶生屑砂屑灰岩微相，对应中缓坡的中—低能滩松散底质沉积，纵向上主要分布在 Kh2-1-1 以及 Kh2-2 小层。该类遗迹相的主要遗迹组构为 *Ophiomorpha*，以衬壁为典型识别特征。

#### 3. *Glossifungites* 遗迹相

*Glossifungites* 是一种受控于沉积底质类型，主要发育于半固结—固结底质的遗迹相（Seilacher，1964，1967）。*Glossifungites* 遗迹相可发育于碳酸盐岩的多种沉积环境，如浅海潮下—潮间带或潮上带的潟湖、滨、滩等，在层序地层学研究以及识别不整合面方面有广泛的应用（MacEachern，1992；Taylor 等，2003；Knaust，2012）。*Glossifungtes* 遗迹相主要发育垂直的悬浮滤食生物栖息潜穴及构造，具有被动充填、潜穴边界明显、造迹生物数量多种类少的特征（Abdel-Fattah 等，2016）。研究区 *Glossifungites* 遗迹相主要发育于 MFT5 亮晶生屑砂屑灰岩微相，对应中缓坡环境的中—低能滩固底底质沉积，纵向上主要分布在 Kh2-1-2 以及 Kh2-3 小层。该类遗迹相的主要遗迹组构为 *Thalassinoide* 和 *Paleophycus*，潜穴具有明显外壁从而区分于围岩基质。同时，*Glossifungites* 遗迹相发育的固底沉积段与层序显示出较好的联系性，如四口取心井的 Kh2-1-2U、Kh2-1-2L 以及 Kh2-3 对应层段均发育 *Glossifungites* 遗迹相，具有横向可对比性，分别对应四级高频海退旋回的顶部沉积，为研究区域的小型重要不连续面，指示小型沉积间断事件的发生。

## 第二节　Khasib 组储集空间类型及储层非均质性

### 一、储集空间类型

储集空间是储层最本质的特征，储集空间是油气在储层中储集的主要场所，因此，储集空间的发育程度是决定储层好坏重要的评价指标。储集空间的类型一定程度了绝定了储层储集、渗流油气的能力。目前研究表明，孔隙是中东伊拉克地区碳酸盐岩储层的主要储集空间类型，多种类型的孔隙，控制了十分复杂的孔隙结构。Archie（1960）、Choquette 和 Pray（1970）、Lucia（1997）、Loney（2006）等先后提出碳酸盐岩孔隙类型划分方案，本次对 Khasib 储层孔隙类型划分主要基于 Choquette 和 Pray（1970）的碳酸盐岩成因孔隙类型划分方案，并借鉴其他方案。通过岩心观察分析，表明 Khasib 组碳酸盐岩储层的储集空间以孔隙为主。艾哈代布油田 Khasib 组的主要孔隙包括 8 类：粒间孔、粒间溶孔、粒内孔、铸模孔、体腔孔、基质溶孔、Vug 以及微孔（图 5-5）。浮游有孔虫易保留壳体而发育内部溶蚀，因而在成岩过程中的壳体易被保留下来；藻类生屑的主要成分为不稳定的文石，易受到溶蚀作用形成铸模孔隙；泥晶基质可发育大量微孔，造成实测孔隙度与面孔率之间的差异，受到溶蚀作用时又可发育基质溶孔；砂屑与保存较为完整的生屑之间易保留原生粒间孔隙并形成次生粒间孔隙。

各微相的组成成分、不同种类的生物碎屑相对含量及经历的成岩作用存在差异，因而主要的孔隙类型不同：MFT1 浮游有孔虫灰岩微相主要发育浮游有孔虫孤立体腔孔和微孔；MFT2 泥晶生屑灰岩微相的孔隙类型主要为体腔孔、铸模孔以及粒间孔；MFT3 绿藻生屑灰岩微相的孔隙类型以藻类铸模孔为主，发育部分体腔孔；MFT4 泥晶生屑砂岩灰岩微相的孔隙类型主要为残余粒间孔及铸模孔；MFT5 亮晶生屑砂屑灰岩微相的储集空间较差，孔隙发育程度低；MFT6 生屑泥晶灰岩微相的孔隙类型主要为铸模孔及体腔孔；MFT7 泥质生屑灰岩的孔隙发育程度低，发育少量铸模孔。

Khasib 组各层位的微相类型存在差异，因而发育的主要孔隙类型及相对含量有所不同。通过薄片观察方法半定量统计各层位发育的主要储集空间类型及相对含量，可以发现 Kh1 段下部以发育生屑砂屑灰岩段孔隙相对发育，粒间孔、粒间溶孔及粒内孔是主要的孔隙类型，局部胶结作用导致储层物性变差；Kh2-1 小层孔隙类型以铸模孔、粒内孔、粒间（溶）孔为主，Kh2-1-1、Kh2-1-2U 及 Kh2-1-2L 小层的孔隙结构类似，但比例略有差别；Kh2-2 小层的孔隙类型以铸模孔、粒内孔、粒间（溶）孔为主；Kh2-3 小层主要发育铸模孔、粒间孔；Kh2-4 小层的孔隙类型主要为体腔孔、微孔、粒间溶孔；Kh2-5 小层则主要发育微孔、体腔孔。

## 二、储层非均质性特征

艾哈代布油田 Khasib 组各层位呈现出不同的孔隙度及渗透率物性特征：Kh1 段的孔隙度主要分布在 1.9%～22.04% 之间，算术平均值为 9.7%，中值约为 11%，渗透率分布在 0.01～52.251mD，几何平均值为 1.483651mD；Kh2-1 小层的孔隙度介于 11.76%～25.42%，算术平均值为 19.68%，渗透率则分布在 0.21～25.801mD，几何平均值为 2.861mD；Kh2-2 小层的实测孔隙度分布于 19.21%～26.59%，算术平均值为 24.19%，渗透率分布在 2.31～99.91mD，几何平均值为 9.2871mD；Kh2-3 小层的实测孔隙度分布于 19.2%～27.75%，算术平均值为 25.68%，渗透率分布在 0.51～114.41mD，几何平均值为 15.6381mD；Kh2-4 小层的实测孔隙度分布于 20.97%～27.65%，算术平均值为 24.87%，透率分布在 11～39.31mD，几何平均值为 4.6821mD；Kh2-5 小层的实测孔隙度分布于 20.87%～26.88%，算术平均值为 24.22%，渗透率分布在 0.471～32.871mD，几何平均值为 2.0711mD（图 5-6—图 5-13）。

可以看出，Kh1 段的孔隙发育程度最低，其次为 Kh2-1 小层；Kh2-2、Kh2-3、Kh2-4 以及 Kh2-5 小层的实测孔隙度分布范围具有相似特点，算术平均值均在

24%～25%。渗透率方面，Kh1 段、Kh2-1 小层和 Kh2-5 小层的渗透率最低，平均值在 1～2mD 左右；Kh2-4 小层的渗透率较低，Kh2-2 小层的渗透率数值中等，Kh2-3 小层的渗透性最好。综合来看，Kh2-2、Kh2-3 以及 Kh2-4 小层是储层物性较好的几个层段。

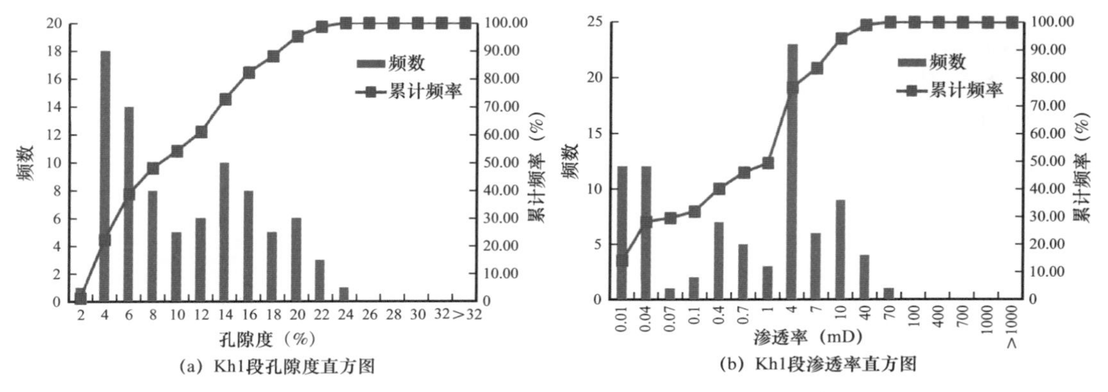

(a) Kh1段孔隙度直方图　(b) Kh1段渗透率直方图

图 5-6　艾哈代布油田 Khasib 组 Kh1 段孔隙度—渗透率直方图

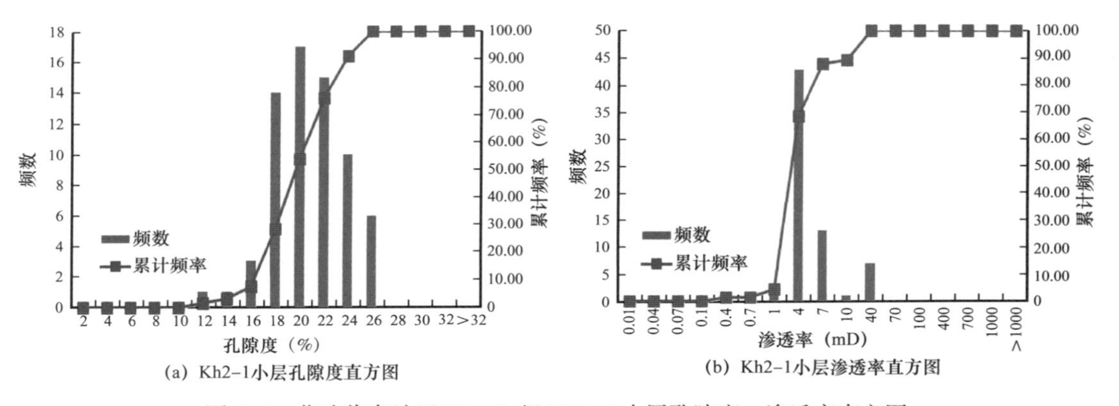

(a) Kh2-1小层孔隙度直方图　(b) Kh2-1小层渗透率直方图

图 5-7　艾哈代布油田 Khasib 组 Kh2-1 小层孔隙度—渗透率直方图

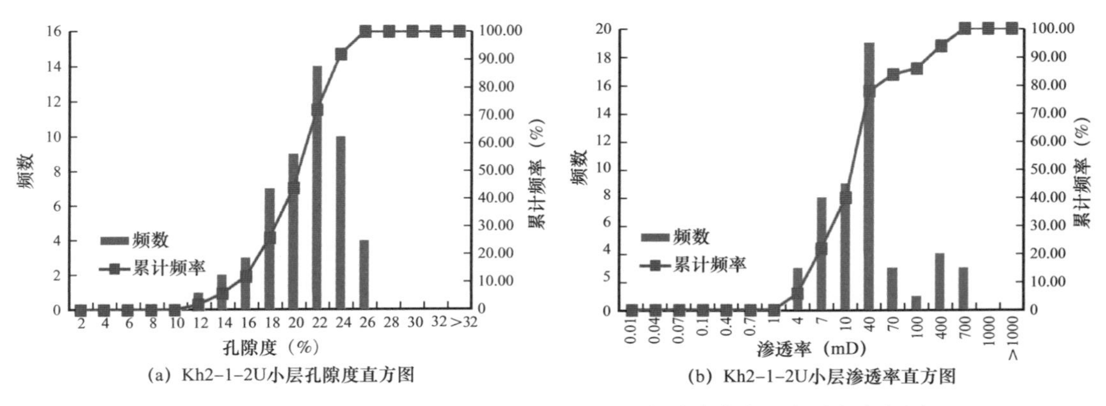

(a) Kh2-1-2U小层孔隙度直方图　(b) Kh2-1-2U小层渗透率直方图

图 5-8　艾哈代布油田 Khasib 组 Kh2-1-2U 小层孔隙度—渗透率直方图

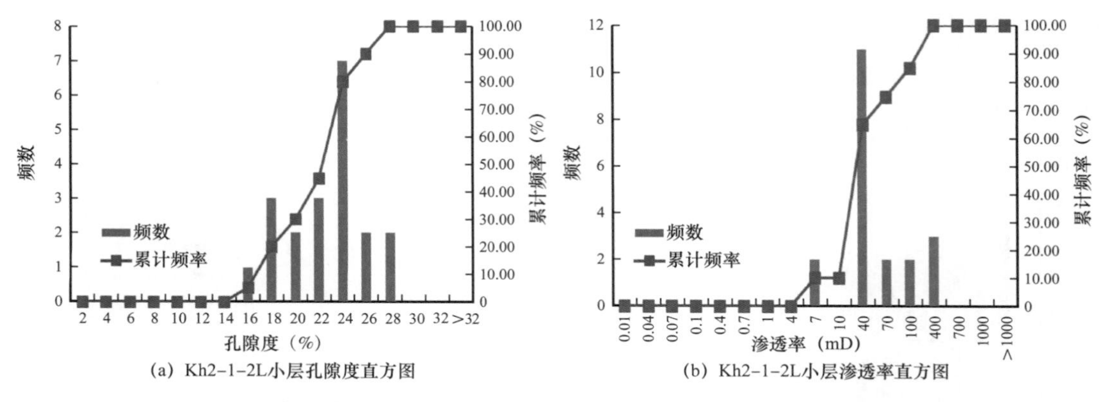


(a) Kh2-1-2L小层孔隙度直方图　(b) Kh2-1-2L小层渗透率直方图

图 5-9　艾哈代布油田 Khasib 组 Kh2-1-2L 小层孔隙度—渗透率直方图

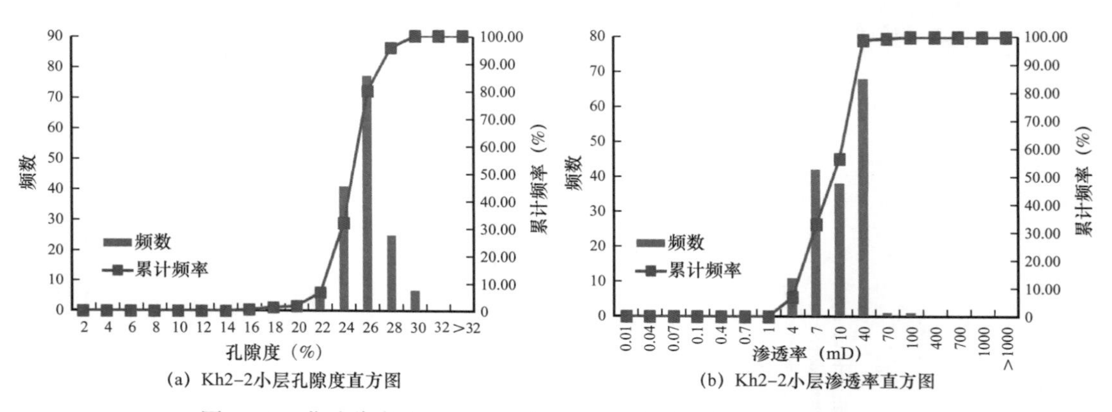


(a) Kh2-2小层孔隙度直方图　(b) Kh2-2小层渗透率直方图

图 5-10　艾哈代布油田 Khasib 组 Kh2-2 小层孔隙度—渗透率直方图

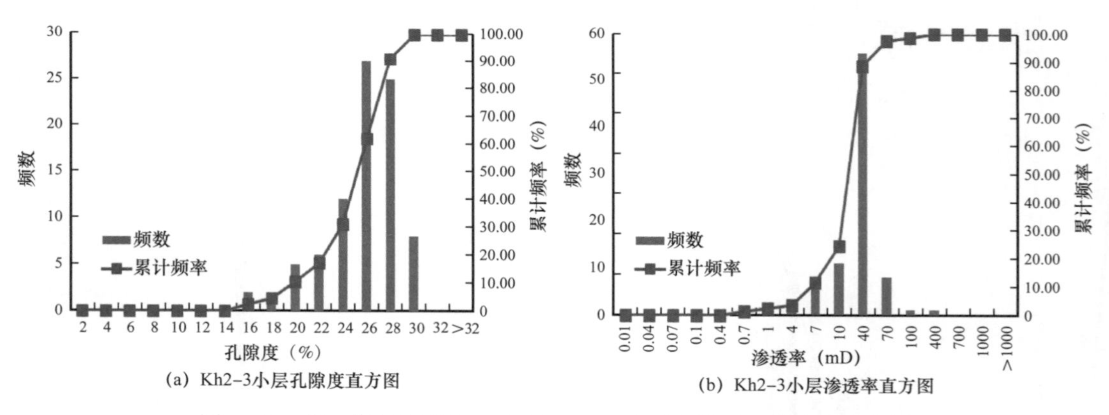


(a) Kh2-3小层孔隙度直方图　(b) Kh2-3小层渗透率直方图

图 5-11　艾哈代布油田 Khasib 组 Kh2-3 小层孔隙度—渗透率直方图

利用四口取心井的岩心塞渗透率测试数据，根据渗透率突进系数、极差参数、变异系数公式，对 Kh2 段各小层的非均质性定量参数进行计算。结果表明，Kh2 段非均质整体呈现出向上逐渐增强趋势，其中 Kh2-1-1、Kh2-1-1U、Kh2-1-2L、Kh2-2、Kh2-3 小层表现出强烈的非均质性。

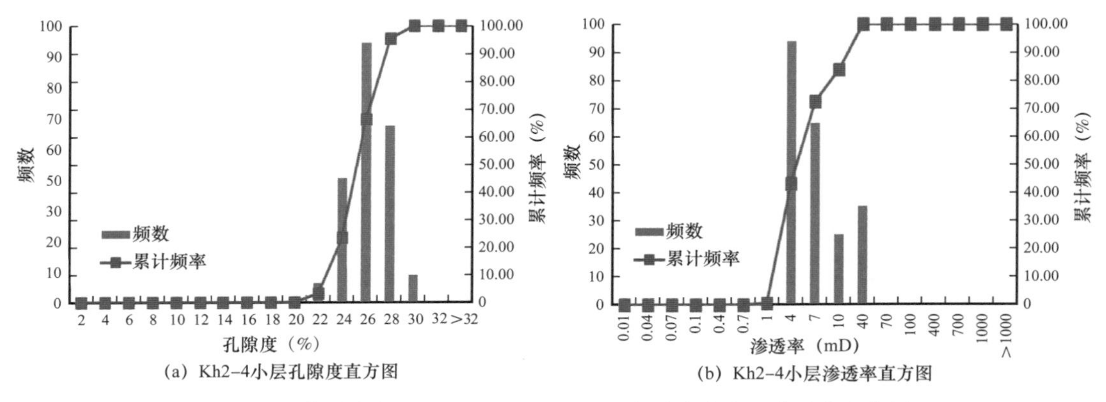


图 5-12　艾哈代布油田 Khasib 组 Kh2-4 小层孔隙度—渗透率直方图

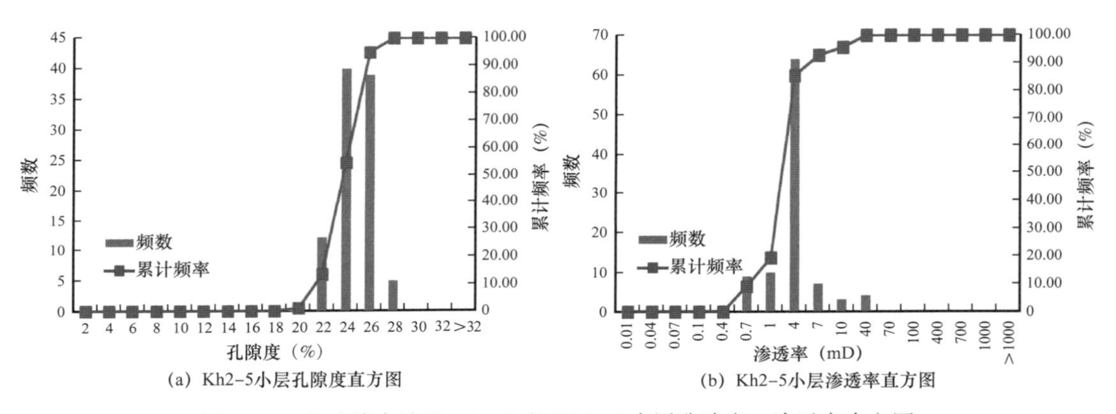


图 5-13　艾哈代布油田 Khasib 组 Kh2-5 小层孔隙度—渗透率直方图

## 第三节　Rumaila 组储层物性非均质性

储层物性是评价储层质量的最重要指标。本次研究基于研究区五口 Rumaila 组取心井 ADMa—4HP、AD—13、AD—12、AD—3、AD—16 柱塞样品孔隙度—渗透率测试结果，对储层物性及其非均质性进行评价。其中 ADMa—4HP 井测试数据最全，包括 Ru1-1、Ru1-2、Ru1-3、Ru2a-1、Ru2a-2、Ru2a-3、Ru2a-4、、Ru2a-5、Ru2b-U、Ru2b-M、Ru2b-L、Ru3 小层数据；AD—13 井包括 Ru2a-1、Ru2a-2、Ru2a-3、Ru2a-5、Ru2b-U、Ru2b-L、Ru3 小层数据；AD—3 井包括 Ru1-1、Ru1-2、Ru2a-2、Ru2a-3、Ru2a-5、Ru2b-U、Ru2b-M 小层数据；AD—12 井和 AD—16 井包括 Ru2a-1、Ru2a-2 小层数据。

测试结果表明，不同小层物性差异明显。Ru1-1—Ru1-3（对应 Ru1 油藏）小层一共 369 个测试样品（图 5-14、图 5-15），孔隙度范围为 1.2%～28.8%，主要分布在 20%～25%，平均为 21.2%，渗透率范围为 0.01～86.5mD，主要分布在 2～30mD，平均为 13.0mD，储层物性总体较好，属于高孔中—低渗储层（SY/T 6285—2011）。

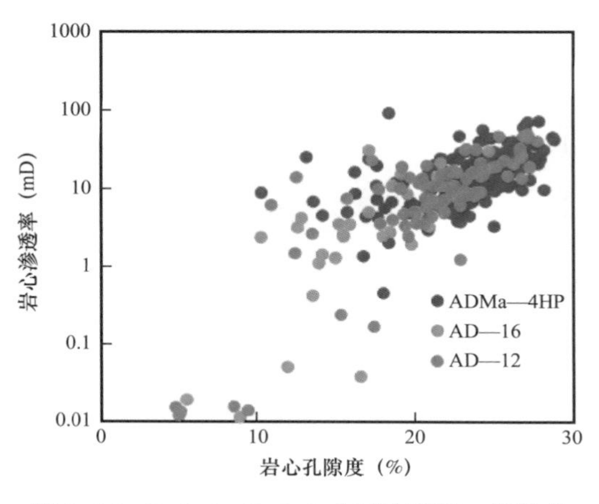


图 5-14　Ru1-1—Ru1-3 小层孔隙度—渗透率散点图

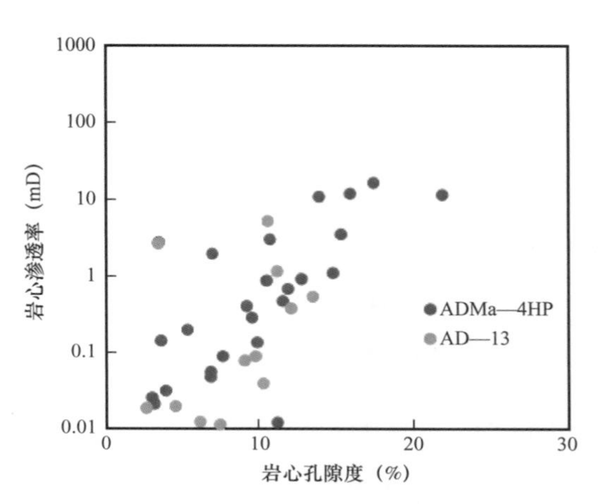


图 5-15　Ru2a-1 小层孔隙度—渗透率散点图

Ru2a-1 小层一共 46 个测试样品（图 5-3、图 5-4），根据取心井 ADMa—4HP 和 AD—13 两口井样品测试结果，孔隙度范围为 2.3%～21.8%，主要分布于 15% 以下，平均为 8.3%，渗透率范围为 0.01～15.5mD，主要分布于 10mD 以下，平均为 1.6mD，储层物性总体较差，属于低孔低渗储层（SY/T 6285—2011）。

Ru2a-2—Ru2a-4 小层（对应 Ru2a 油藏）一共 248 个测试样品（图 5-16），根据取心井 ADMa—4HP、AD—13、AD—3 三口井样品测试结果，孔隙度范围为 4.5%～27.4%，主要分布于 15%～25%，平均为 18.6%，渗透率范围为 0.02～368.5mD，主要分布于 1～100mD，平均为 24.0mD，储层物性总体较好，属于高孔中—低渗储层。

Ru2a-5 小层一共 65 个测试样品（图 5-17），孔隙度范围为 1.7%～23.0%，主要分布于 10% 以下，平均为 7.7%，渗透率范围为 0.01～32.2mD，主要分布于 0.1～1mD，平均为 2.2mD，储层物性总体较差，属于低孔（特）低渗储层（SY/T 6285—2011）。

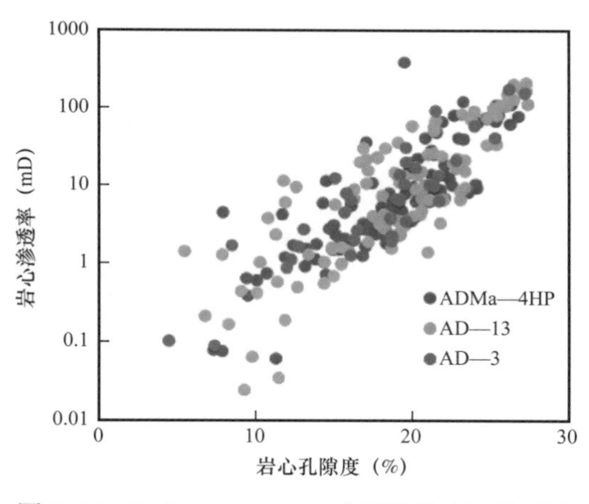


图 5-16　Ru2a-2—Ru2a-4 小层孔隙度—渗透率散点图

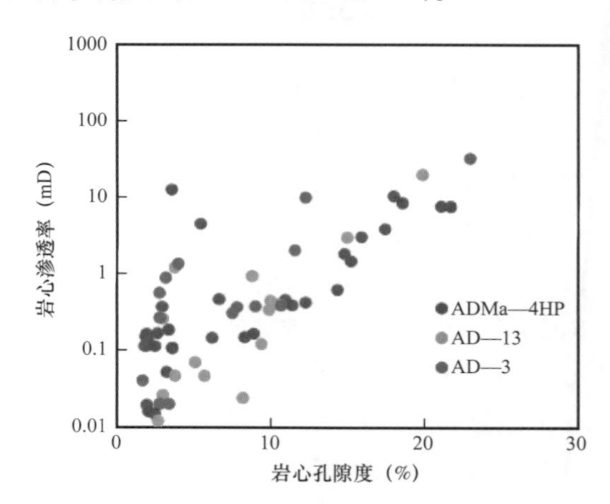


图 5-17　Ru2a-5 小层孔隙度—渗透率散点图

Ru2b-U—Ru2b-M 小层（对应 Ru2b-U 油藏）一共 230 个测试样品（图 5-18），孔隙度范围为 1.4%～27.7%，主要分布于 10%～25%，平均为 15.2%，渗透率范围为 0.01～97.5mD，主要分布于 0.1～100mD，平均为 10.9mD，储层物性总体较好，属于高孔中低渗储层（SY/T 6285—2011）。

Ru2b-L1 小层（对应 Ru2b-L 油藏）一共 41 个测试样品（图 5-19），根据取心井 ADMa—4HP 和 AD—13 两口井样品测试结果，该小层孔隙度范围为 2.6%～20.6%，主要分布于 20.0% 以下，平均为 10.9%，渗透率范围为 0.01-43.3mD，主要分布于 0.1～10mD，平均为 5.2mD，储层物性总体一般，属于中低孔（特）低渗储层（SY/T 6285—2011）。

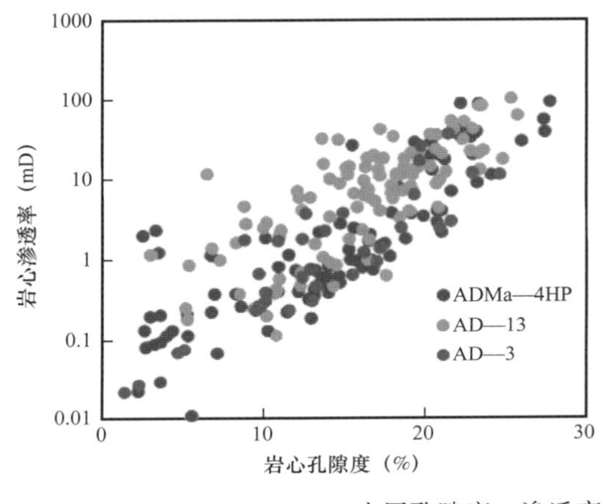


图 5-18　Ru2b-U—Ru2b-M 小层孔隙度—渗透率散点图

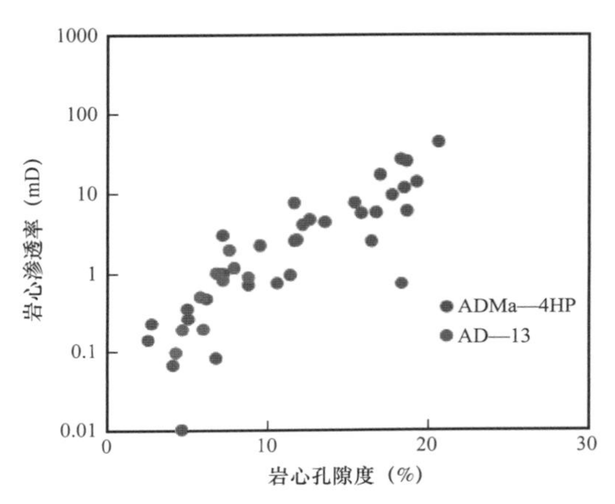


图 5-19　Ru2b-L1 小层孔隙度—渗透率散点图

Ru2b-L2 小层（对应 Ru2b-L 和 Ru3 油藏上部）一共 53 个测试样品（图 5-20），根据取心井 ADMa—4HP 和 AD—13 两口井样品测试结果，该小层孔隙度范围为 5.4%～18.4%，主要分布于 15.0% 以下，平均为 11.4%，渗透率范围为 0.02～119.8mD，主要分布于 1～100mD，平均为 19.7mD，储层总体孔隙性差，但是连通性较好，属于中低孔中高渗储层（SY/T 6285—2011）。

Ru3 段（对应 Ru2b-L2 和 Ru3 油藏下部）一共 194 个测试样品（图 5-21），孔隙度范围为 11.9%～29.9%，主要分布于 15.0%～25.0%，平均为 21.2%，渗透率范围为 0.1～781.9mD，主要分布于 10～100mD，平均为 55.3mD，储层物性总体较好，属于高孔中高渗储层（SY/T 6285—2011）。

可以看出，就孔隙度而言，Ru3 段、Ru1-1—Ru1-3 小层孔隙度最高，均以高孔为主；其次为 Ru2a-2—Ru2a-4、Ru2b-U—Ru2b-M，以中孔为主；而 Ru2a-1、Ru2a-5、Ru2b-L1、Ru2b-L2 小层孔隙度差，均以低孔为主。就渗透率而言，Ru3 段渗透率最高，中—高渗为主；其次为 Ru2a-2—Ru2a-4、Ru2b-L2、Ru1-1—Ru1-3、Ru2b-U—Ru2b-M 小层，以中—低渗为主；Ru2a-1、Ru2a-5、Ru2b-L1 小层渗透率最低，以低渗为主。

利用四口取心井的岩心塞渗透率测试数据，根据渗透率突进系数、极差参数、变异系数公式，对 Rumaila 组各小层的非均质性评价参数进行计算，包括渗透率突进系数、渗透率极差、渗透率变异系数。结果表明，除了 Ru1-1—Ru1-3 小层非均质相对较弱外，其余小层均表现出了较强的渗透率非均质性，渗透率变异系数均超过 1.2。

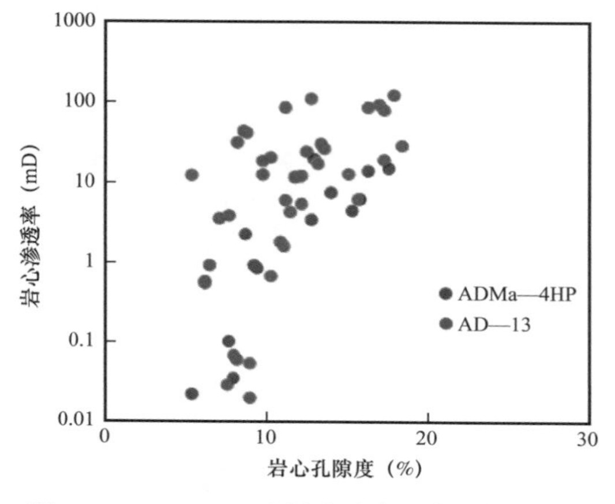


图 5-20　Ru2b-L2 小层孔隙度—渗透率散点图

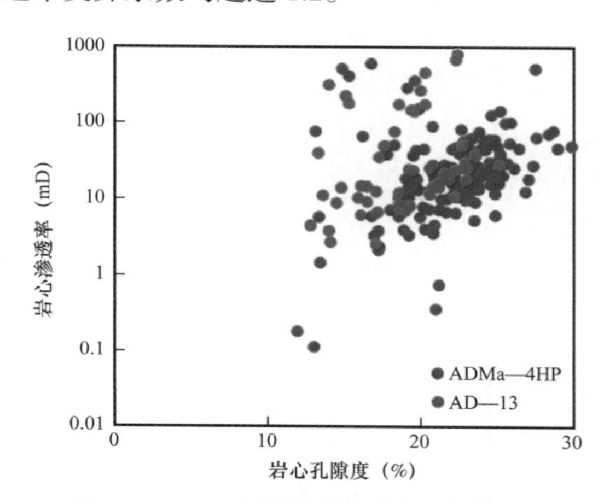


图 5-21　Ru5 小层孔隙度—渗透率散点图

渗透率突进系数：

$$T_{\mathrm{k}}=\frac{K_{\max}}{\bar{k}} \tag{5-1}$$

渗透率极差：

$$J_{\mathrm{k}}=\frac{K_{\max}}{K_{\min}} \tag{5-2}$$

渗透率变异系数：

$$V_{\mathrm{k}}=\frac{\sqrt{\sum_{i=1}^{n}\left(K_i-\bar{K}\right)^2/(n-1)}}{\bar{K}} \tag{5-3}$$

# 第四节　裂缝发育特征及分布规律

一般认为，伊拉克中南部美索不达米亚盆地白垩系生物碎屑灰岩为典型的孔隙性储层，裂缝发育程度很弱，因而对该类储层的裂缝研究甚少。裂缝作为碳酸盐岩常见的一种储集空间类型，其对单井产能和碳酸盐岩油藏注水开发具有重要的影响。本次研究基于 ADMa—4HP 井岩心和薄片资料，从微观和宏观两个方面对裂缝的发育特征和控制因素进行分析，探讨裂缝对油藏注水开发的影响，为油田开发提供参考。

## 一、宏观裂缝特征及分布规律

通过对 ADMa—4HP 井所有取心段剖开面的观察，在岩心宏观尺度识别出宏观裂缝，宏观裂缝根据裂缝产状划分为垂直缝、倾斜缝和水平缝（图 5–22、图 5–23），与水平面夹角分别为大于 75°、介于 15°～75° 和小于 15°。三种裂缝从发育程度强弱对比，垂直缝发育程度最强，倾斜缝和水平缝发育程度弱。其中垂直缝缝壁较平直，属于构造成因，部分受到溶蚀改造，开度小于 0.5mm，延伸长度为 5～20cm，主要为 7～10cm 之间，多数为充填—半充填，裂缝线密度主要为 1～2 条 /m。近水平裂缝规模难以确定，裂缝线密度小于 1 条 /m，部分水平缝被充填，水平缝的形成一方面受到构造应力的控制，但也不能排除是取心过程中的人为诱导。倾斜缝发育程度最弱，开度小于 0.5mm，延伸长度小于 10cm，裂缝线密度小于 0.6 条 /m。从 ADMa—4HP 单井的裂缝发育分布来讲，在 Ru2a–4、Ru2a–5、Ru2b–U、Ru2b–M、Ru2b–L 小层发育程度较强，三种宏观裂缝类型均发育，其次为 Ru1–2 和 Ru1–3 小层，主要发育垂直缝，其他层段宏观裂缝发育较弱。

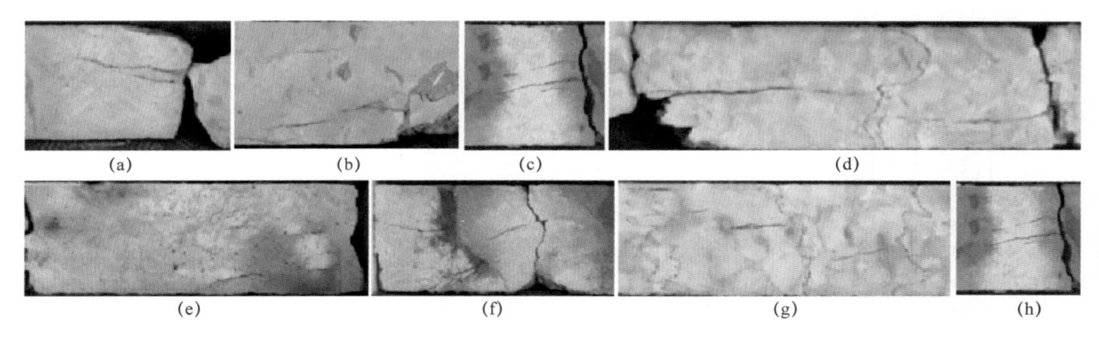


图 5–22 ADMa—HP 井 Rumaila 组岩心宏观裂缝之垂直缝特征

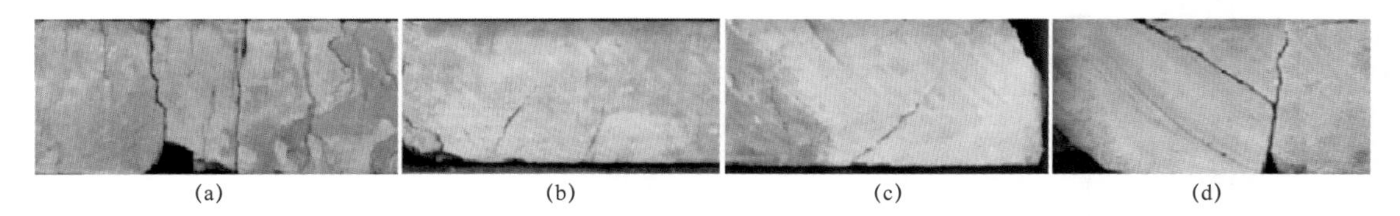


图 5–23 ADMa—HP 井 Rumaila 组岩心宏观裂缝之水平缝和倾斜缝特征

宏观裂缝的发育与微相类型具有相关性，从岩心可看出，宏观裂缝主要发育在含油性差的部位，经过薄片分析，属于 MFT3.1、MFT5.2、MFT6、MFT7 这几种致密微相（图 5–24），综上可以得出，宏观裂缝发育程度与岩石的致密程度相关，致密程度影响脆性，岩石越致密，理论上脆性越高，施加应力后，更易形成裂缝。

## 二、微观裂缝特征及分布规律

通过对 ADMa—4HP 井所有铸体薄片的逐一观察，识别出了 Rumaila 组的微观裂缝发育情况。将微观上的裂缝根据成因分为四种类型，分别为构造裂缝、构造—溶蚀缝、缝合线和粒裂缝（图 5–25）。所有薄片中，发育裂缝的占比 36%，这些裂缝中缝合线占比最高，为 36%，其次构造缝占比 27%，粒裂缝占比 18%，构造—溶蚀缝占比 16%（图 5–26）。

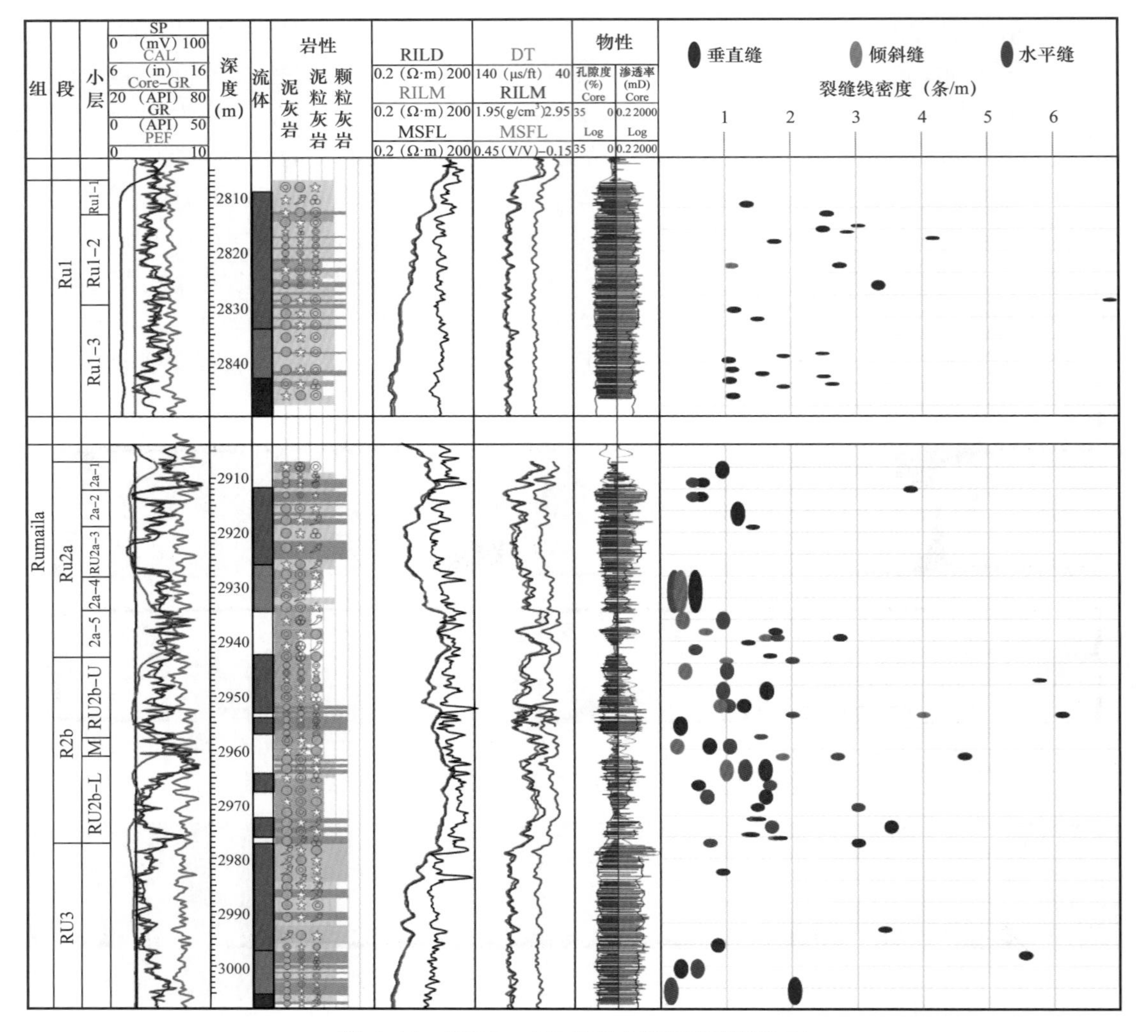


图 5-24　ADMa—HP 井取心段宏观裂缝分布

构造裂缝是受构造应力驱动形成的裂缝，缝壁较平直，同一裂缝随着裂缝延伸，开度不变，开度为 5～25μm，均保持开启（表 5-2）；构造—溶蚀裂缝是在构造应力形成的裂缝基础上，叠加成岩过程中的溶蚀作用，裂缝的缝壁平直—弯曲，同一裂缝由于不同部位溶蚀强度不同，开度有所变化，开度范围为 30～1000μm，构造—溶蚀缝半数以上被充填，相对而言，被充填的裂缝主要为开度较大者；缝合线属于成岩过程中化学压溶作用形成的裂缝，缝合线被沥青、泥质、白云石等物质充填，极个别缝合线由于受到构造应力，沿着缝合线开启，这种开启的裂缝，从发育部位而言是沿着缝合线发育，但是从成因上而言，属于构造成因（表 5-2）；粒裂缝是发育在较大的生物壳体里面的裂缝，开度为 3～200μm，多数保持开启，延伸范围终止于壳体边界（表 5-2）。

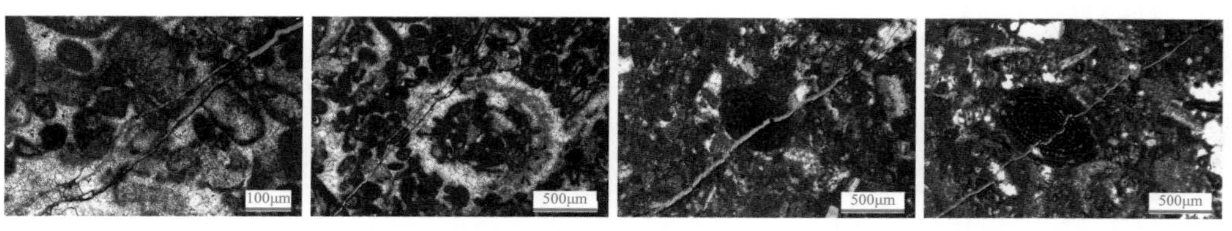


（a）构造裂缝，峰壁较平直，同一裂缝开度不变，5～25μm，均保持开启

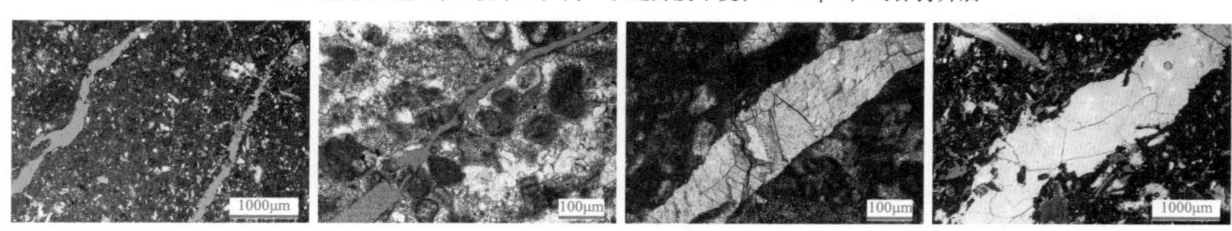


（b）构造—溶蚀缝，缝壁平直—曲折，同一裂缝开度有变化，30～1000μm，开度较大者被充填

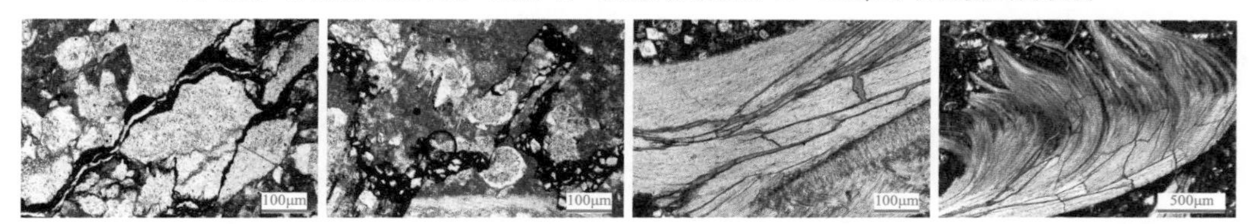


（c）缝合线，缝壁曲折，被沥青、白云石充填，极少数开启　（d）粒裂缝，开度3～200μm，多开启，终止于壳体边界

图 5-25　微观裂缝类型及特征图

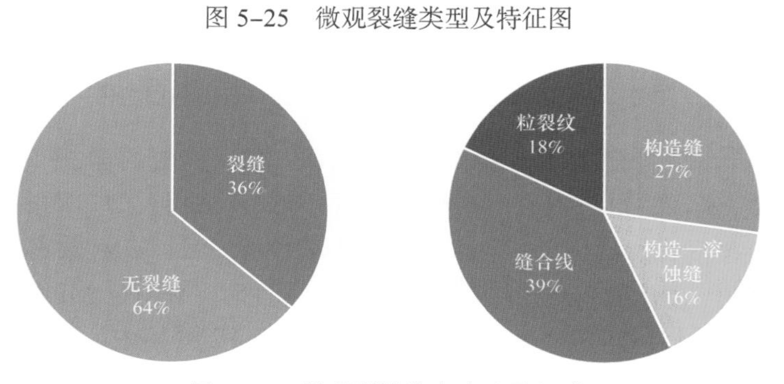


图 5-26　微观裂缝发育占比及组成

**表 5-2　微观性质统计表**

| 裂缝类型 | 开度（μm） | 发育层位 | 发育微相 | 开启缝占比（%） | 开启缝开度（μm） |
|---|---|---|---|---|---|
| 构造缝 | 5～25 | Ru2a-1/4、Ru2b-U/M/L | MFT3.2、MFT6、MFT7、MFT5.2 | 100 | 5～25 |
| 构造—溶蚀缝 | 30～1000 | Ru2a-4、Ru2a-5、Ru2b-U/L | MFT3.2、MFT6、MFT7、MFT5.2 | 47 | 30～350 |
| 压溶缝合线 | 5～400 | 全段 | MFT4.2 为主、MFT6、MFT7 | 10 | 5～30 |
| 粒裂纹 | 3～200 | Ru2a-4、Ru2a-5、Ru3 | MFT6 为主、少量 MFT1 | 74 | 3～32 |

裂缝能否作为有效缝，首先取决于裂缝的充填程度，36% 的裂缝中，开启的裂缝为 23%，充填的占比 13%；未充填的裂缝中，48% 为构造缝，18% 为构造—溶蚀缝，26% 为粒裂缝，8% 为缝合线（图 5-27）；就每种裂缝而言，构造缝 100% 开启，构造—溶蚀缝 47% 开启，缝合线 12% 开启，粒裂缝 74% 开启（图 5-28，表 5-2）。裂缝的有效性其次取决于开度大小，开启的构造—溶蚀缝开度介于 30～350μm，平均为 60μm，开度最大，开启的缝合线开度介于 5～25μm，平均为 15μm；开启的缝合线开度介于 5～35μm，平均开度为 10μm，开启的粒裂缝开度介于 3～32μm，平均开度为 8μm（图 5-24，表 5-2）。从开度上来讲，构造—溶蚀缝是最有利的裂缝，结合开启缝发育占比，构造缝虽然开度不占优势，由于全部开启，因此也是有效缝。而缝合线开启比例很低，粒裂缝延伸范围仅限于壳体内部，二者划归于无效缝。

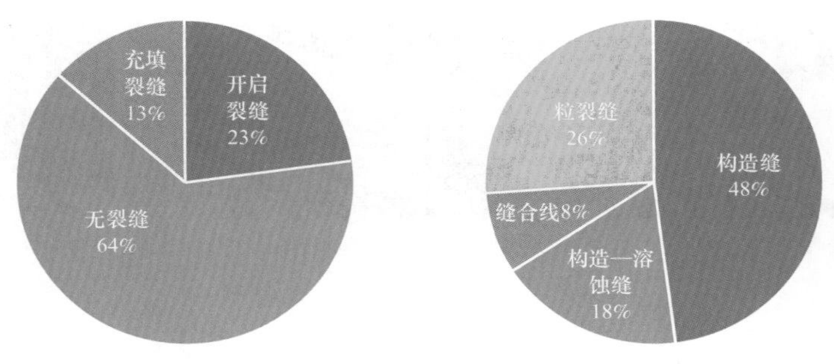


图 5-27　微观裂缝开启比例及开启裂缝组成比例图

裂缝发育与否，受到微相类型的控制，统计发现，致密的微相（MFT3.2、MFT6、MFT7、MFT5.2）裂缝发育比例高，是开启缝发育的主要微相类型；而多孔微相（MFT1、MFT2、MFT3.1、MFT4.1、MFT5.1）裂缝发育比例低，且以无效缝为主（图 5-29、图 5-30）。具体来讲，构造缝主要发育在 MFT3.2、MFT5.2、MFT6、MFT7 微相中，构造—溶蚀缝同样主要发育于 MFT3.2、MFT5.2、MFT6、MFT7 微相中。对于单一微相类型发育的裂缝类型而言（图 5-31），MFT1 仅发育粒裂缝，MFT2 仅发育少量缝合线，MFT3.1

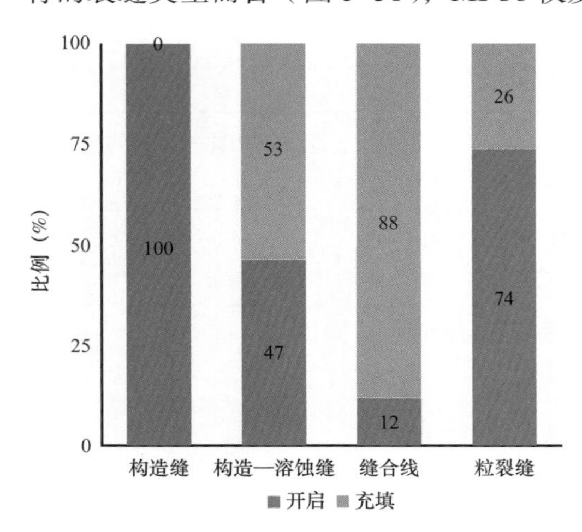


图 5-28　不同类型裂缝开启比例统计图

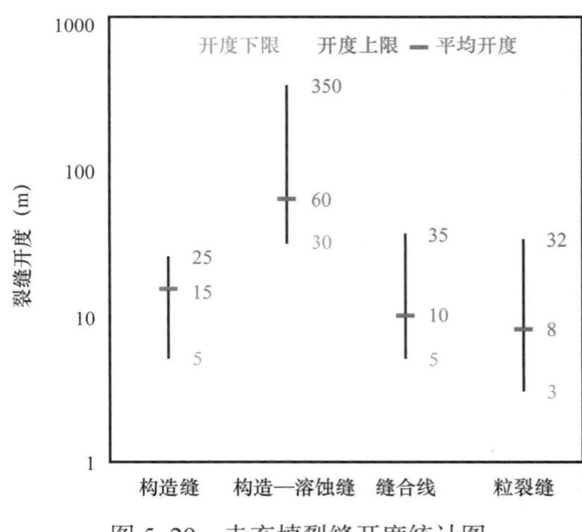


图 5-29　未充填裂缝开度统计图

发育少量缝合线和少量粒裂缝，MFT4.1 发育极少构造—溶蚀缝、粒裂缝以及少量缝合线，MFT5.1 仅发育缝合线，可以看出，上述多孔微相主要发育的是以缝合线和粒裂缝为主的无效缝。MFT3.2 发育较多的构造缝，还发育构造—溶蚀缝以及少量缝合线，MFT5.2 发育与 MFT3.2 相似，发育较多的构造缝，还发育构造—溶蚀缝以及少量缝合线，MFT6 发育构造缝、构造—溶蚀缝、缝合线和粒裂缝，MFT3.1 发育构造缝、构造—溶蚀缝和缝合线，可以看出，上述致密微相发育较多以构造缝和构造—溶蚀缝为主的有效缝。

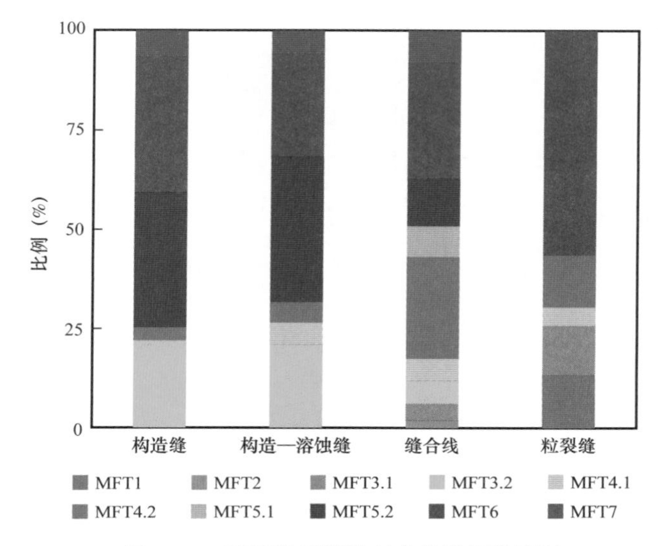


图 5-30 不同类型裂缝对应的微相类型图

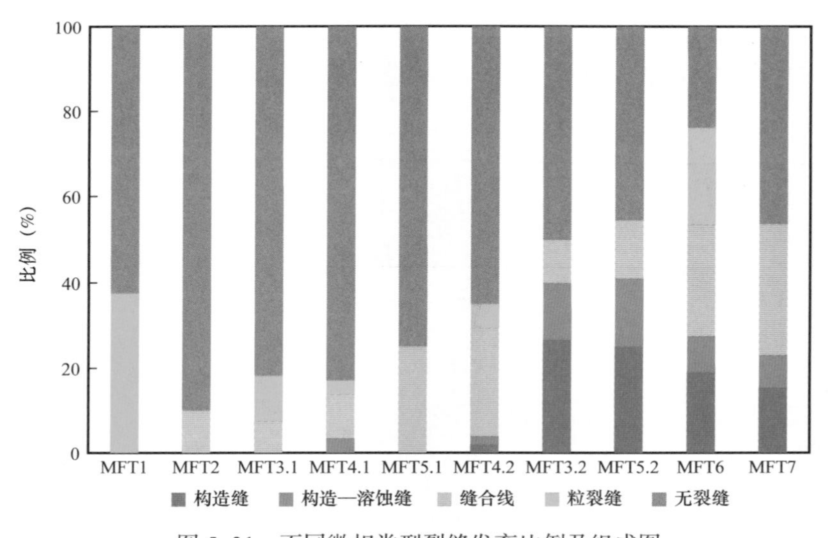


图 5-31 不同微相类型裂缝发育比例及组成图

结合岩心孔隙度—渗透率测试数据，分析了裂缝对储层物性关系的影响，结果表明，裂缝的发育主要影响较致密储层（孔隙度小于 13%）的储层的孔隙度—渗透率关系（图 5-32），有效缝（构造缝、构造—溶蚀缝）对孔隙度—渗透率关系影响的效应明显大于无效缝，开启裂缝对孔隙度—渗透率关系影响效应大于充填的裂缝（图 5-33）。在低孔区，相同孔隙度的前提下，发育开启的有效缝的样品，相对比与不发育裂缝的样品，渗透率可以提高 0.5～1.5 个数量级。此外，孔渗散点图中，有些样品点不发育裂缝却渗透率异常高，发育裂缝的样品，渗透率却和不发育裂缝样品的渗透率大小相似，这可能是由于薄片和测试物性的柱塞样品的裂缝发育情况不一致；同一样品，磨片段发育裂缝，测物性段无裂缝，就可能导致其渗透率落入不发育裂缝的样品区，反之亦然。

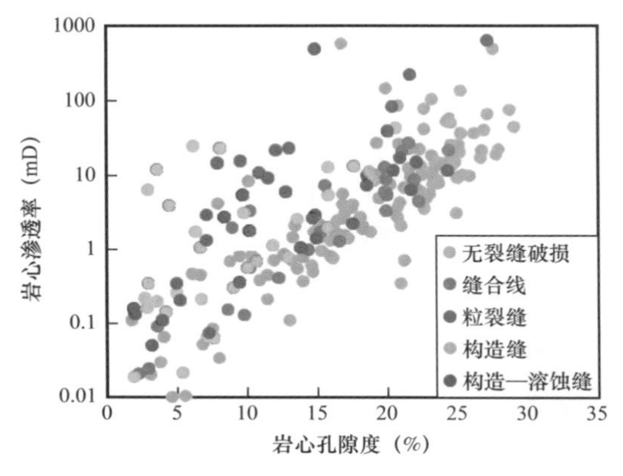


图 5-32　裂缝发育与储层物性关系图

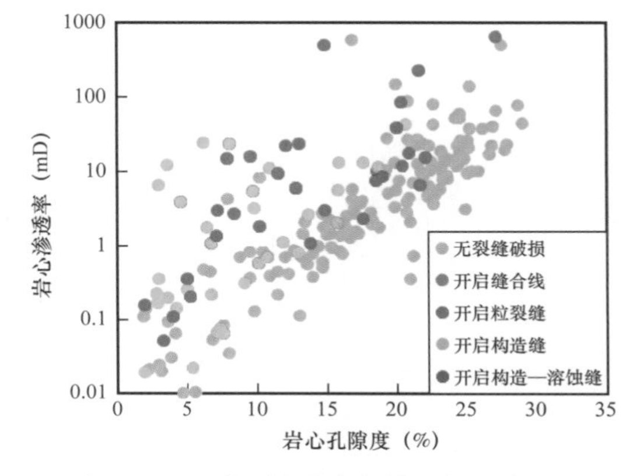


图 5-33　开启裂缝发育与储层物性关系图

结合薄片定量统计参数，对微观上裂缝发育的控制因素进行分析。研究发现，构造相关裂缝发育程度的控制因素：越致密、脆性越大的样品，构造相关裂缝发育的比例越高（图 5-34）。具体来讲，泥晶和亮晶之和占比较高的样品，裂缝发育的比例较高，而泥晶与亮晶之和占比较低的样品，裂缝发育的占比较低；根据面孔率统计结果，面孔率越低，裂缝的发育比例越高，而面孔率越高，构造相关裂缝的发育比例越低。

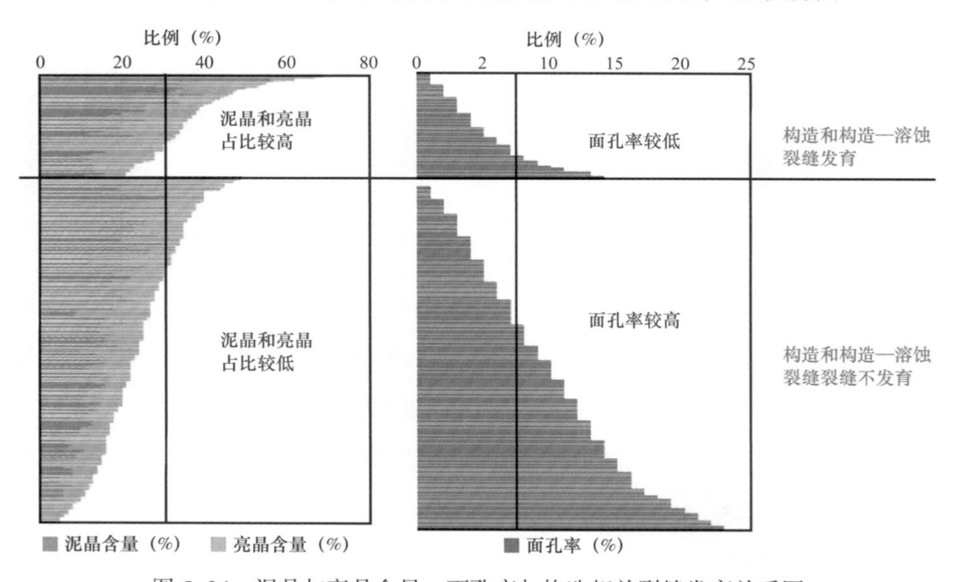


图 5-34　泥晶与亮晶含量、面孔率与构造相关裂缝发育关系图

# 第六章　储层非均质性主控因素

## 第一节　Khasib 组微相类型与储层非均质性

### 一、微相类型与储层物性

研究区 Khasib 组不同微相的差异性控制和决定了地层储集性能的发育程度，从而导致了纵向储层发育的非均质性。通过定性、定量分析不同微相类型沉积组构、生屑类型的变化，结合不同层段储层物性数据，研究结果表明不同微相类型及组合控制着储层物性特征及非均质（图 6–1）。

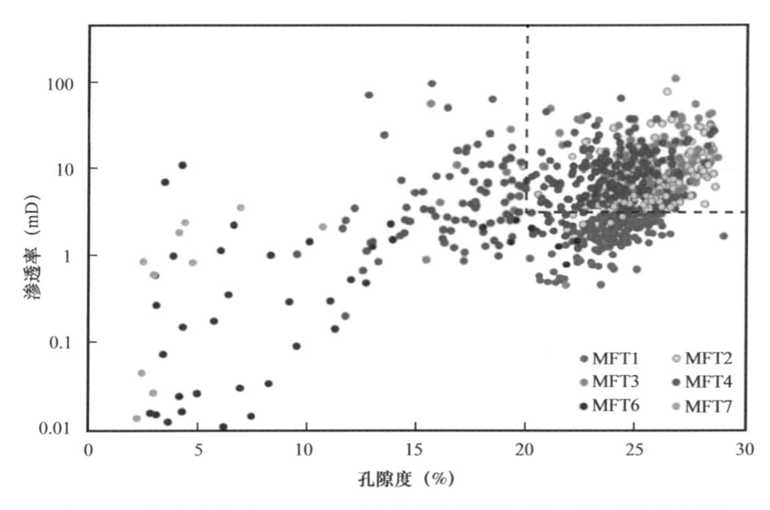


图 6–1　艾哈代布油田 Khasib 组不同微相孔隙度—渗透率交会图

微相类型垂向演化的差异性造成了储层纵向分布的非均质性，微相类型及组合的垂向演化规律与储层的纵向分布特征相一致。Mauddud A1（MFT1）分布在 Kh3 段、Kh2–5 和 Kh2–4 小层下部，所在层位地层平均孔隙度为 22.5%，渗透率几何平均值为 2.68mD，总体低于 5mD，孔隙度较高而渗透率较低，呈高孔低渗特征。Mauddud A4（MFT6、MFT7）分布在 Kh1 段上部，所在层位地层平均孔隙度均低于 10%，渗透率几何平均值低 5mD，孔渗均较低，呈低孔低渗特征。故 Kh3 段、Kh2–5、Kh2–4 小层下部及 Kh1 段上部储层质量较差。Mauddud A2（MFT2、MFT3）分布在 Kh2–3 和 Kh2–4 小层上部，Mauddud A3（MFT2、MFT4）发育于 Kh2–2、Kh2–1 小层及 Kh1 段下部，两类微相组合发育层段地层平均孔隙度高于 20%，渗透率高于 5mD，孔渗较高，为高孔中高渗储层。故 Kh2–3 小层至 Kh1 段下部为优质储层发育层段。

## 二、微相类型与孔隙结构

不同微相类型及组合发育层段其相应储层孔隙类型有所差异。MFT1 发育大量浮游有孔虫体腔孔和微孔，有孔虫壳壁多为钙质壳和胶结壳，形成孤立孔。MFT6、MFT7 生屑类型主要为棘皮，含少量双壳，孔隙基本不发育，仅有少量裂缝。MFT2 生屑类型多，绿藻、棘皮、双壳等发育，孔隙类型以藻模孔和其他生屑铸模孔为主。MFT3 生屑类型以绿藻为主，尤其是粗枝藻，除了孢囊周围，其他部分钙化程度较低被溶解，发育大量藻模孔，同时孢囊呈钙质、薄壁的空心球状体，藻模孔孔隙内部及孔隙之间连通性较好。MFT4 颗粒类型以泥晶化的砂屑为主，此微相类型构成了 MA3 的主体，连通性较好的粒间孔发育，见少量粒内孔，分布在靠近三级层序顶部的 Kh2-2、Kh2-1 小层及 Kh1 段底部。MFT5 在研究区内仅局部发育，多位于三级层序顶部，沉积间断形成暴露溶蚀，叠加生物扰动，使得粒间孔继续溶蚀扩大。

不同微相类型及组合发育层段，其相应储层的孔隙结构有所差异。根据压汞数据可知，MFT1、MFT6 压汞曲线呈平台状，斜率低，排替压力较高（大于 0.5MPa），孔喉半径较小，主要集中于 0.01～1μm 之间（图 6-2a、c）。MFT2、MFT3、MFT4 三种微相压汞曲线呈缓坡状，斜率较低，排替压力较低（0.1～0.3MPa），孔喉半径较大，集中分布于 0.01～10μm（图 6-2b、d）。

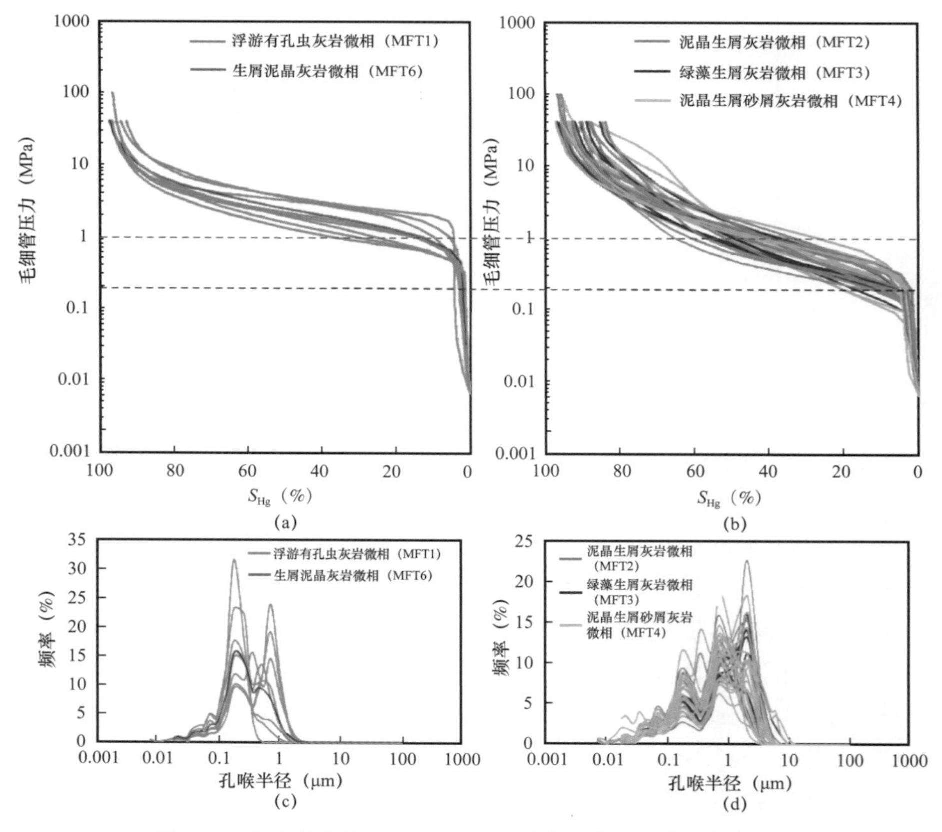


图 6-2　艾哈代布油田 Khasib 组不同微相类型孔隙结构特征图

综上，不同微相类型及组合控制储层孔隙特征。MA1（MFT1）和MA4（MFT6、MFT7）发育层段，储层孔隙类型分别为有孔虫孤立体腔孔和少量裂缝，压汞数据表明两类微相组合对应层段孔喉排替压力较高，孔喉半径较小，不利于储层发育。MA2（MFT2、MFT3）微相类型发育大量铸膜孔，以藻模孔为主，MA3（MFT2、MFT4、MFT5）以粒间孔为主，含少量粒内孔。压汞数据表明两类微相组合对应层段孔喉排替压力较低，孔喉半径较大，为储层发育的有利微相组合。

## 第二节　岩石组构与储层非均质性

岩石结构指组成岩石的物质、矿物颗粒的类型、形状、大小和相互组合关系，其受控于沉积物源和沉积水动力强度，通过解剖孔隙结构，可以分析沉积环境。基于薄片资料对Khasib组岩石结构进行解剖，通过分析不同岩石结构特征，包括岩石结构组分含量和生屑类型及其含量与储层物性的关系，研究表明研究区Khasib组不同微相类型中生屑含量、内碎屑含量及灰泥含量的差异与储层渗透率的变化有一定的对应关系。其中，灰泥基质以及绿藻生屑的相对含量对储层物性起较大影响。

### 一、灰泥含量与储层关系

研究发现，Khasib组岩石中灰泥的含量与储层的渗透率具有负相关的关系，随着灰泥含量的减小，渗透率表现出了增大的趋势。Kh2–1小层可分为三段式：下部Kh2–1–2L单层的内碎屑含量是Khasib组最高的，含量为50%～60%，灰泥含量仅为10%，渗透率可达几十毫达西；中部Kh2–1–2U单层的内碎屑含量为40%～50%，灰泥含量增至20%，渗透率为5mD左右；上部Kh2–1–1单层的内碎屑含量降低（20%～40%），灰泥含量增加至30%～50%，渗透率降低至1mD。由此可见，灰泥含量的增加使得渗透率降低，内碎屑含量的增加使渗透率明显增加。

Kh2–2小层的储层物性同样受到灰泥相对含量的影响。Kh2–2小层主要发育泥晶生屑砂岩灰岩微相。此微相类型中绿藻含量稳定（15%～25%），而内碎屑和灰泥含量的相对含量存在一定变化。Kh2–2小层自下而上内碎屑含量由15%增加至45%，灰泥含量从35%降低至10%，渗透率由4mD增加至10mD。由此可见，灰泥对储层物性具有损伤作用，储层的渗透率随灰泥的相对含量降低而升高。

### 二、绿藻含量与储层关系

Khasib组其余层位则受到绿藻及灰泥相对含量的共同控制作用。以Kh2–3小层下部为例，绿藻的含量由25%降低至15%，灰泥含量由30%增至60%，渗透率由17mD降至6mD；Kh2–3上部的灰泥含量逐渐降低至5%～40%，绿藻含量由15%增至40%，渗透率由6mD增加至25mD。

综上所述，灰泥含量的增加使得储层渗透率降低，而绿藻含量的增加使得储层渗透率得到改善。

# 第三节 Rumaila组沉积相带演化及其对储层非均质性的控制

## 一、单井沉积相带的划分与特征

对艾哈代布油田Rumaila组微相组合特征反映的沉积相带进行详细叙述。

### 1. 与台地边缘生屑滩相带有关的微相组合

该微相组合由厚壳蛤颗粒灰岩微相（MFT1）和其下部的似球粒厚壳蛤颗粒灰岩微相（MFT2）组成（图6–3）。岩心观察表明，该微相组合沉积厚度可达8m。厚壳蛤属于固着类双壳（固着沉积基底生长），是白垩系最主要的造礁生物，主要在台地边缘为主的浅水部位形成点礁。MFT1由纯净的厚壳蛤组成，颗粒较粗，分选较好，无灰泥，反映沉积水动力十分强，结合厚壳蛤富集的特征，认为MFT1主要发育在台地边缘紧邻厚壳蛤点礁部位，强水动力对厚壳蛤点礁的冲刷所致，形成台缘厚壳蛤生屑滩。MFT2紧邻MFT1下部发育，由厚壳蛤和似球粒组成，部分厚壳蛤发生泥晶化以及生物钻孔，厚壳蛤分选较MFT1差，反映水动力较MFT1沉积水动力弱。MFT2发育在厚壳蛤滩体的下部，代表滩体形成早期沉积，相对MFT1的沉积环境，MFT2形成的水深较深、水动力较弱，导致颗粒整体分选较差、粒度较细，且水动力较弱的环境有利于泥晶化作用的发生，形成似球粒和泥晶化的厚壳蛤碎屑。综上，该微相组合反映了台地边缘厚壳蛤滩体的单滩体结构，单滩体由MFT2向上过渡到MFT1，相对海平面下降，沉积水动力逐渐增强，构成了台地边缘沉积水体向上变浅的沉积序列。

ADMa–4HP井中识别两套台地边缘生屑滩相带，发育在Ru3段顶部，上面的滩体厚度约8m，下面的滩体厚度约4m，其他取心段未见厚壳蛤滩体沉积。台地边缘生屑滩相带具有独特的测井响应特征，自然伽马低—中等读值，并非最低，说明其虽然灰泥含量非常低，但是放射性并不低，三孔隙度曲线显著左偏，声波时差高、中子孔隙度高、密度低，说明其孔隙发育非常好。在油层段，电阻率值高，高于上下围岩，鉴于其孔隙发育非常好，说明其含油性非常好。

### 2. 与开阔台地相带有关的微相组合

该相带发育两种微相组合，组合一为（亮晶充填）绿藻生屑泥粒灰岩微相（MFT5.1和MFT5.2）与（亮晶）生屑似球粒颗粒灰岩微相（MFT3.1和MFT3.2）的组合（图6–4），MFT5中，以仙掌藻为主的绿藻和蜂巢虫是台地透光带水深环境的指示性底栖生物，发育灰泥指示水动力并非很高，因此代表了开阔台地颗粒滩滩间沉积，但浮游有孔虫鲜有发育，即使形成于滩间，滩间水深也在透光带范围内，并不会太深。MFT3.1和MFT3.2位于MFT5.1和MFT5.2之上，不含灰泥，含底栖有孔虫，代表台内浅水强水动力环境，指示台内颗粒滩。因此，微相组合一代表了开阔台地相带内，相对海平面降低背景下，低能滩间沉积到高能颗粒滩的沉积环境的变迁，沉积水体向上变浅的沉积序列。组合二为生屑似球粒泥粒灰岩微相（MFT4.1和MFT4.2）与（亮晶）生屑似球粒颗粒灰

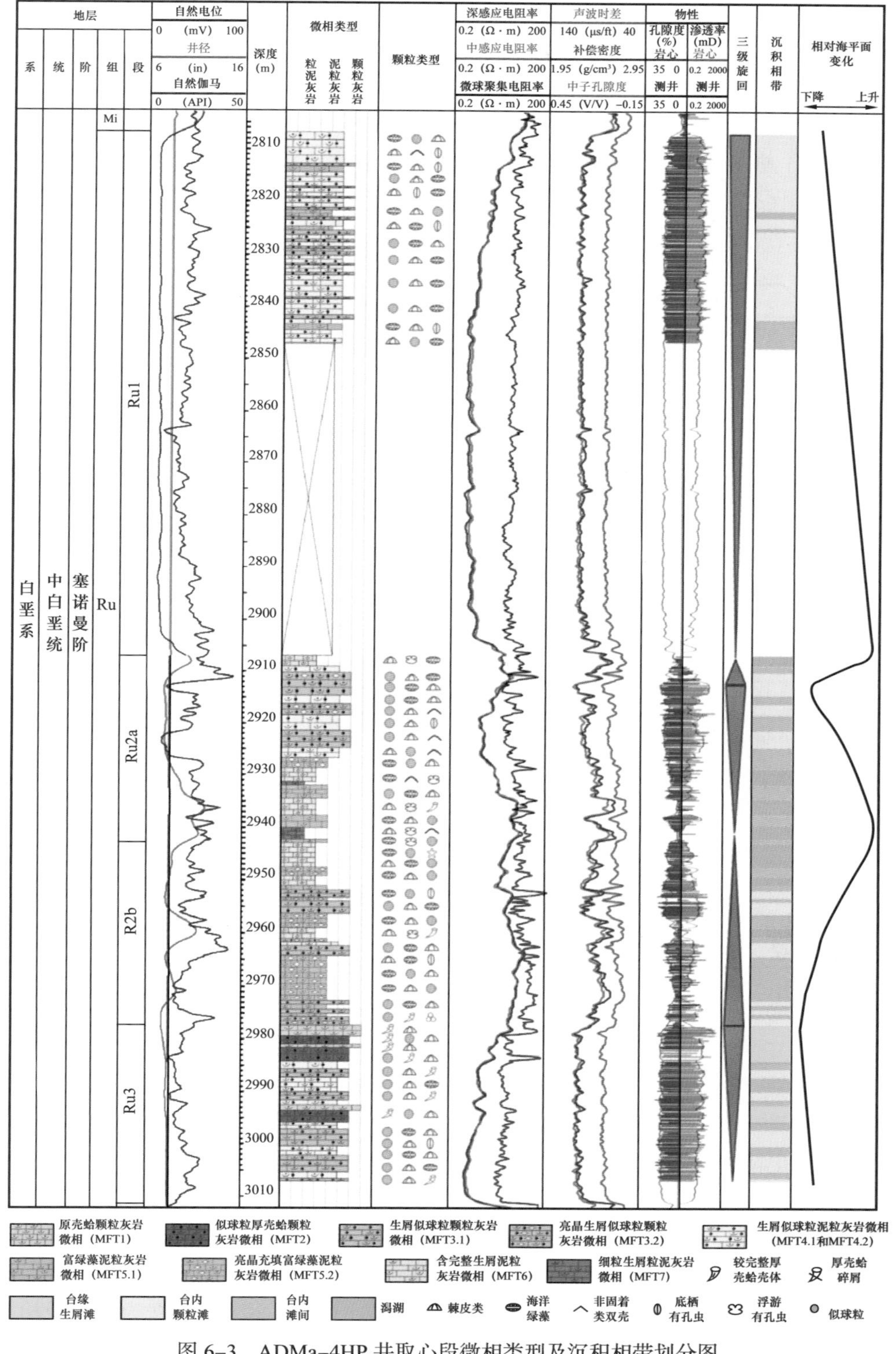

图 6-3　ADMa-4HP 井取心段微相类型及沉积相带划分图

岩微相（MFT3.1 和 MFT3.2）的组合（图 6–4）。MFT4.1 和 MFT4.2 与 MFT3.1 和 MFT3.2 均含似球粒、棘皮、底栖有孔虫等台内环境指示性生物，二者的主要区别是 MFT4.1 和 MFT4.2 含灰泥，而 MFT3.1 和 MFT3.2 不含灰泥，相似生物碎屑组成，说明二者的沉积相带相似，灰泥含量差异指示了沉积水体深浅不同导致的水动力差异。该组合由 MFT4.1 和 MFT4.2 向上变为 MFT3.1 和 MFT3.2，反映了开阔台地内部颗粒滩的建造过程，代表滩体建造过程中，沉积水体逐渐变浅的沉积序列。

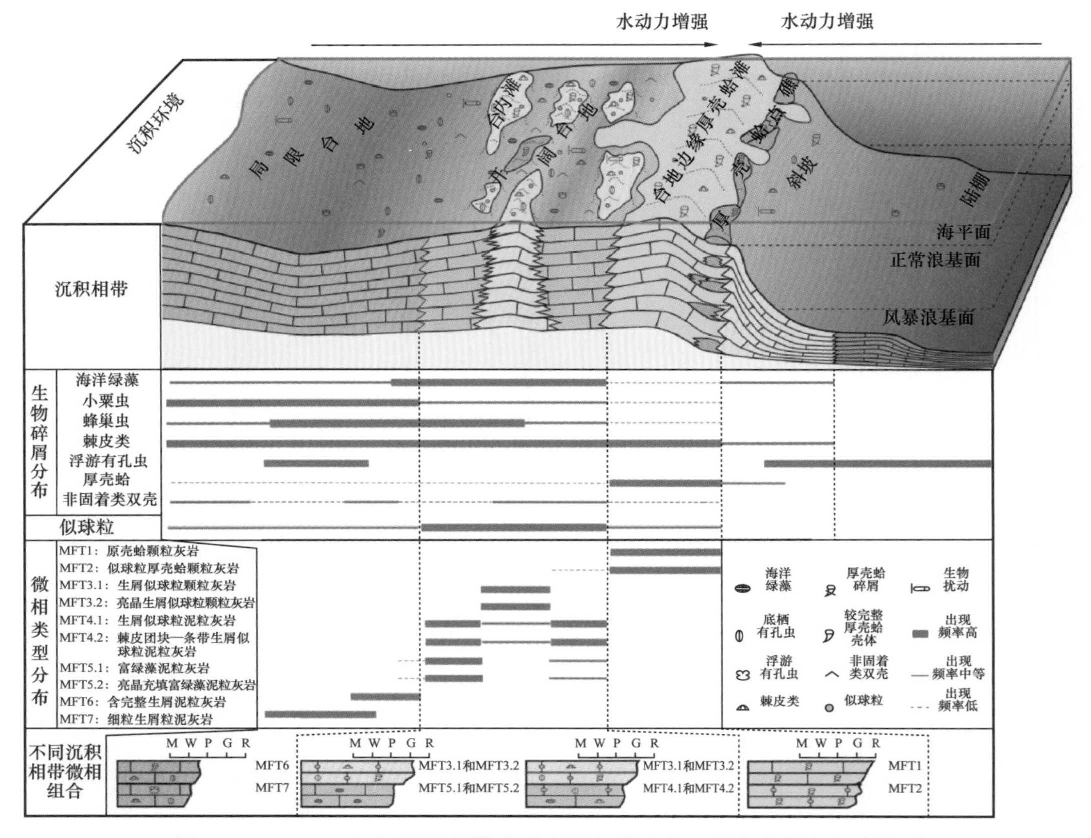


图 6–4 Rumaila 组沉积沉积模式及不同相带生物、微相和微相组合类型

ADMa–4HP 井滩间沉积相带主要在 Ru2a 和 Ru2b 小层发育，较少发育在 Ru1 段。厚度从几十厘米到十米不等。其具有如下测井相应特征，自然伽马较高，受控于其灰泥含量较高，三孔隙度曲线显著右偏，声波时差较低、中子孔隙度较低、密度较高，说明其孔隙发育差，电阻率为高值，指示致密层，但也有滩间因为孔隙性好（以 MFT5.1 微相为主），三孔隙度曲线略右偏，电阻率不是很高，具有一定含油性。

台内颗粒滩沉积在 ADMa–4HP 井中发育在 Ru3 中—下段、Ru2b、Ru2a 和 Ru1 段。在 Ru3 段、Ru1 段、Ru2a 段滩体厚度较大，在 Ru2b 段滩体厚度较薄。台内颗粒滩具有如下测井相应特征：自然伽马低—高值，在滩体下部以 MFT4.1 和 MFT4.2 为主要微相类型，对应中等自然伽马；在滩体上部以 MFT3.1 为主要微相类型，对应最低自然伽马；而当滩体上部以 MFT3.2 为主要微相类型时，对应高自然伽马，可能是粒间亮晶胶结物具有较高的放射性所致。当台内滩为 MFT4 与 MFT3.1 组合时，三孔隙度曲线整体左偏，声波时差高、中子孔隙度高、密度低，说明其孔隙发育好，向上有左偏加强的趋势，指示顶部孔隙性优于下段，油层段电阻率较高；当台内滩为 MFT4 与 MFT3.2 组合时，顶部三孔隙度曲线右偏，指示孔隙发育差，油层段电阻率较高，顶部高伽马 MFT3.2 微相电阻率尤其高。

**3. 与局限潟湖相带有关的微相组合**

该相带发育细粒生屑粒泥灰岩微相（MFT7）和含完整生屑泥粒灰岩微相（MFT6）组合（图 6-4），二者均含有代表超过透光带深水环境的浮游有孔虫，MFT6 中少量较完整的厚壳蛤、棘皮等生物壳体分散分布于基质中，基质中灰泥含量较高，以较细粒的绿藻和双壳为主要颗粒类型，说明 MFT6 整体的沉积水动力较弱，较完整生屑可能是风暴浪作用的产物，风暴浪能将台缘附近较完整厚壳蛤远搬运至台地内部，当携带了完整壳体的水体运移至潟湖内部靠近广海方向一侧时，水体水动力显著减弱、不足以负载较完整碎屑而发生卸载和沉积，沉积后，潟湖环境水动力弱，生物壳体不能被全部打碎，因而能出现保存较完整的生物碎屑。因此，MFT6 微相应沉积于潟湖环境中，靠近盆地一侧的相对较深水部位。MFT7 中浮游有孔虫含量较 MFT6 更高、生屑含量更低、更加细小，灰泥含量更多，说明水动力更弱、水深更深，且发育小粟虫等潟湖环境指示性生物，代表了潟湖中较深水的环境。沉积物从 MFT7 向上演变为 MFT6，代表了局限潟湖环境中沉积水体向上变浅的旋回。

局限潟湖在 ADMa-4HP 井中主要发育于 Ru2a 下段和 Ru2b 上段。具有典型的测井响应特征，自然伽马呈高值，三孔隙度曲线显著右偏，声波时差低、中子孔隙度低、密度高，说明其孔隙发育非常差。孔隙发育差，导致其连通性差，反映在电阻率曲线上为高电阻率特征。

基于微相组合和测井响应特征，对 ADMa-4HP 井未取心段 Ru1-4—Ru1-5 小层和 Ru4 段的沉积相带进行识别，至此 ADMa-4HP 井的单井沉积相带划分已经清楚。从 Ru4 到 Ru3 顶部，为三级层序高位域，相对海平面逐渐下降，先后沉积了潟湖、滩间、台内滩和台缘滩沉积。Ru2b 为三级海侵体系域，相对海平面上升，自下到上沉积了台内滩、滩间到潟湖的沉积组合。Ru2a 整体表现为一套相对海平面向上变浅的序列，自下到上沉积了潟湖、滩间和台内滩沉积相带，在 Ru2a 顶部，相对海平面在快速上升，沉积相带很快由台内滩演化为潟湖沉积。Ru1 段厚度大，但是沉积环境相对单一，自下向上，相对海平面整体变浅，在该层沉积的早期为潟湖，而后演变为滩间环境，进而很快演变为台内滩环境，包括 Ru1 中—上段均属于台内滩沉积环境。

## 二、沉积相带横向对比及平面相带展布

通过 ADMa-4HP 取心井研究了单井相带划分和纵向叠置关系后，以该井为标准井，建立 AD1 区的 NWW—SEE、NW—SE、N—S 向三个连井剖面，以及油田范围内穿过 AD1、AD2、AD4 区的 NW—SE 长剖面（图 6-3）。所有剖面以 ADMa-4HP 为交点。以

ADMa-4HP 识别出的沉积相带对应的测井响应特征为识别标准，在分层格架范围内，对连井剖面内的未取心井沉积相带类型进行识别。下面就各个剖面的微相横向展布特征进行描述，重点描述横向相变。

NWW—SEE 剖面长约 6.7km（图 6-4），从 NWW 向 SEE 分别过 AD-12、ADM5-4、ADMa-4HP、ADR6-7、AD-13 井五口井，其中 AD-13 井在 Ru2a、Ru2b、Ru3 段有不连续取心，AD12 井在 Ru1 顶部有取心，ADM5-4 和 ADR6-7 有较大间距的井壁取心，尽管这些取心样品目前仅保存薄片照片（每个样品一个薄片照片），但可以为相带的识别提供一定的佐证价值。以 ADMa-4HP 作为标准井对比，该剖面相带横向稳定可追踪对比，同一相带横向厚度稳定，厚度差均小于 5m，唯一的相变发生在 Ru2b-U 顶部，ADMa-4HP 和 ADM5-4 井在 Ru2b-U 顶部均为较高自然伽马、三孔隙度曲线右偏代表的滩间沉积相带，而 AD-12、ADR6-7、AD-13 井在 Ru2b-U 顶部为台内滩相带，测井响应特征为低自然伽马，三孔隙度曲线左偏。AD-12 井在 Ru2b 上段均为台内滩相带，厚度约 9m，ADR6-7 和 AD-13 井台内滩厚度较薄，厚约 2～3m。可以看出，AD1 区是 Rumaila 组的含油区，在从井区的近 EW 剖面上，沉积相带总体是十分稳定的，横向的相变十分弱，仅在 Ru2b 顶部可见。

SW—NE 剖面长约 8.5km，从 SW 向 NE 分别过 AD-14、ADM5-3、ADM5-4、ADMa-4HP、ADM5-7、ADR5-8、ADR5-9、AD1-6-5HP 井八口井，除了 ADMa-4HP 全部为未取心井。以 ADMa-4HP 作为标准井对比，该剖面相带横向稳定可追踪对比，同一相带横向厚度稳定，厚度差均小于 5m，在 Ru2a-3 底段和 Ru2b-U 顶部存在相变。对于 Ru2a-3 小层，ADM5-4 和 AD1-6-5HP 井底部为台内滩，而其他井在 Ru2a-3 底部为滩间沉积。AD1-6-5HP 井在 Ru2a-3 中部为台内滩沉积，而其他井在 Ru2a-3 中部为滩间沉积。对于 Ru2b-U 顶部，西南部的 ADM5-3 井和东北部的 ADR5-8、ADR5-9、AD1-6-5HP 井为台内滩沉积，而其他四口井在 Ru2b-U 顶部为滩间沉积。该剖面整体特征与 NWW—SEE 剖面相似，均为 Ru2b-U 存在相变，区别在于该剖面在 Ru2a-3 底部也存在相变。

NS 剖面长约 6km，从 N 向 S 分别过 AD1-4-4HP、ADR3-5、AD-10、ADMa-4HP、ADR5-5、ADR6-5、ADM7-6、AD-3 井八口井，其中 AD-3 虽为取心井，但是现存仅剩孔渗测试资料。以 ADMa-4HP 作为标准井对比，该剖面相带横向稳定可追踪对比，同一相带横向厚度稳定，厚度差均小于 5m，仅在 Ru2b-U 顶部存在相变。AD1-4-4HP 井在 Ru2b-U 顶部为台内滩，而其他井均为滩间沉积。

NW—SE 剖面长约 27km，是一条贯穿整个油田 AD4、AD2、AD1 区的长剖面。从 NW 向 NE 分别过 AD4 区的 AD-5、AD-15、AD-16、AD-4 井，AD2 区的 AD-11、AD-2、AD-8，AD1 区的 AD-1、AD-10、ADMa-4HP、ADR6-7、AD-13、AD-9 井十三口井，除了 ADMa-4HP 和 AD-13 井为取心井外，AD-16 井仅在 Ru1 顶部少量取心。以 ADMa-4HP 作为标准井对比，识别和对比结果表明，在 AD1 区各相带稳定发育，可对比追踪，仅在 Ru2b-U 顶部存在相变，ADR6-7 与 AD-13 为台内滩，而 AD1、AD-10、ADMa-4HP 和 AD9 为滩间，AD1 区其他层位只有相带厚度的变化，无明显相变；对比整个油田，AD1、AD2、AD4 区在 Ru2a、Ru2b 存在明显的相变。AD1 区，Ru2a-2 整体为台内滩，而 AD2 区仅 Ru2a-2 顶部为台内滩，中下部位滩间，到了 AD4 区，Ru2a-2 上段为潟湖沉积，下段为台内滩沉积。AD1 区在 Ru2a-3 顶部和中部为台内滩，其余为滩间，而在 AD2 区，AD-8 井整体为滩间，AD-2 中部为台内滩，AD-11 中部和底部为台内滩。AD4 区除 AD-5 井整体为台内滩外，其他井在中部和底部为台内滩。对于 Ru2b-U 顶部，AD2 区内，AD-8 井在顶—中段均为滩间沉积，AD-2 井在顶部为台内滩，而 AD-11 井除了顶部为台内滩外，中部还发育台内滩。AD4 区在 Ru2b-U 顶部均发育台内滩，但是厚度变化明显，从 ES 向 WN 逐渐变薄。Ru2b-L 顶部台内滩沉积虽然在整个油田稳定可对比，但是厚度存在变化。

通过以上四个连井剖面的沉积相带连井对比，取到了以下认识：在油田范围内沉积相带整体稳定可追踪对比，在油田长轴方向，即对比 AD1、AD2、AD4 区，除 Ru2a、Ru2b 段存在台内滩横向不连续发育、被滩间相隔开来的情况，其他层段相带横向连续性好。分别在 AD1、AD2、AD4 内部来看，AD1 区是 Rumaila 组的含油区，AD1 区横向相变仅发育在 Ru2b-U 顶部，横向连续性好；AD2 区在 Ru2a-2—Ru2a-3 小层和 Ru2b-U 小层存在相变，从 ES 到 WN 方向，即 AD-8—AD-2—AD11，台内滩发育比例有增大趋势；AD4 区整体相带稳定，没有识别出明显相变，单存在相带厚度的变化，最靠近西北部的 AD5 井整体低能相带占比略高。

沉积相带的平面展布规律对于储层分布具有重要的意义。平面相的研究工作分为两步，首先对整个油田范围内 78 口直井的单井相带进行识别，研究区井位分布非常不均匀，AD1 区背斜高部位井位分布十分密集，有 68 口井，剩下的 10 口井非常稀疏的分布在 AD1 区背斜高部位以外的区域。这些稀疏的井位井距远，井间的相带具有不确定性，地震资料具有好的横向分辨率，可以为井间相带的划分提供参考。因此，第二步工作是处理地震数据分层位获得地质属性数据体。最后，单井识别和地震数据体相结合，划分平面相带类型及展布范围。下面就各小层平面相特征及变迁展开论述，需要说明的是，平面相是平面位置在研究层段内的优势相，并非整个层段都是该相带，而是该相带在整个层段内从厚度上占据优势，但是还可能发育其他相带，由于 Rumaila 组纵向上相变非常快，且单个相带厚度较薄，因此，本次平面相的研究层位划分，是在 Rumaila 小层划分的基础上，考虑到每个小层的相带组成和变迁，进一步细化了分层。

Ru3 段因沉积相带纵向的分层性变化，自下向上分 Ru3-M 和 Ru3-L、Ru3-U 两个小层讨论。Ru3-M、Ru3-L 小层识别出了台内滩和滩间两个相带。AD1 区 AD-14 井以南为滩间相带，以北的 AD1 区均为台内滩沉积。AD2 区 AD8 井西北小范围区域为滩间，其余均为台内滩沉积。台内滩向西北一直延伸到 AD4 区 15 井东侧及西侧小范围区域，除此之外，为滩间沉积环境。Ru3-U 小层整体为台地边缘厚壳蛤滩沉积，在 AD1 区 AD14 井周缘小范围区域、AD4 区东北部小范围区域为滩间沉积环境。

Ru2b-L 段自下向上划分为 Ru2b-L-U、Ru2b-L-M、Ru2b-L-L 三个小层讨论。四条连井剖面相对横向对比中，三个小层的相带稳定可追踪对比。平面相同样具有稳定的相带分布。Ru2b-L-L 小层为台内滩沉积环境，向上相对海平面变深，在 Ru2b-L-M 演变为台内滩沉积环境，而后相对海平面变浅，又演化为Ru2b–L–U的台内滩沉积环境。

Ru2b–M相带发育稳定，全区可对比追踪，Ru2b–L沉积后，相对海平面快速下降，沉积了一套Ru2b–M的潟湖沉积物。

Ru2b–U段自下向上划分为Ru2b–U–U、Ru2b–U–M、Ru2b–U–L三个小层讨论。其中Ru2b–U–L小层相带稳定，全区为台内滩沉积相带，向上相对海平面加深，全区大部分区域演化为滩间沉积环境，但是AD1区AD–12井周缘以及往西直到AD2区AD–2井的区域仍然为台内滩沉积环境，除此之外。AD4区AD–5井和AD–15井间以及向南北延伸较远区域仍然为台内滩沉积。从Ru2b–U–M到Ru2b–U–U，沉积相带类型还是以台内滩和滩间为主，不过在AD1区AD–14井周缘及东南部发育小范围潟湖沉积，与Ru2b–U–M相比，Ru2b–U–U小层中台内滩和滩间的相对位置发生了明显变化。AD1区存在三个台内滩集合体，分别位于以AD–12井周缘较大区域，AD–10井周缘很小区域，以及从AD–13井向北延伸到AD1–4–4HP区域。AD2区自AD–2井起往西北一直延伸到AD4区AD–15井西北区域，为台内滩沉积环境。

Ru2a–4段和Ru2a–5段沉积环境相似，整体划分为一个层段，其沉积优势相带为潟湖环境，在整个油田稳定发育。

Ru2a–3段自下向上划分为Ru2a–3–U、Ru2a–3–M、Ru2a–3–L三个小层讨论。从Ru2a–4潟湖环境到Ru2a–3–L沉积时期，相对海平面降低，在Ru2a–3–L小层整体以滩间沉积为主，但在AD2区AD–11井所处位置开始，向西北延伸到AD–15井西北约3km处，为台内滩沉积环境。到了Ru2a–3–M沉积时期，AD1区相对海平面变浅，整体为台内滩沉积环境，但是从AD–13井向北延伸到AD1–6–5HP井区域仍为滩间沉积环境，而AD2区和AD4区相对海平面加深，整体为滩间沉积环境，从Ru2a–3–L小层到Ru2a–3–M小层沉积相带的反转，可能与差异性构造沉降相关。到了Ru2a–3–U小层，相对海平面下降，油田整体为滩间沉积环境，AD2区大范围区域为潟湖沉积环境，仅仅AD1区ADR3–1和ADM4–2井周缘小范围区域，以及从ADR8–8向北延伸到AD1–4–4HP以北区域为台内滩沉积环境。

Ru2a–2段自下向上划分为Ru2a–2–2、Ru2a–2–1两个小层讨论。自Ru2a–3–U到Ru2a–2–2，相对海平面上升，AD1区除了AD–14井及以南区域和ADR3–1往东北延伸到ADM3–4小范围区域为滩间沉积外，其余区域均以台内滩沉积为优势相带，而AD2区和AD4区仍然为滩间沉积环境。向上到Ru2a–2–1小层，相对海平面继续变浅，油田范围内除了AD1区个别井外，均为台内滩沉积环境。

从Ru2a–2到Ru2a–1，相对海平面快速变深，Ru2a–1整体为潟湖沉积环境。

从Ru2a–1到Ru1–5，相对海平面整体变浅，除了在AD1区AD–12井和AD–14井西南区域、AD–9井东北小范围区域、AD4区AD–16井起往西北延伸的区域仍然为潟湖沉积环境外，其余区域已经由潟湖环境演化为滩间沉积环境。

Ru1–1—Ru1–4虽然厚度超过80m，但是四条连井沉积相带对比剖面指示了其沉积相带分布稳定，因此在平面相研究中，将其划分为一个层段进行研究。由Ru1–5到Ru1–1—Ru1–4层段，相对海平面变浅，相带的分布具有继承性，滩间沉积相带主要分布在如

下区域：AD1 区 AD–14 井西南区域、AD–9 井东北小范围区域、AD1 区西南部小范围区域，以及 AD4 区除 AD–15 井周缘以外的区域，除了上述区域外，油田范围内整体为台内滩沉积环境。

通过将 Rumaila 组在油田小层划分基础上继续细化成的 18 个小层的沉积相带平面分布样式来看，在大多数层段，沉积相带在油田范围内的相变是存在的，但是在 AD1 含油区油气生产区来看，沉积相带整体是稳定的，但在多数层段的较小区域内存在相变，如 Ru2b–U–M、Ru2b–U–U、Ru2a–3–M、Ru2a–3–U、Ru2a–2、Ru1，这些小范围相带的展布具有东西分带的特征。

通过对比不同小层沉积相带的变化，认为纵向上相带的演化如有如下特征：Rumaila 组从 Ru3 段底部向上到 Ru1 段顶部，一方面，沉积相带的演化整体上具有继承性，在继承古地貌高低的基础上，由相对海平面的升降控制沉积相带的类型和延伸范围，这种规律在 Ru3 段、Ru2b–L 段、Ru2b–U 段和 Ru2a 上段均有体现；另一方面，也存在相带的非继承性变化，即沉积相带的反转，主要体现在 Ru2a–3 段，这种相带的反转可能受控于构造活动或者基底岩盐活动控制的差异性升降。

## 三、沉积演化模式

根据研究区取心井 A4 划分的微相及其组合类型的纵向变化模式，可以将研究层段 Ru 组划分为 3 个向上变浅三级旋回和 2 个向上变深三级旋回交互发育的沉积序列（图 6–5）。

向上变浅三级旋回包括 Ru3 段、Ru2a 中下段、Ru1 段（图 6–5）。其中 Ru3 段下部沉积了 MFT4 和 MFT5 微相组合，属于开阔台地颗粒滩沉积，滩体沉积可以形成正地貌，为台地边缘生屑滩奠定沉积基底基础。台内颗粒滩沉积后，相对海平面下降，由 MFT2 和 MFT1 微相组合组成的台缘生屑滩叠置在台内颗粒滩之上。Ru2a 中下段向上变浅旋回，起始于 MFT7 和 MFT6 组合代表的潟湖沉积，之后相对海平面变浅，向上过渡到 MFT5 和 MFT4 组合代表的台内滩间和台内滩早期，相对海平面持续变浅，继而沉积了由 MFT3 组成的台内颗粒滩。Ru1 段尽管只有上段取心，但是从测井曲线变化趋势来看，属于一个向上变浅旋回。Ru1 取心段主要发育 MFT4 和 MFT3 组合，偶见 MFT5 和 MFT3 组合，整体属于相对海平面变浅时期的台内滩沉积，MFT4 和 MFT3 微相组合的频繁更替，代表在三级海平面变浅时期，高频海平面的频繁振荡。

向上变深三级旋回包括 Ru2b 段和 Ru2a 段顶部（图 6–5）。Ru2b 段纵向上由下到上发育 MFT3—MFT5—MFT3—MFT5—MFT6—MFT7 的微相序列，代表了早期相对海平面较浅时期，台内颗粒滩沉积到滩间沉积的变迁，之后，相对海平面持续下降，沉积了由 MFT6 和 MFT7 微相组合组成的潟湖沉积。Ru2a 顶部的向上变深旋回厚度仅有 4m，由下到上发育 MFT3—MFT3—MFT6 的微相序列，代表了相对海平面的快速变深，由台内滩到潟湖沉积的快速演变。

由于相对海平面的变动，在横向上，沉积相带也会发生迁移，导致微相类型、组合和微相叠置关系的变动。为研究研究区微相的横向变化，以 A4 井为标准井，选取过 A4 井的 NW—SE 向连井剖面，以测井曲线响应特征进行微相连井对比，对比结果表明，在研究区东西向约 6km 的范围内，微相横向稳定可对比，相变不明显，仅在 Ru2b 段存在微相的变化，MFT3 缺失（图 6–5），反映了研究区在 Ru 组沉积的中白垩统中—上塞诺曼阶，总体上沉积古地貌高低起伏很弱，单个沉积相带面积大，至少可达数千米以上。

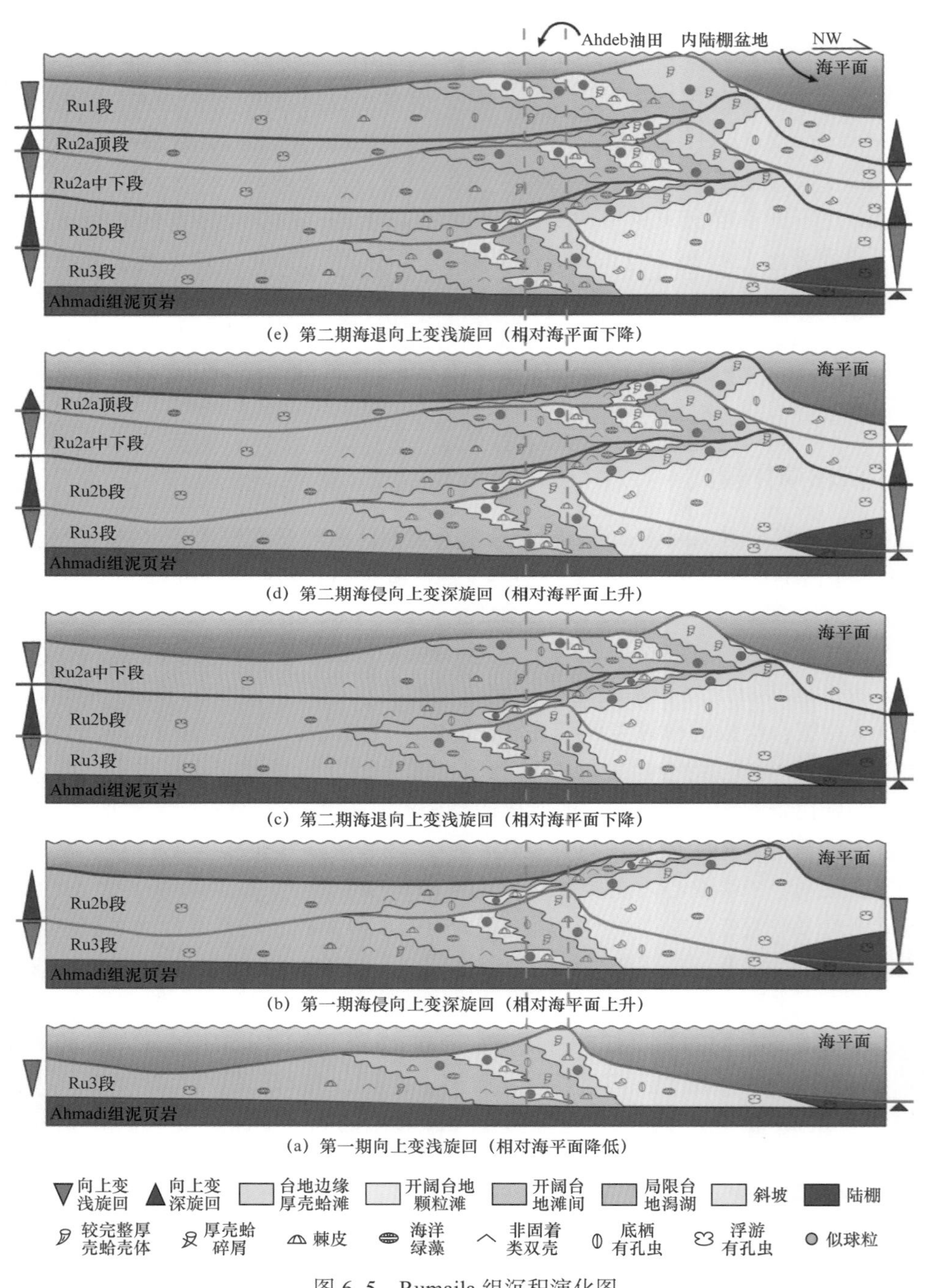


图 6–5　Rumaila 组沉积演化图

以研究区微相的纵向变化反映的沉积环境演化趋势，建立了区域沉积演化模式（图6–5）。Ru3 段沉积时期，三级相对海平面变动导致沉积相带向东南方向迁移，研究区及东南区域，发育向上变浅旋回（图 6–5）；Ru2b 段沉积时期，局限台地潟湖向西北扩张，台缘相带迁移到研究区西北部，并此后台缘相带尽管有迁移，但是一直发育在研究区西北部（图 6–5）；Ru2a 中下段沉积时期，三级相对海平面下降，台地内发育向上变浅旋回（图 6–5）；Ru2a 顶段沉积时期，三级相对海平面迅速上升，相带迅速向西北迁移（图6–5）；Ru1 沉积时期，三级相对海平面下降，沉积相带向东南迁移，台地内发育向上变浅旋回（图 6–5）。

沉积演化导致相带迁移，和在研究区范围外，可能发育不同的沉积序列（图 6–5）。在研究区西北方向，沉积环境从台地边缘逐渐过渡到内陆棚深水盆地环境，是不利于储层发育的相带，这导致研究区西北方向塞诺曼阶油气贫瘠；而在研究区东南方向，塞诺曼中—晚期以台地边缘和开阔—局限台地沉积为主，有利于储层发育，在这一区域塞诺曼阶油气储量十分丰富，如伊拉克 Rafidain、Dujaila 等油田。

## 四、沉积作用对储层非均质性的控制

沉积相带决定了沉积物原始沉积结构，有学者认为伊拉克白垩系生物碎屑灰岩属于相控型储层，沉积相带决定了储层的质量。将 ADMa–4HP 井的孔隙度—渗透率点根据沉积相带进行区分，以研究沉积相带对储层质量的控制作用。结果表明，储层物性与沉积相带具有一定的相关性（图 6–6），台缘滩整体物性最好，孔隙度大于 15%，渗透率大于10mD；其次为台内滩沉积相带，其孔隙度和渗透率范围很大，孔隙度为 3%～30%，渗透率为 0.01～400mD，大多数数据点位于孔隙度 15%～30%，渗透率为 1～100mD 之间；再次为滩间沉积相带，同样具有大的孔隙度和渗透率范围，孔隙度为 3%～27%，渗透率

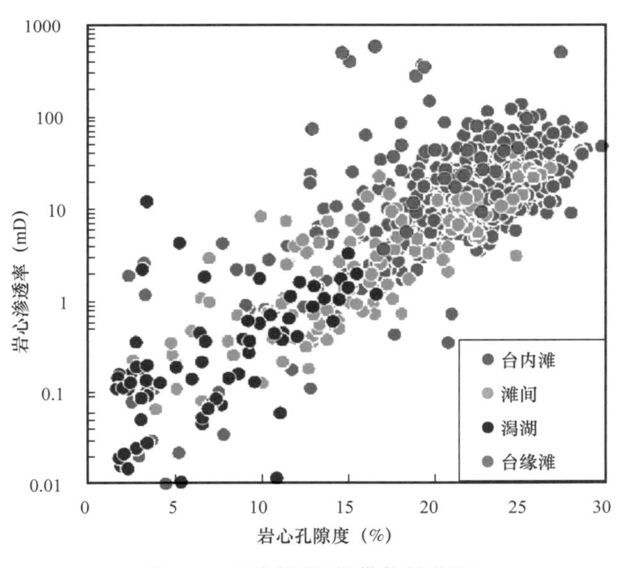


图 6–6 不同沉积相带物性范围

为 0.06～30mD，在孔隙度和渗透率范围内分布较均匀，潟湖沉积物性最差，孔隙度为 2%～17%，渗透率为 0.01～10mD，孔隙度 10% 以下、渗透率 1mD 发育比例较高。从压汞数据与沉积相带的关系来看，具有相似的规律（图 6-7），台缘滩整体排驱压力低，孔喉半径较粗；其次为台内滩沉积相带，但是其排驱压力和孔喉半径分布范围广，从优质的孔隙结构到差的孔隙结构均发育；再次为滩间沉积相带，同样具有较大的排驱压力和孔喉半径分布范围，从一般的孔隙结构质量到差的孔隙结构均发育，潟湖相带整体均为差的孔隙结构，排驱压力高、孔喉半径细。滩间沉积相带具有中等的排驱压力和孔喉半径，分布范围较小。

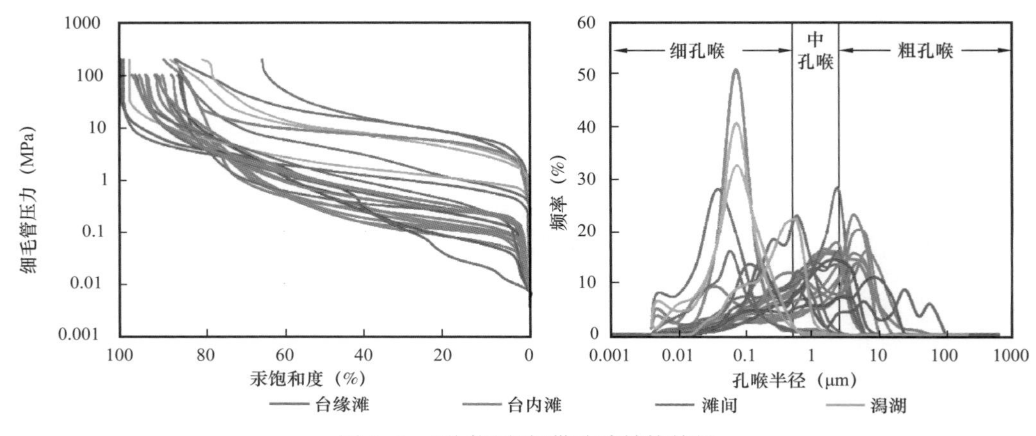


图 6-7　不同沉积相带孔隙结构特征

因为同一相带储层的物性分布范围大，研究过程中发现同一相带的沉积序列可以通过岩石结构和组成的差异细分，台缘滩可以分为滩体下段和滩体上段，台内滩同样可以分为滩体下段和滩体上段，潟湖可以分为浅水沉积段和深水沉积段，滩间整体较均匀。倘若将沉积相带根据上述分类细分，细分后沉积相带对储层物性的区分性更好，同一细分相带的物性分布范围较小。台缘滩滩体上部沉积物的孔隙度范围较滩体下部更宽，平均孔隙度大小相似，渗透率明显高于滩体下部；台内滩滩体上段与滩体下段区分性好，滩体上段既有孔隙度和渗透率均大于滩体下段的储层，也有孔隙度和渗透率均小于滩体下段的储层；潟湖浅水沉积与深水沉积物性区分性好，潟湖浅水沉积的物性优于潟湖深水沉积（图 6-8）。与不区分相带结构相比，相带细分后，孔隙结构的区分度更好（图 6-9）。

从以上沉积相带与储层质量的关系可以看出，沉积相带一定程度上对储层质量具有控制作用。但是这种相控的特征是更偏向于宏观的，在勘探阶段更有意义。假如在 Rumaila 组勘探，台缘滩和台内滩是有利的勘探相带，但是在开发阶段，同一相带储层的孔隙度—渗透率分布范围过大，比如对台内滩而言，既有好储层也有差储层，二者的含油性、孔隙结构不同，将导致同一相带的储层在开发过程中具有不同的渗流规律和开发特征，因此开发阶段需要对储层研究得更加细致，不能仅仅认为储层储层质量是相控的。

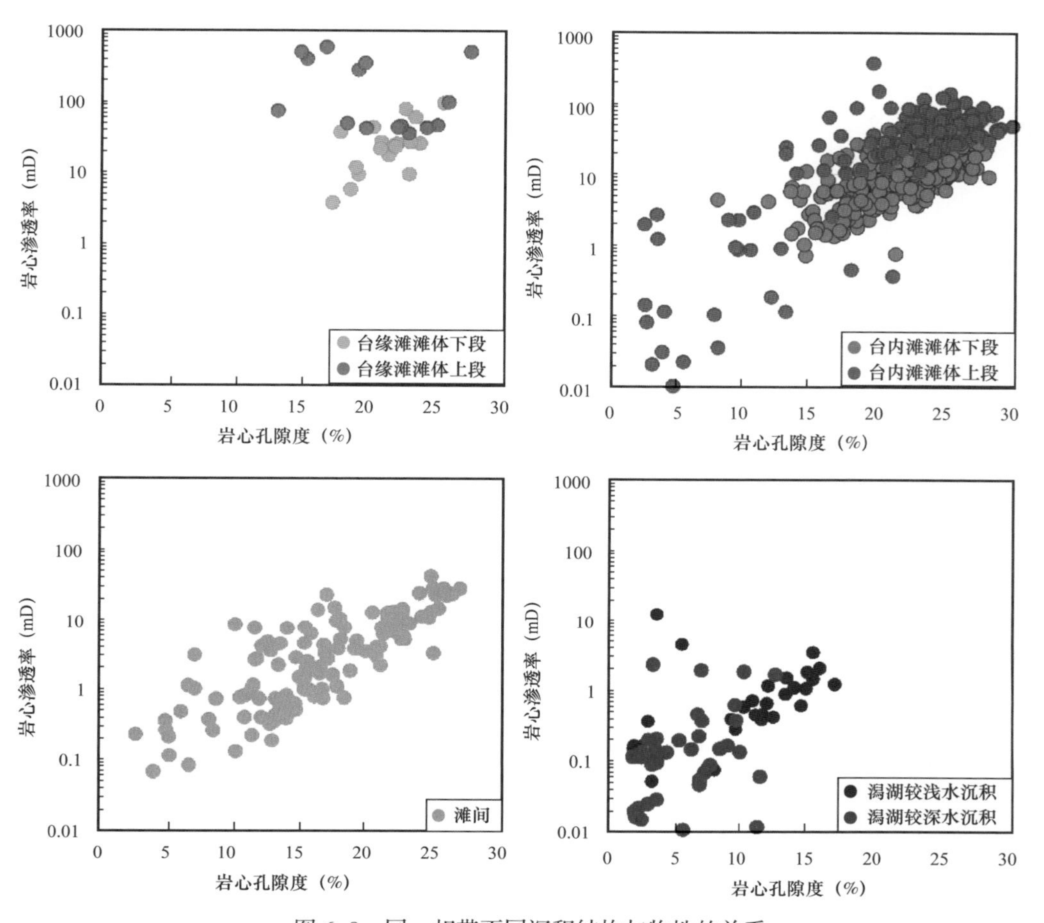


图 6-8　同一相带不同沉积结构与物性的关系

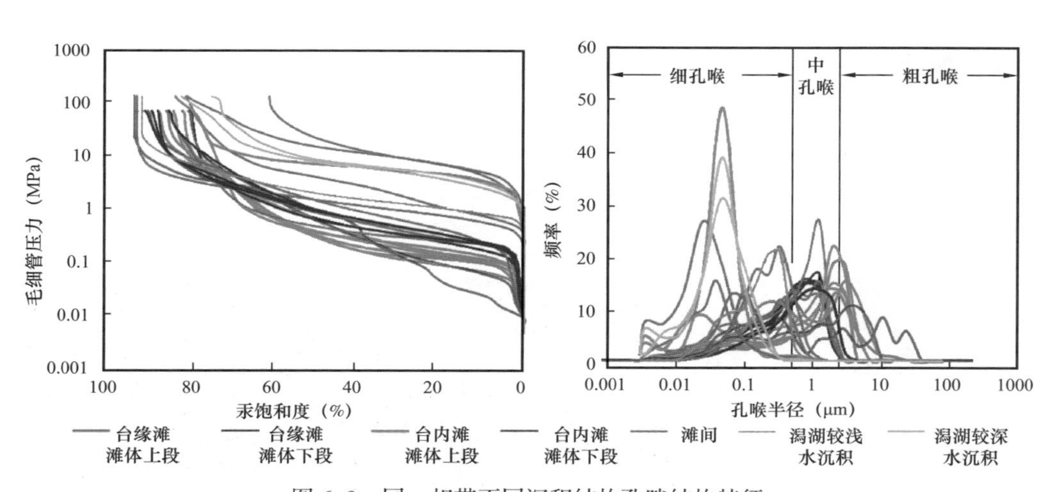


图 6-9　同一相带不同沉积结构孔隙结构特征

# 第四节　成岩演化及其对储层非均质性的控制

Rumaila组成岩作用复杂，基本涵盖了所有常见的碳酸盐岩成岩作用类型，无法用一套成岩演化模式来描述整个Rumaila组的成岩演化过程。沉积相带决定了原始沉积物质和沉积物结构的差异，提供了早期成岩环境，因此分类研究成岩作用演化模式，针对每种类型建立成岩演化路径是Rumaila组巨厚碳酸盐岩储层成岩作用研究的一种有效途径。本次研究通过微相类型作为分类方法，由于潟湖环境沉积的MFT6、MFT7微相受成岩作用改造较弱，且岩性致密，属于非储层，因而不在本次成岩作用研究范畴中。

## 一、不同微相成岩演化特征

### 1. MFT1微相成岩演化

就成岩作用对孔隙的意义而言，直接或者间接形成孔隙的成岩作用为建设性成岩作用，直接或者间接破坏孔隙的成岩作用为破坏性成岩作用。MFT1微相主要建设性成岩作用类型有早期大气淡水环境下的溶蚀作用，强度大，包括了组构选择性溶蚀和组构非选择性溶蚀作用，前者形成粒间溶孔、铸模孔和粒内孔隙，后者形成溶蚀孔洞；建设性成岩作用还有泥晶化作用，泥晶化作用可以促进粒内微孔的形成，但是该微相泥晶化作用较弱。破坏性成岩作用类型有同生期海水环境的等厚环边方解石胶结物，基本上所有的厚壳蛤都被等厚环边胶结物所围绕，强度较大，但是胶结物体积有限，对孔隙的破坏作用有限；破坏性成岩作用还有海水成岩环境的共轴增生胶结，主要发生在棘皮外围，占据原生粒间孔，埋藏期压实变形—破裂作用也是破坏性成岩作用，发育程度较弱，虽然生屑的破碎作用会产生破裂缝，但是破裂缝产生的孔隙空间不足以补偿因为压实作用导致的孔隙空间的损失（图6–10）。

图6–10　MFT1微相成岩作用类型

MFT1 的成岩作用序列如下，厚壳蛤滩体在相对海平面较高时期，处于海水成岩环境，在同生期海水成岩环境中，发生泥晶化作用、等厚环边胶结、共轴增生胶结作用，充填了部分原生粒间孔空间，同时产生了粒内微孔，随着相对海平面下降，厚壳蛤暴露于海平面之上，接受大气淡水淋滤溶蚀，首先发生组构选择性溶蚀作用，原生粒间孔扩溶，形成粒间溶孔、铸模孔和粒内溶孔，当暴露时间足够长，组构选择性孔隙进一步溶蚀为组构非选择性溶蚀作用，产生在岩心上都可以见到的溶蚀孔洞。进入埋藏阶段后，在浅—中埋藏期，油气已经发生冲注，油气的早期冲注对埋藏期成岩作用具有一定的限制作用，可以观察到的埋藏期成岩作用类型主要为压实和颗粒破碎作用。压实—破碎作用导致 MFT1 微相孔隙体积减小，但是由于油气的冲注，缩小范围有限。

### 2. MFT2 微相成岩演化

MFT2 微相沉积于台地边缘滩体的下部，其经历的建设性成岩作用有早期大气淡水环境的溶蚀作用，以组构选择性溶蚀为主，形成粒间溶孔、铸模孔等次生孔隙，建设性成岩作用还有泥晶化作用，程度比 MFT1 强，是似球粒的成因，主要形成粒内微孔。破坏性成岩作用类型包括同生期海水成岩环境的等厚环边胶结和共轴增生胶结，二者程度较弱，对粒间孔具有破坏作用，还有埋藏期的压实变形—破裂作用，程度较强，形成新的储集空间的同时，更多的孔隙被压缩（图 6–11）。

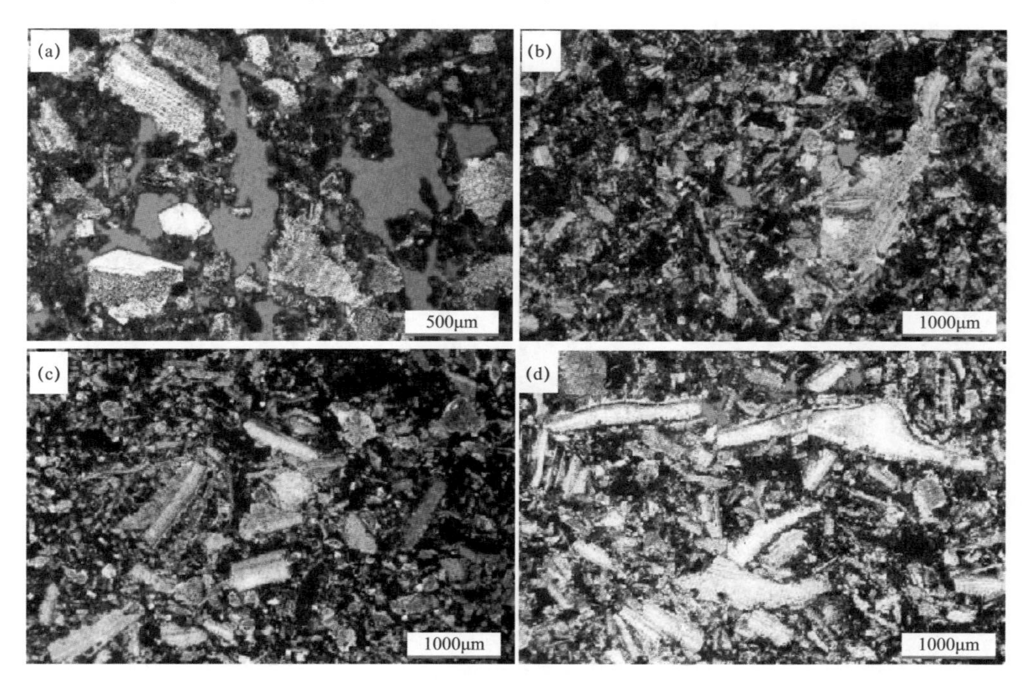


图 6–11　MFT2 微相成岩作用类型

MFT2 微相的成岩演化序列如下，在沉积同生期，沉积物处于海水成岩环境，以厚壳蛤生屑为主的颗粒发生较大规模的泥晶化作用，泥晶化作用强度大，部分厚壳蛤壳体发生崩解，原始形态被破坏，形成了大小不一的似球粒，现如今已经不易辨认，同时受泥晶化改造较弱的厚壳蛤发生等厚环边胶结和共轴增生胶结作用，占据了少量的孔隙空间，相对海平面下降后，受到大气淡水的淋滤作用，厚壳蛤边缘发生港湾状溶蚀，原生粒间孔扩溶形成粒间溶孔。进入埋藏期以后，生屑受到压实作用接触关系发生变化，形态也随之改变，泥晶化的生屑变化更明显，同时一些生屑发生破裂形成新的储集空间。

### 3. MFT3.1 和 MFT3.2 微相成岩演化

MFT3.1 和 MFT3.2 均沉积于台内颗粒滩相带，正是由于成岩演化路径的差异，从而导致同一沉积相带产生两种微相类型。MFT3.1 经历的建设性成岩作用有早期大气淡水环境的溶蚀作用，溶蚀强度差异大，部分 MFT3.1 可见组构非选择性溶蚀形成的溶蚀孔洞，泥晶化作用也是 MFT3.1 的建设性成岩作用，颗粒普遍受泥晶化作用改造形成似球粒，并伴随形成粒内微孔。MFT3.1 经历的破坏性成岩作用类型有同生期海水环境的等厚环边胶结，虽然胶结物在每个颗粒外围均可见，但是由于其粒度小，对孔隙破坏作用有限；此外，还有等轴粒状胶结物，分布在被等厚环边胶结物包裹的颗粒间，等轴粒状胶结物发育程度弱，但是在其发育的部位，孔隙被充填程度高；此外，还发育疑似埋藏期的块状亮晶方解石胶结物（图 6–12）。MFT3.2 微相与 MFT3.1 微相成岩作用类型差异明显，其受到的建设性成岩作用有弱—强的溶蚀作用，强的溶蚀作用导致非组构选择性溶蚀，形成溶蚀孔洞，但是较少见；此外，发育泥晶化作用形成似球粒的同时形成粒内微孔。区别于 MFT3.1 的是，MFT3.2 经历了强的破坏性成岩作用，包括同生期海水成岩环境的等厚环边胶结物和等轴粒状亮晶方解石胶结物，原生粒间孔隙被完全充填（图 6–13）。

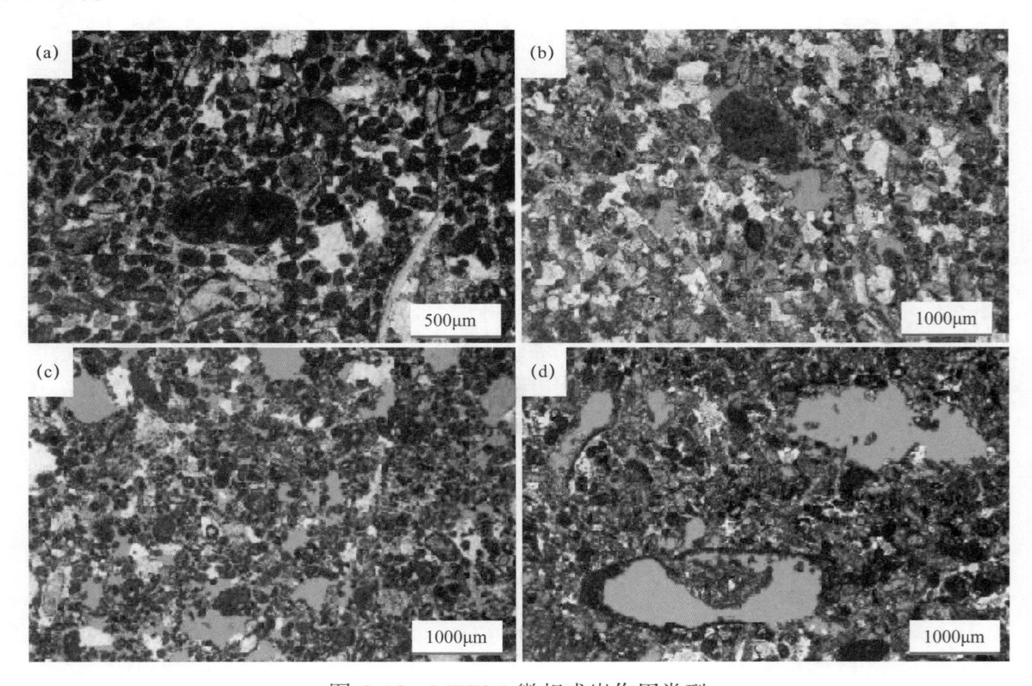


图 6–12　MFT3.1 微相成岩作用类型

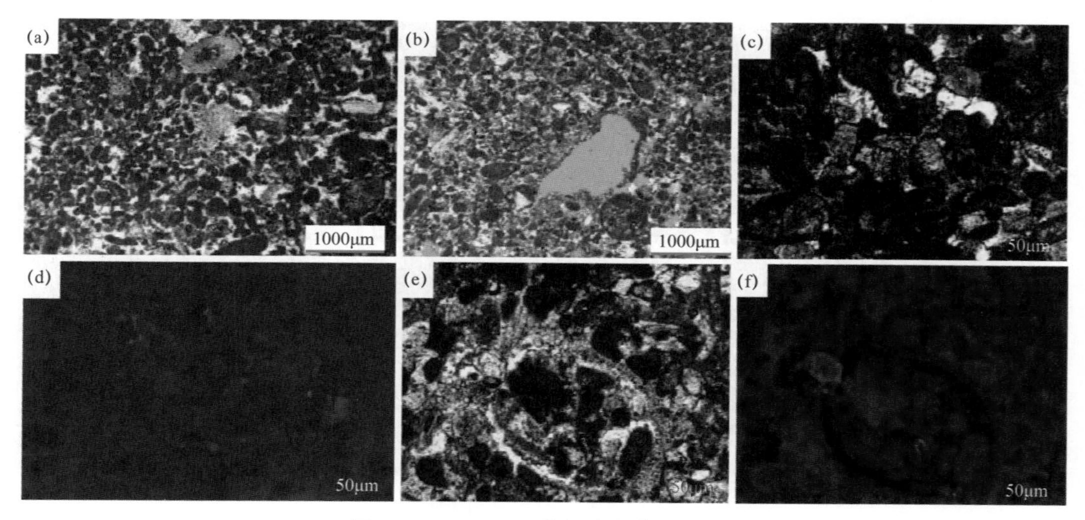


图 6–13　MFT3.2 微相成岩作用类型

MFT3.1 和 MFT3.2 经历的成岩演化序列如下，二者在沉积阶段海水成岩环境，以有孔虫为主的颗粒普遍经历泥晶化作用，形成分选好的似球粒，并随着形成粒内微孔，与此同时，等厚环边胶结物包裹颗粒生长。如果相对海平面快速下降能够使台内滩暴露海面受到大气淡水淋滤，淋滤形成溶蚀孔和洞，便形成 MFT3.1；反之，倘若相对海平面并没有快速下降，并且沉积物源供给有限，在海水环境中，海水饱和碳酸钙，与原始粒间孔存在长时间的流体交换，使颗粒间沉淀了丰富的粒状亮晶方解石形成海底硬底，原生粒间孔被完全充填。相对海平面会下降使得硬底暴露海面接受大气淡水淋滤，则会形成组构非选择性的溶蚀孔洞；倘若不会暴露，则孔隙发育极差，仅发育残余粒间孔，上述过程为 MFT3.2 成岩序列。

### 4. MFT4.1 和 MFT4.2 微相成岩演化

MFT4.1 和 MFT4.2 属于台内滩早期沉积相带，其中 MFT4.1 微相经历的建设性成岩作用有早期大气淡水环境的弱溶蚀作用，形成铸模孔，同生期海水成岩环境的泥晶化作用，形成微孔，在 MFT4.1 中非常常见；经历的破坏性成岩作用类型有海水成岩环境下棘皮的共轴增生胶结，以及埋藏期弱压实—压溶作用。MFT4.2 微相经历的建设性成岩作用与 MFT4.1 相同，包括弱的大气淡水溶蚀作用和海水环境泥晶化作用，其经历了相对于 MFT4.1 更强的破坏性成岩作用。主要埋藏期压实—压溶作用，棘皮团块的形成正是在埋藏压实—压溶过程中，除了棘皮以外的东西溶蚀掉，棘皮未溶蚀，发生凹凸状镶嵌接触，并伴生缝合线，其次还伴生白云石；白云石的形成是因为压溶物质提供了镁离子，这些白云石分布在棘皮团块中，这些棘皮团块和白云石在发出亮红色的阴极放光，说明其并非维持了原始的海水成岩信息，而是受到了后期富锰流体的改造，上述流体可能来源于埋藏期压实—压溶作用产生的流体（图 6–14）。

MFT4.1 和 MFT4.2 经历了如下的成岩演化序列，二者在埋藏期以前，经历的成岩演化过程是相同的，从海水环境的泥晶化作用，到海水环境的共轴增生作用，再到大气淡

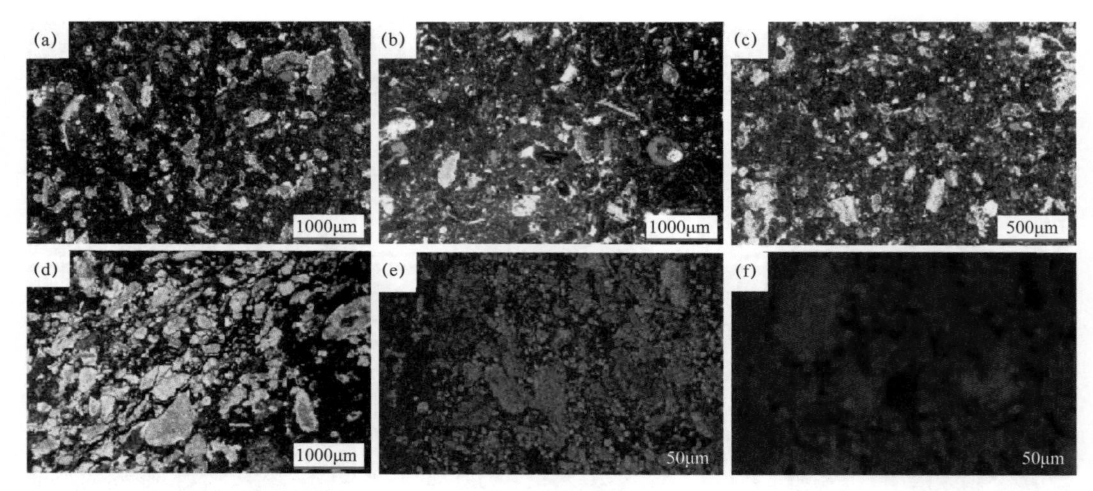


图 6–14 MFT4.1 和 MFT4.2 微相成岩作用类型

水环境的组构选择性溶蚀作用；到了埋藏阶段，MFT4.1 微相受到埋藏期压实—压溶破坏成岩作用改造较弱，原生孔隙和早期次生孔隙得到了有效保存，而 MFT4.2 微相在埋藏期受到了压实—压溶作用的强烈改造，孔隙被严重压缩，面孔率非常低，MFT4.2 分布在 MFT4.1 中，但是分布规律尚不明确。

#### 5. MFT5.1 和 MFT5.2 微相成岩演化

MFT5.1 和 MFT5.2 微相属于滩间沉积环境。MFT5.1 经历的建设性成岩作用类型有强的大气淡水溶蚀作用，形成绿藻铸模孔，面孔率高，经历的破坏性成岩作用类型有弱的亮晶充填作用和弱的压实作用。而 MFT5.2 和 MFT5.1 微相同样经历了强的大气淡水溶蚀建设性成岩作用，但是区别在于，其经历非常强的破坏性成岩作用，绿藻铸模孔被粒状亮晶方解石完全充填，导致面孔率非常低（图 6–15）。

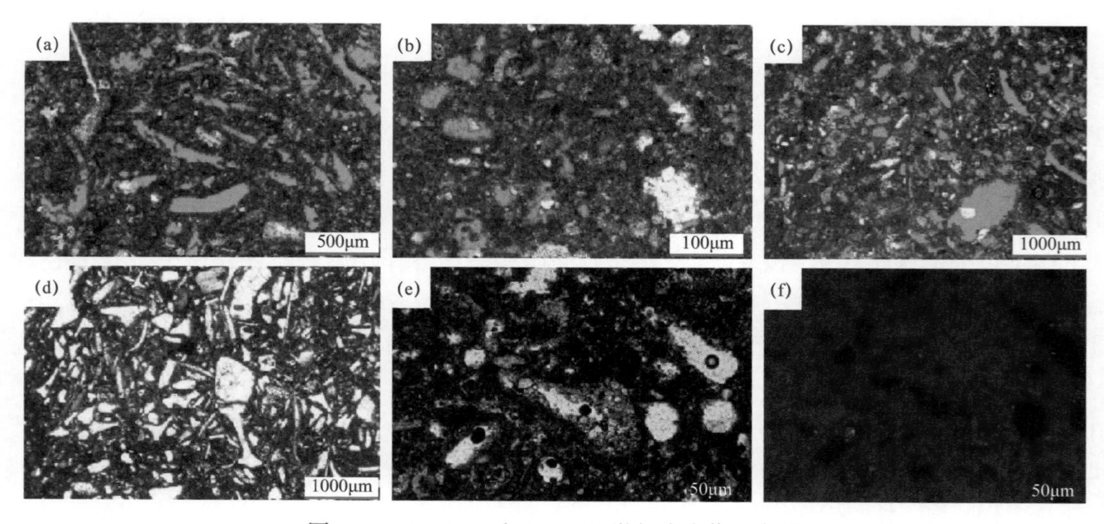


图 6–15 MFT5.1 和 MFT5.2 微相成岩作用类型

MFT5.1 和 MFT5.2 共同经历了如下的成岩演化序列，同生期海水成岩环境，少量生屑发生泥晶化作用，棘皮发生共轴增生作用，而后相对海平面变浅，受到大气淡水流体的改造，稳定性非常差的绿藻碎屑被溶蚀，形成铸模孔，在此之后的成岩过程的差异化导致了 MFT5.1 和 MFT5.2 分别形成。MFT5.1 的绿藻溶蚀流体运移到其他地方，而 MFT5.2 中绿藻溶蚀形成的饱和碳酸钙流体因流体流动受阻，没有发生运移，在原地滞留，而后随着稳压条件改变发生沉淀，将铸模孔完全充填，部分孔隙未完全充填形成残余铸模孔。

## 二、成岩演化对储层非均质性的控制

### 1. 成岩对孔隙的形成和破坏

成岩作用对储层的改造主要体现在对孔隙的改造。原生孔隙是沉积阶段形成的孔隙，Rumaila 组的原生孔隙主要为原生粒间孔、体腔孔、基质微孔，原生粒间孔发育在 MFT1、MFT2、MFT3.1、MFT4.1 中，体腔孔发育在含有孔虫的微相中，包括 MFT4.1、MFT6、MFT7，由于受到压实作用，基质微孔的发育比较很低。总体而言，原生孔隙中的粒间孔大部分受到成岩改造，体腔孔虽然受改造较少，但是其本身在所有孔隙空间中所占的比例不高，因此原生孔隙并不是 Rumaila 组的主要储集空间。

次生孔隙是成岩改造过程中形成的孔隙。Rumaila 组中粒间溶孔、溶蚀孔洞，铸模孔、粒裂缝、缝合线等均是成岩过程中形成的次生孔隙，从孔隙体积占比而言，次生孔隙是主要的储集空间。因此，成岩作用对 Rumaila 组储层形成具有重要意义，尽管成岩作用控制了大多数孔隙的形成，但是孔隙的发育程度仍然与沉积相带具有一定的相关性，这是因为成岩作用受沉积相带控制，对沉积相带具有一定的继承性，高能相带如滩体顶部，就容易受到建设性成岩作用的改造，而低能相带就不容易受到建设性成岩作用的改造，如潟湖相带溶蚀作用十分弱。成岩作用除了形成次生孔隙以外，还对原生孔隙和次生孔隙具有破坏作用，主要是原生粒间孔、次生铸模孔和溶蚀孔洞的充填作用，以及压实—压溶作用对孔隙的压缩和破坏。因此成岩作用具有两面性，创造孔隙的同时，也破坏孔隙。

对孔隙形成有利的成岩作用主要为早期大气淡水成岩环境下的溶蚀作用，是形成粒间溶孔、溶蚀孔洞、铸模孔的成岩过程；其次，少量孔隙空间在埋藏阶段形成，包括有机酸溶蚀孔洞、粒裂纹、构造裂缝、开启的缝合线等，所占储集空间比例很低。对孔隙起到破坏作用的成岩作用包括海水环境的胶结作用，体现在原生粒间孔的充填；大气淡水带的胶结作用，体现在对原生粒间孔和次生铸模孔的充填；埋藏期的压实压溶作用，体现在孔隙的埋藏胶结、对孔隙空间的压缩和破坏，三个成岩阶段的破坏性成岩作用对孔隙的破坏程度很难区分出孰重孰轻。

### 2. 成岩对物性的影响

成岩改造孔隙，最终体现在对储层物性的改造。成岩对物性的改造需要从孔隙度和渗透率两个角度进行分析。所有建设性成岩作用过程形成孔隙后，均提高了储层的孔隙度，但是渗透率的提高程度与孔隙度的提高程度并不一致。粒间孔受溶蚀改造作用，形成粒间溶孔，对孔隙度的提高作用有限，但是溶蚀作用扩大了孔喉半径，对渗透率的提高十分明显；裂缝的形成更是对储层孔隙度提高很小，但是十分有利于储层渗透率提高；而铸模孔、微孔的形成却与之相反，孔隙的形成显著提高了储层的孔隙度，但是对渗透率的贡献有限。

Rumaila 组成岩作用对储层质量影响最显著的沉积相带为台内滩滩体上段和滩间相带（图 6-16）。台内滩滩体上段，经历溶蚀作用后，孔隙度大部分超过 20%，渗透率超过 10mD，而经历胶结作用后，物性很差，孔隙度大部分小于 15%，渗透率小于 3mD，与溶蚀成岩相形成鲜明的对比，说明胶结作用同时降低了孔隙度和渗透率。

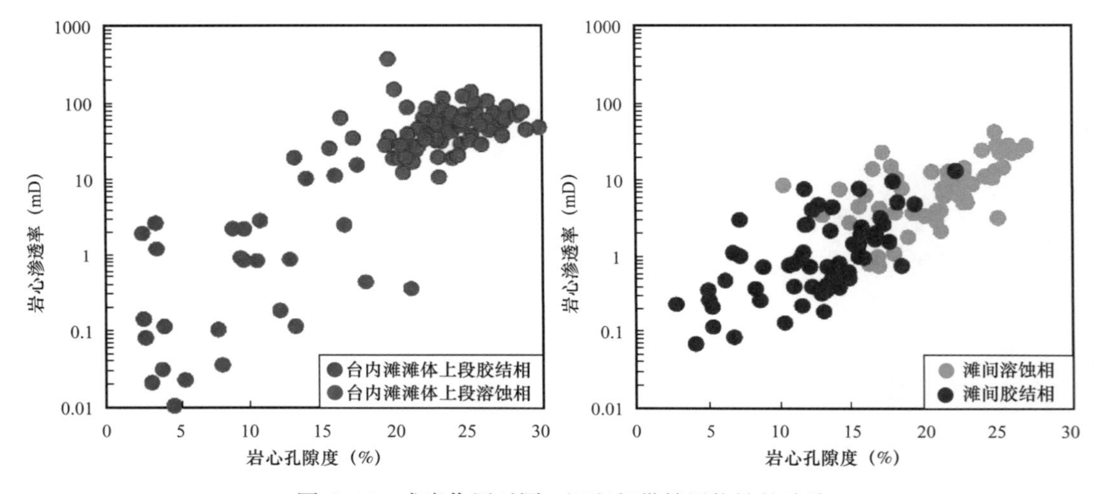


图 6-16　成岩作用对同一沉积相带储层物性的改造

这一点在孔隙结构上反应明显（图 6-17），溶蚀成岩相相比胶结成岩相，储层孔喉大小具有明显变化，因此导致孔隙度变化的同时，渗透率也随之变化。此外，对于滩间相带，溶蚀成岩相孔隙度均大于 15%。渗透率多大于 1mD，部分超过 10mD，而胶结相带，孔隙度多小于 18%，渗透率均小于 10mD，多数小于 1mD，溶蚀成岩相和胶结成岩相对比来看，孔隙度差异比渗透率差异更加明显，说明成岩相的差异，对滩间相对的孔隙度的改造作用强度大于对渗透率的改造强度，这一点在孔隙结构上反应明显，溶蚀成岩相和胶结成岩相在孔喉半径上的差异较小，因此是渗透率的差异远小于孔隙度的差异。因此，对于同一相带，成岩作用可以进一步加剧储层的非均质性，将同一相带改造为不同质量的储层，同时，成岩作用对储层改造的过程中，对储层孔隙度和渗透率的改造是不同步的，孔隙度的改造程度不一定带来相同程度的渗透率变化。

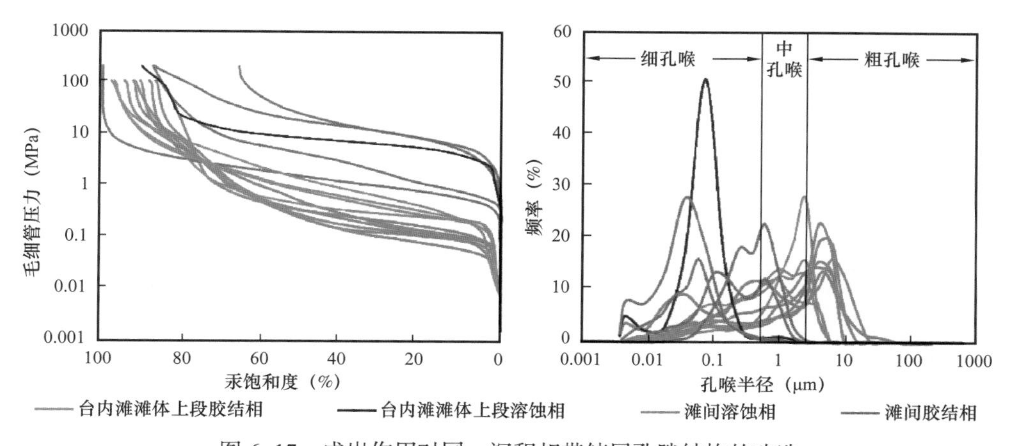


图 6–17　成岩作用对同一沉积相带储层孔隙结构的改造

# 第七章　高渗层特征与识别预测

## 第一节　高渗层识别技术方法

高渗层研究的关键问题最终还要落实到高渗层的识别与分布上，只有明确了高渗层的空间展布特征，包括其纵向上分布层位、厚度变化、横向连续程度等问题，才能针对高渗层有效开展注水策略的制定和优化。针对高渗层的识别问题，目前国内外主要通过地质、地球物理等静态资料和示踪试验、产液指数、层产量贡献率、单层产液指数和无因次压力系数等生产动态资料识别并定量表征高渗层。

静态资料方面，由于高渗层最重要的特征是具有高的渗透率，因而渗透率数据成为识别高渗层最重要的静态资料，普遍认为，高渗层应该具有渗透率界限和渗透率极差，其中蕴含了绝对高渗和相对高渗双重概念，即高渗层渗透率应该大于某个数值，一般认为大于至少数十个毫达西至数百毫达西，且高渗层渗透率应该与上下围岩具有较大的渗透率极差，一般认为 5 倍以上，在实际中，往往渗透率极差比绝对渗透率的高值更有意义。通过一系列机理模型模拟研究，提出了高渗层的厚度和渗透率极差界限，认为高渗层厚度为总厚度的 10%～30%，非均质性最强，渗透率极差超过 5 倍时，含水与采出程度关系曲线发生反转。事实上，准确的渗透率资料的获取基于取心井岩心测试，要刻画高渗层空间展布特征，大多数未取心井高渗层的识别十分必要且重要，然而碳酸盐岩渗透率的高精度定量解释目前仍是世界难题，因此利用地球物理测井定性识别高渗层是目前静态资料识别未取心井高渗层最实际和可靠的方法。

动态资料是识别高渗层最直接的证据、也是最有效的资料。在勘探开发早期阶段，可以根据钻井过程中钻井液漏失现象定性判断高渗层的存在（2012），但是这种方法的缺陷是无法定位高渗层发育的具体位置和特征；在油藏注水开发过程中，可以利用注水井和生产井生产曲线之间的耦合关系，定性半定量的识别高渗条带的发育位置并刻画其平面展布范围。惠钢等（2011）通过上述方法对大庆葡萄花油藏主力小层 P141 储层高渗条带展布进行了预测（图 7–1）。

生产测井（Production Loging Test，简称 PLT），又称开发测井，是指开发井在生产过程中用各种测试仪器进行井下测试，获取地下信息，主要包括生产剖面测井、注入剖面测井等信息（图 7–2），是目前定量识别高渗层最有效的生产动态资料。一方面 PLT 可以获得产液剖面和吸水剖面数据，另一方面，PLT 资料可以用来计算储层动态渗透率（C. Wei，2015），动态渗透率往往与储层生产动态具有很好的吻合性，可以用来指示高渗层。

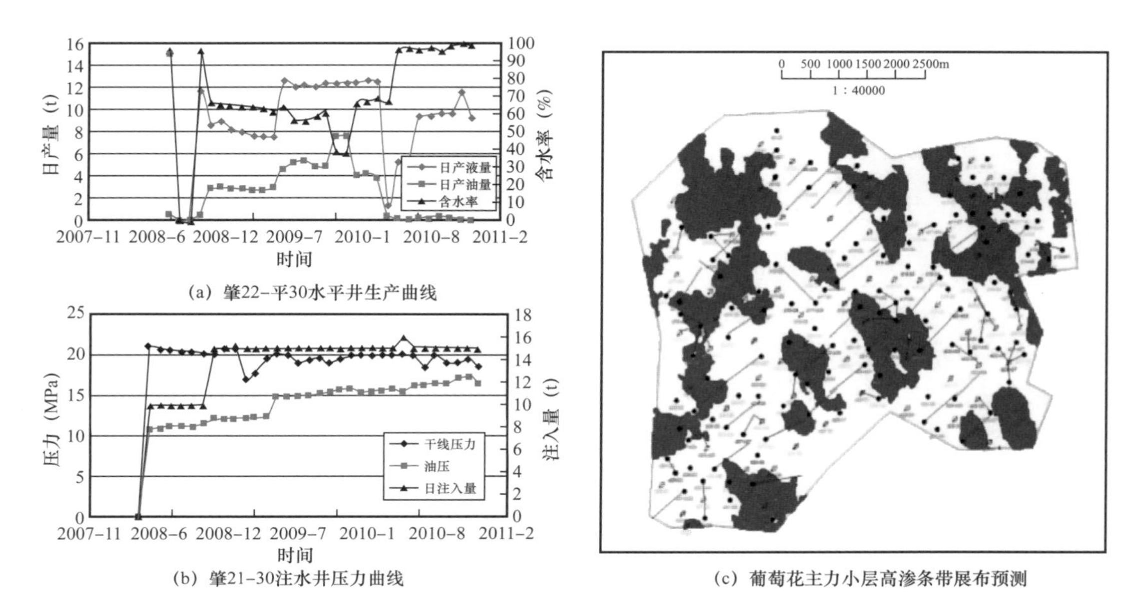


图 7-1　注水（a）- 采油井（b）生产曲线（惠钢等，2011）

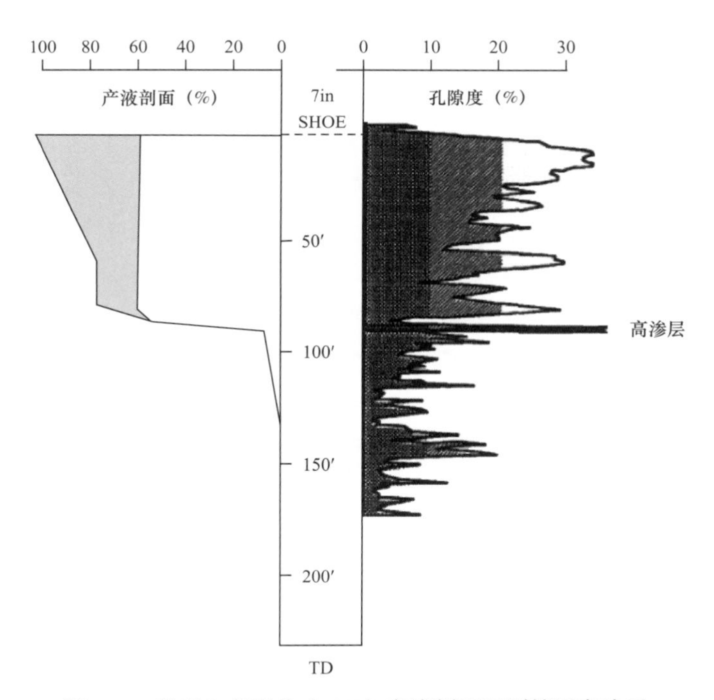


图 7-2　利用生产测井（PLT）产液剖面识别储层高渗层

基于生产测井资料定义了 SCI 指数（产量贡献与厚度之比），认为 SCI＞2%/ft 是高渗层识别的标准。SCI 指数能够兼顾高渗层的动态产量特征和厚度大小，即相同厚度条件下，产量更高，代表渗透率越高，单位厚度产量贡献率越高，渗透率越高。但是高渗层的界限值的定义建议根据不同油藏储层特征而制定。

# 第二节　高渗层特征

## 一、Kh2-1-2L 和 Kh2-1-2U 小层高渗层动态特征

动态资料是识别高渗层最直接的生产数据，本次 Kh2-1-2L 和 Kh2-1-2U 小层高渗层研究中，主要的动态资料为研究区目前已开井的注水井和生产井的单井生产曲线数据，以及 AD1 区 2 个井组的示踪剂试验数据资料。这两类动态数据反映了明显的高渗层特征，有效揭示了 Kh2-1-2L 和 Kh2-1-2U 小层高渗层的存在。

首先对 73 口开井生产井的生产曲线特征进行了分析，根据见水速率特征，可以划分出三类见水类型：突窜型（图 7-3a）、快速上升型（图 7-3b）、缓慢上升型（图 7-3c）。一般而言，对于艾哈代布油田水平井井型而言，若井轨迹穿过高渗层，则其见水速率应该属于突窜或快速上升型；否则，见水特征应该为缓慢上升型。基于上述假设，分 AD1、AD2、AD4 区块分别分析了 73 口生产井井轨迹与见水速率之间的关系，结果表明：AD1、AD2 和 AD4 区块发生注入水突窜或快速上升的井 80% 以上过 Kh2-1-2L 和 Kh2-1-2U 小层，其中 AD1 区块 90% 的生产井注入水发生突窜或快速上升，89% 的注入水突窜或快速上升的井过 Kh2-1-2L 和 Kh2-1-2U 小层（图 7-4）；AD2 区块 65% 的生产井发生注入水突窜或快速上升，80% 的注入水突窜或快速上升的井过 Kh2-1-2L 和 Kh2-1-2U 小层；AD4 区块 46% 的生产井发生注入水突窜或快速上升，75% 的注入水突窜或快速上升的井过 Kh2-1-2L 和 Kh2-1-2U 小层（图 7-4），反观整个油田井轨迹不过 Kh2-1-2L 和 Kh2-1-2U 小层的井，注入水几乎均为缓慢上升型。

至于井轨迹不过 Kh2-1-2L 和 Kh2-1-2U 小层却发生注入水突窜或快速上升的井，可能的原因是存在于高渗层连通的缝洞作为优势通道，导致了即使井轨迹不过高渗层仍然发生了注入水突窜或快速上升。基于上述结果，认为只有在 Kh2-1-2L 和 Kh2-1-2U 小层发育了高渗层才能导致上述结果；因此，见水动态数据有效指示了 Kh2-1-2L 和 Kh2-1-2U 小层高渗层的存在。

为了认识注入水在油藏中的流动规律，于 2016 年在 AD1 区 AD1-8-3H 和 AD-14-5H 两口注水井中开展了注示踪剂测试。AD1-8-3H 井注入示踪剂为碘化钾溶液，AD1-14-5H 井注入示踪剂为硫氰酸氨溶液。两口示踪剂注入井均对应 6 口油井作为观测井，所有油井均已突破见水。

在示踪剂观察井，观察到两次示踪剂峰值。分析认为，较早被检测到的第一次示踪剂浓度峰值从水平井临近高渗层 Kh2-1-2L 和 Kh2-1-2U 小层的根端、趾端发生突破，较晚被检测到的示踪剂浓度峰值从注入示踪剂井水平段的中部发生突破。示踪剂相隔近 100d 的两次突破可以认为对高渗层的存在具有一定的指示意义。注入井的根端、趾端与高渗层紧邻，示踪剂优先通过高渗层大孔粗喉孔隙结构，流动阻力小，速度快，因而在

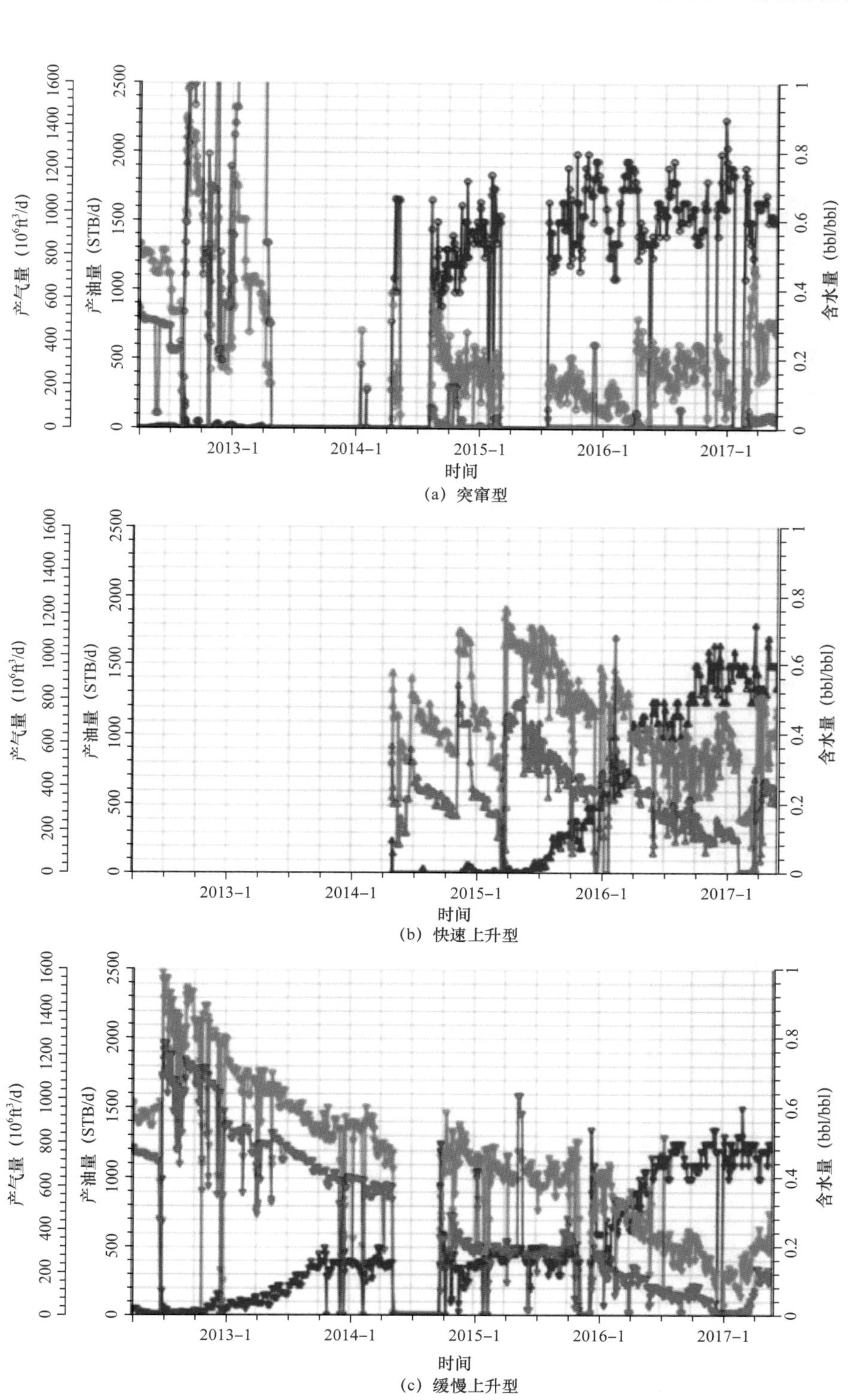

（a）突窜型

（b）快速上升型

（c）缓慢上升型

图 7-3 突窜型（a）、快速上升型（b）、缓慢型（c）含水上升曲线特征图

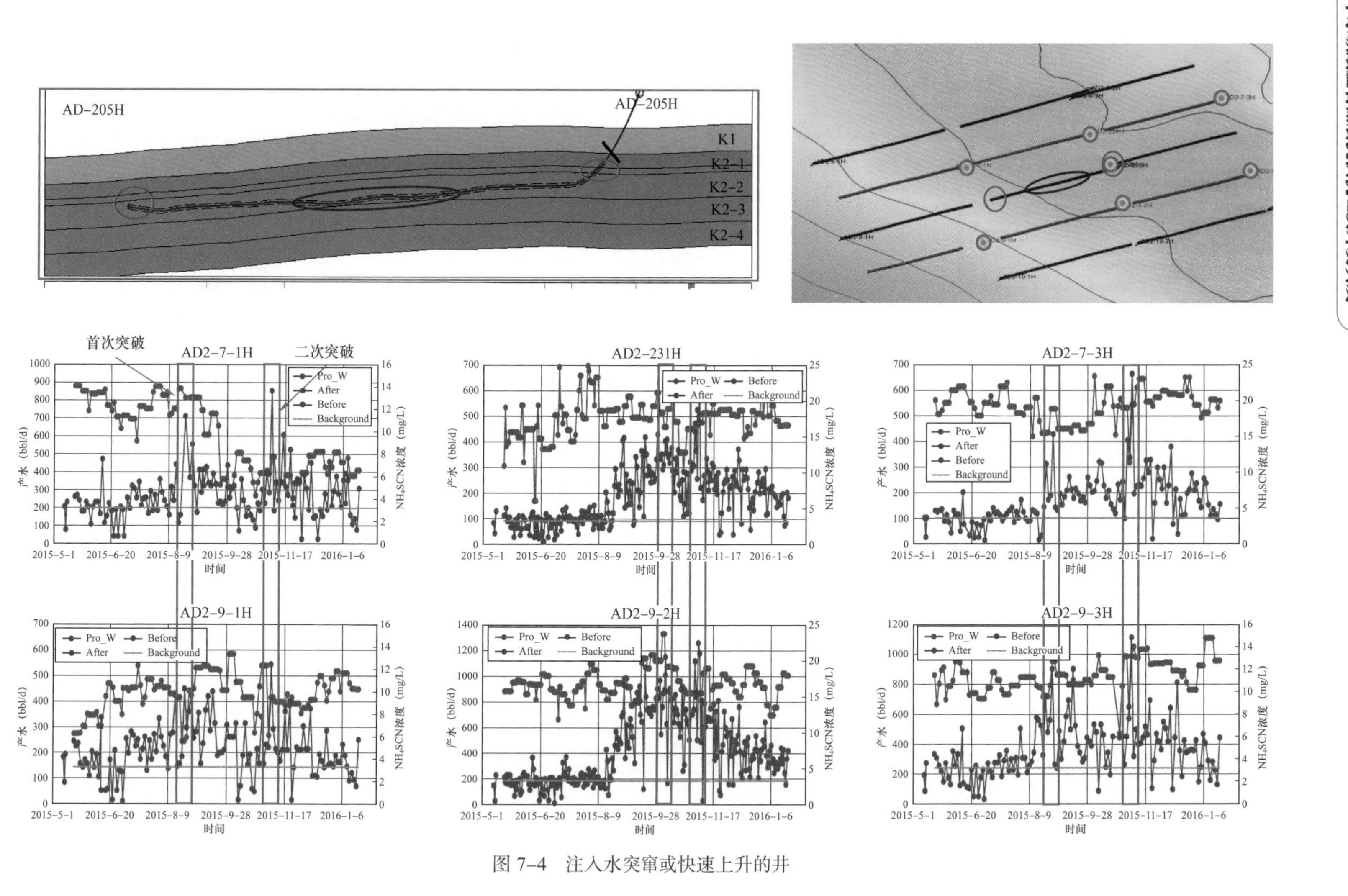


图 7-4　注入水突窜或快速上升的井

观察井中较早的时间检测到示踪剂峰值；而注入井中部纵向上距离高渗层 Kh2–1–2L 和 Kh2–1–2U 小层较远，示踪剂从普通储层细微喉孔隙结构中流动，阻力相对较大，流动速度较为缓慢，因此相对于从根端、趾端通过高渗层输导的示踪剂被检测到的时间，晚了 100 余天。综上，示踪剂试验结果是 Kh2–1–2L 和 Kh2–1–2U 小层发育高渗层的一个有力佐证。

## 二、Kh2–1–2L 主高渗层岩石学及储集空间特征

通过 4 口取心井岩心和常规薄片及主体薄片的观察，明确了 Kh2–1–2L 小层高渗层岩石学和储集空间特征。Kh2–1–2L 小层厚度约 1～1.5m，从岩心上来看，岩心上具有明显的生物扰动特征，发育的浅色和暗色斑块状结构分别代表母岩基质和生物扰动部位（图 7–5）。其中上段生物扰动作用更强烈、斑块结构更明显，且上段发育宏观可见的 Vug 和微裂缝。

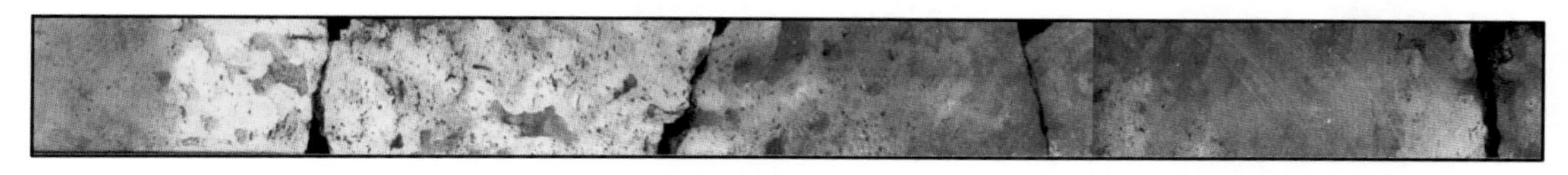

图 7–5 Kh2–1–2L 高渗层岩心特征图

通过微观薄片总结 4 口井岩心岩石类型面，高渗层上段与下段、浅色斑块与暗色斑块差异明显。浅色母岩基质斑块为亮晶胶结生屑砂屑灰岩，岩石结构属于颗粒灰岩，无灰泥，颗粒主要类型为砂屑，还有部分完全泥晶化的生屑及粪球粒；薄片可见砂屑间原生孔隙及生屑体腔孔隙基本上被亮晶方解石胶结物完全充填，暗色生物扰动斑块主要为弱胶结生屑砂屑灰岩，岩石结构属于颗粒灰岩，无灰泥，颗粒类型以砂屑为主，含棘皮、双壳等生屑，亮晶胶结物极少发育。中段受生物扰动影响较弱，斑块状结构发育程度减弱，其中中段母岩基质主要为泥晶生屑砂屑灰岩，岩石结构属于泥粒灰岩，颗粒类型为砂屑和生屑混杂，砂屑含量高于生屑，生屑类型以棘皮为主，含少量绿藻，颗粒间充填灰泥及少量亮晶胶结物。下段母岩基质主要为泥晶生屑灰岩，岩石结构属于泥粒灰岩到泥灰岩，颗粒以生屑为主，主要包括棘皮和绿藻类，含少量生屑，粒间充填较多灰泥，少见亮晶方解石胶结物（图 7–6）。

与岩石结构特征复杂性相似，仅约 1m 厚的 Kh2–1–2L 高渗层储集空间类型多样，以多种类型孔隙为主，生物扰动暗色斑块部位主要发育粒间（溶）孔，母岩基质因岩石类型不同而不同程度发育（残余）粒间孔、铸模孔、体腔孔等（图 7–7）。岩石结构与孔隙类型之间具有较好的对应性，其中亮晶砂屑灰岩因被亮晶方解石强胶结，原生粒间孔未完全充填的部位发育残余粒间孔，泥晶生屑砂屑灰岩和泥晶生屑灰岩发育生屑被溶蚀形成的铸模孔，多为绿藻溶蚀而成的藻模孔，泥晶生屑灰岩中，底栖有孔虫体腔孔较发育。扰动暗色斑块和母岩浅色斑块过渡部位发育岩心可见的 Vug 孔和少量扩溶缝。

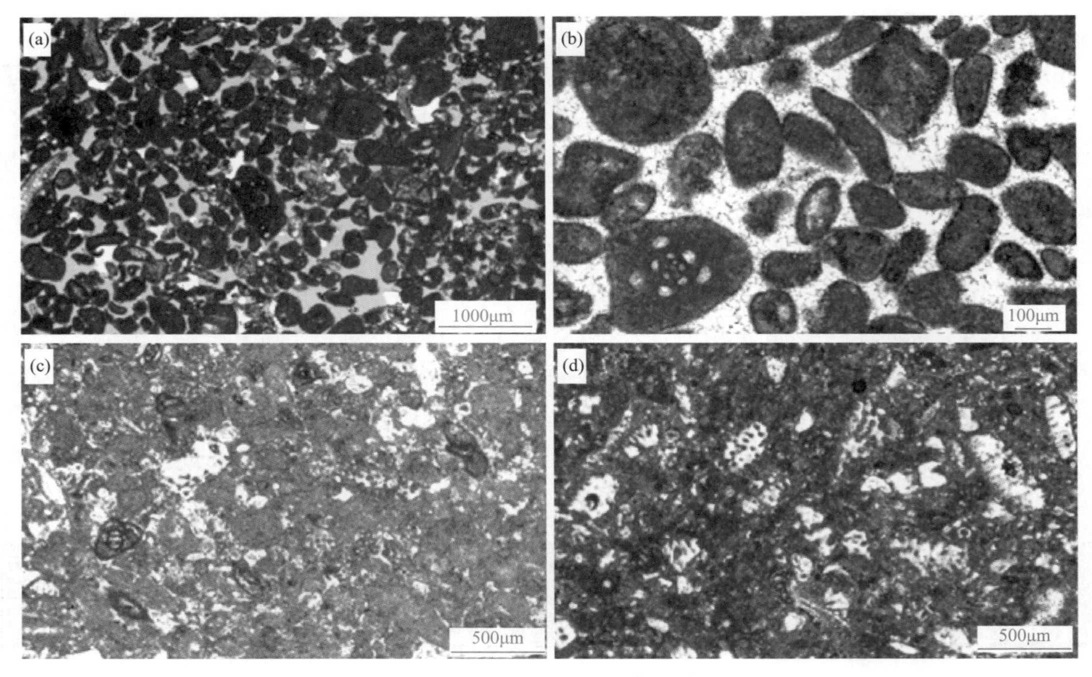


图 7–6 Kh2–1–2L 小层薄片特征

（a）上段暗色斑块，生屑砂屑灰岩，不含灰泥，极少含亮晶胶结物，发育连通性好的粒间孔，1 井，2647.90m，单偏光；（b）上段灰白色斑块，亮晶生屑砂屑灰岩，亮晶方解石致密胶结物，原生粒间孔近完全被充填，8 井，2665.4m，单偏光；（c）中段泥晶生屑砂屑灰岩，含棘皮、底栖有孔虫等生屑和砂屑，发育粒间孔、铸模孔，8 井，2665.78m，单偏光；（d）下段泥晶生屑灰岩，含绿藻、棘皮、底栖有孔虫等生屑及少量砂屑，发育藻模孔和体腔孔，1 井，2648.92m，单偏光

Kh2–1–2L 高渗层最典型的岩石学特征是由生物扰动所导致的两种截然不同的岩石结构和储集空间的突变，上述现象形成了在薄片中可见的 3 种岩石结构的组合（图 7–8）。

第一种为生屑砂屑灰岩与亮晶生屑砂屑灰岩的组合，主要发育于高渗层上段斑块更显著段，磨取深与浅两种斑块过渡部位薄片，在该薄片中可见一侧生屑砂屑灰岩被亮晶方解石致密胶结，仅发育部分未完全胶结而剩下的残余粒间孔；而另一侧生屑砂屑灰岩几乎很少发育亮晶胶结物，发育粒间孔和粒间溶孔，胶结部位和非胶结部位的颗粒组成、粒度也具有明显差异。第二种组合为生屑砂屑灰岩与泥晶生屑砂屑灰岩的组合，主要发育于高渗层中段，磨取深与浅两种斑块过渡部位薄片，在该薄片中可见一侧为灰泥充填砂屑为主的颗粒的泥粒灰岩或泥灰岩岩石结构，孔隙类型为铸模孔、生物体腔孔和少量粒间孔；而另一侧生屑砂屑灰岩颗粒无充填灰泥或亮晶胶结物，岩石结构为典型的颗粒灰岩，孔隙类型为粒间孔。第三种组合为生屑砂屑灰岩与泥晶生屑灰岩的组合，主要发育于高渗层下段，磨取深与浅两种斑块过渡部位薄片，在该薄片中可见一侧为灰泥充填藻屑、棘皮等为主的生屑颗粒的泥粒灰岩或泥灰岩岩石结构，孔隙类型为绿藻铸模孔和体腔孔。

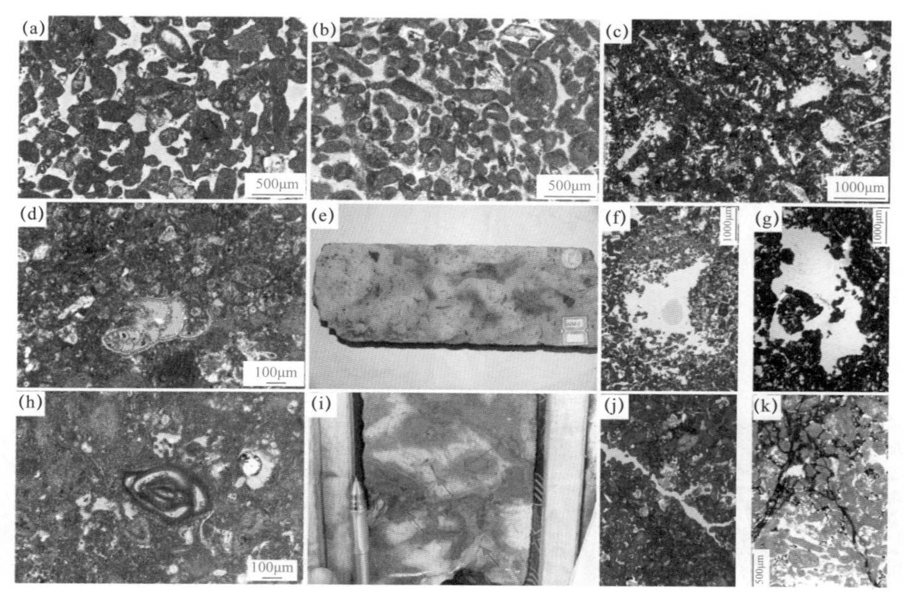


图 7-7　高渗层储集空间类型及其特征图

(a)ADMa-4H,2609.23m，粒间孔、粒间溶孔；(b)AD1-22-1H,2648.23m，残余铸模孔；(c)AD-16,2638.59m，铸模孔；(d)AD1-22-1H，2648.92m，有孔虫体腔孔；(e)AD-16，2638.5m，岩心可见较多 Vug 孔；(f)ADMa-4H，2609.23m，溶孔(Vug)；(g)AD-16，2638.59m，溶孔(Vug)；(h)AD-16，2638.90m，粒内孔，有孔虫体腔孔；(i)ADMa-4H，2610.2m，发育多条延伸较短扩溶缝；(j)AD1-12-8H，2665.4m，扩溶缝；(k)AD1-12-8H，2665.85m，裂缝

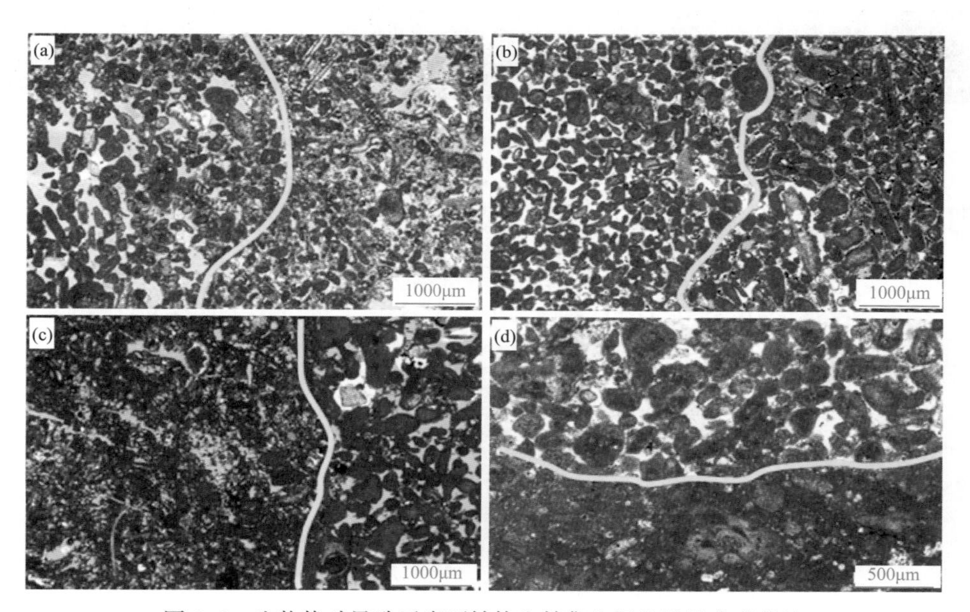


图 7-8　生物扰动导致了岩石结构和储集空间差异的典型薄片

(a)黄线两侧颗粒胶结程度不同，左侧为生屑砂屑灰岩，右侧为亮晶生屑砂屑灰岩，ADMa-4H，2609.23m，偏光；(b)黄线两侧颗粒胶结程度不同，左侧为亮晶生屑砂屑灰岩，右侧为生屑砂屑灰岩，AD1-12-8H，2665.4m，单偏光；(c)黄线两侧岩石结构不同，左侧为泥晶生屑砂屑灰岩，右侧潜穴中为生屑砂屑灰岩，AD1-22-1H，2648.55m，单偏光；(d)黄线上下岩石结构不同，上方潜穴中为生屑砂屑灰岩，下方为泥晶生屑灰岩，AD-16，2637.83m，单偏光

## 三、Kh2-1-2U 次高渗层岩石学及储集空间特征

Kh2–1–2U 小层位于 Kh2–1–2L 小层之上，厚度为 1.4～2.5m（图 7–9、图 7–10）。岩心上可以看到明显的生物扰动所致的斑块状构造，斑块特征和 Kh2–1–2L 相似，斑块位于 Kh2–1–2U 顶部 25cm 处和中段厚度约 50cm 处。Kh2–1–2U 小层岩石类型主要以泥晶生屑砂屑灰岩为主，生屑类型为棘皮、有孔虫等，灰泥含量相对较低，岩石结构属于泥粒灰岩，而扰动部位则为不含灰泥生屑砂屑灰岩，不含灰泥，岩石结构为颗粒灰岩。储集空间有粒间孔、残余粒间孔、铸模孔、体腔孔，Kh2–1–2U 与 Kh2–1–2L 主要区别在于 Vug 孔和裂缝发育程度较低。

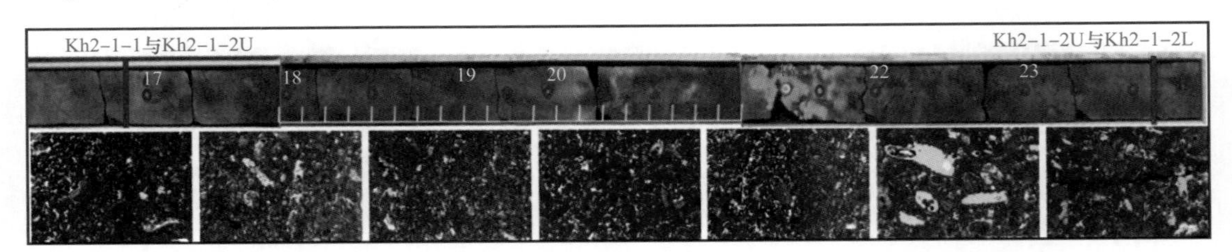


图 7–9　AD1–12–8H 井 Kh2–2–1U 岩心及主体薄片特征

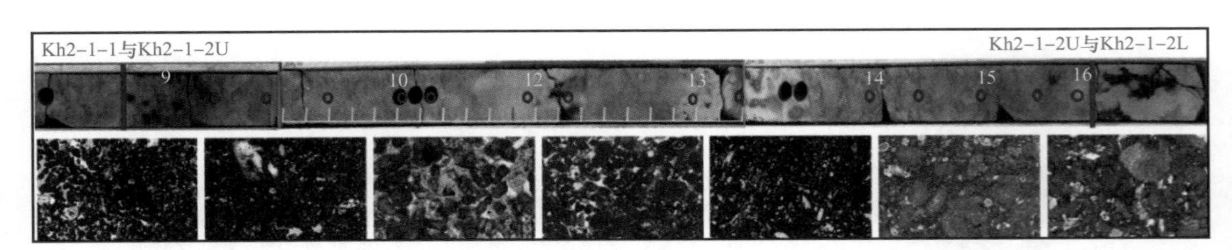


图 7–10　AD1–22–1H 井 Kh2–2–1U 岩心及主体薄片特征

## 四、Kh2-1-2L 和 Kh2-1-2U 高渗层物性及孔隙结构特征

好的储层物性，尤其高的渗透率是高渗层最重要的特征。对比 Kh 油藏各小层厚度、物性等参数，Kh2–1–2L 小层厚度最薄，平均仅为 1.1m（图 7–11），物性上 Kh2–1–2L 小层具有中孔高渗特征，孔隙度为 10%～28%，平均孔隙度为 19.2%，孔隙度范围和平均值明显低于 Kh2 组其余储层段；尽管孔隙度并不高，但是渗透率可达达西级别，平均渗透率为 241mD（图 7–11），与上下层段渗透率极差约为 10 以上，渗透率大小显著高于 Kh2 组其余储层段。总体上，Kh2–1–2L 小层具有层薄，储量占比低（在 Kh 油藏各小层储量占比最低）、高渗透率、与上下围岩渗透率极差大的特征，从上述静态参数特征而言，符合第一章所述典型的高渗层特征。Kh2–1–2U 小层厚度为 1.4～2.5m，平均为 1.9m，平均孔隙度为 20.0%（图 7–11），高于上下层段；平均渗透率为 39.3mD（图 7–11），在所有小层中仅次于 Kh2–1–2L 高渗层，属于高孔中渗特征。结合动态和静态资料，Kh2–1–2L 与 Kh2–1–2U 小层均为高渗层，Kh2–1–2L 为主高渗层，Kh2–1–2U 为次高渗层。

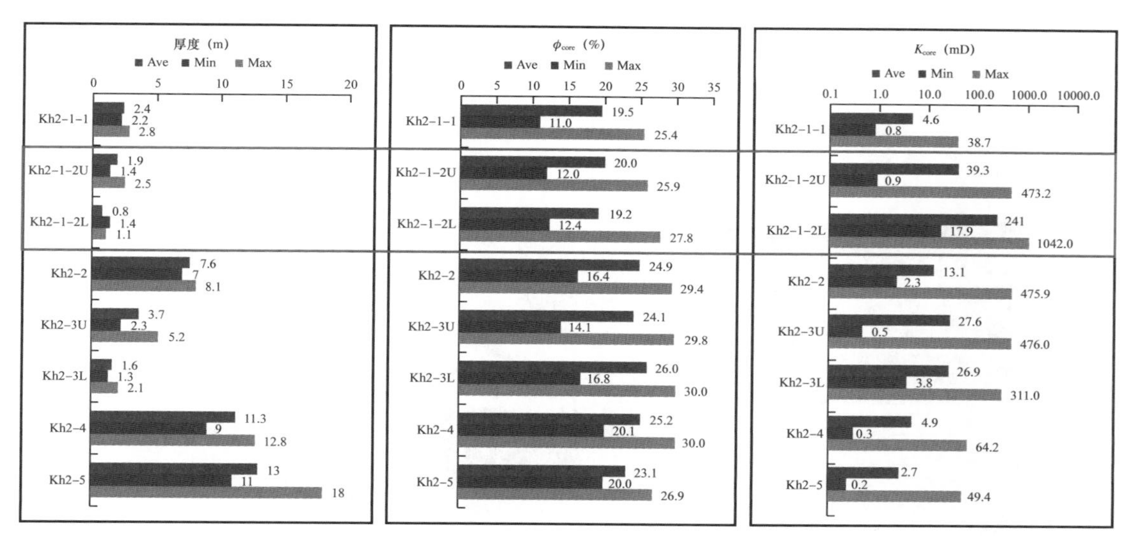


图 7-11　艾哈代布油田 Kashib 各层段厚度及孔渗统计

尽管总体看来，Kh2-1-2L 小层渗透率具有明显的高渗特征，然后并不是整个 Kh2-1-2L 小层所有部位都是高渗特征，事实上，某些部位具有高渗，而某些部位渗透率极低，属于非储层渗透率值。统计了 4 口取心井高渗层所有薄片上岩石结构、颗粒组分、薄片面孔率、岩心孔隙度和渗透率纵向分布特征，结果显示：纵向上高渗层下段藻类含量高，多被溶蚀成铸模孔，显著提高了下段孔隙度，而上段非扰动部位，颗粒以难溶砂屑、棘皮为主，尤其是颗粒间被亮晶方解石充填，造成了高渗层下段孔隙度和面孔率高于上段；然而由于上段生物扰动更强烈，胶结程度很弱的生屑砂屑灰岩充填了潜穴，导致暗色斑块，即潜穴充填部位具有很高的渗透率。

Kh2-1-2U 次高渗层纵向上渗透率也具有强烈的非均质性，并非整段都具有高渗特征。分析 4 口取心井 Kh2-1-2U 小层岩心测试渗透率与深度的关系，结果表明，Kh2-1-2U 小层并非整体高渗而是局部具有显著的高渗特征，4 口井的高渗部位均位于其顶部和中段生物扰动斑块处，渗透率较高，最高可到 500mD 以上。在薄片上可以看出，这些部位具有明显的生物扰动充填特征，发育连通性很好的粒间孔。

进一步通过点渗透率实验研究潜穴充填暗色斑块渗透率和未扰动母岩因而高渗层的差异特征（图 7-12），点渗透率结果显示，暗色斑块部位，渗透率范围由数百毫达西至数个达西级，而浅色斑块部位渗透率则表现出明显的低值，因而暗色与浅色斑块间具有数百以上的渗透率极差。渗透率具有如下非均质性特征：上段渗透率显著高于下段渗透率；生物扰动充填暗色斑块渗透率显著高于未扰动浅色斑块部位。

通过薄片二维图像处理技术，提取了潜穴和基质部分的孔隙面孔率大小和孔喉配位数，以对比二者孔隙结构差异（图 7-13）。对于孔喉配位数而言，潜穴部位配位数为 5～7，远大于基质部位配位数（0～2）；然而对于面孔率而言，潜穴与基质部位的面孔率相对大小取决于基质岩石结构，亮晶生屑砂屑灰岩面孔率远低于潜穴部位面孔率，造成了高渗层上段整体偏低，泥晶生屑砂屑灰岩面孔率低于潜穴部位面孔率，这受控于砂屑难以被溶蚀，而高渗层下段基质泥晶生屑灰岩面孔率高于潜穴部位，受控于泥晶生屑灰岩富含易溶的绿藻，溶蚀形成藻模孔。综上所述，在高渗层中上段，潜穴面孔率低于基质部位，高渗层下段潜穴面孔率高于基质部位，潜穴部位孔喉配位数远高于基质。因此，潜穴孔喉相对于基质连通性更好。

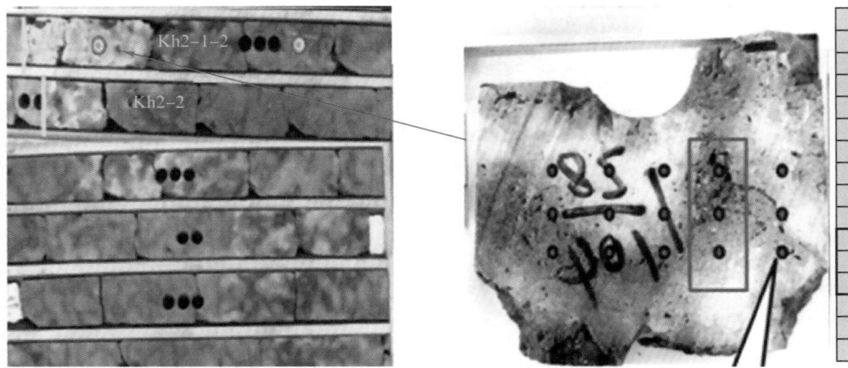


| $X$ | $Y$ | 渗透率（mD） |
|---|---|---|
| 14 | 8 | 5.55 |
| 14 | 16 | 3.34 |
| 14 | 24 | 30.23 |
| 28 | 8 | 141.24 |
| 28 | 16 | 221.24 |
| 28 | 24 | — |
| 42 | 8 | 81.28 |
| 42 | 16 | 6.33 |
| 42 | 24 | 8.65 |
| 56 | 8 | 124.24 |
| 56 | 16 | 10133.50 |
| 56 | 24 | 6265.52 |
| 70 | 8 | 0.11 |
| 70 | 16 | 92.41 |
| 70 | 24 | 3768.47 |

图 7-12　取心井高渗层斑块结构点渗透率测试结果

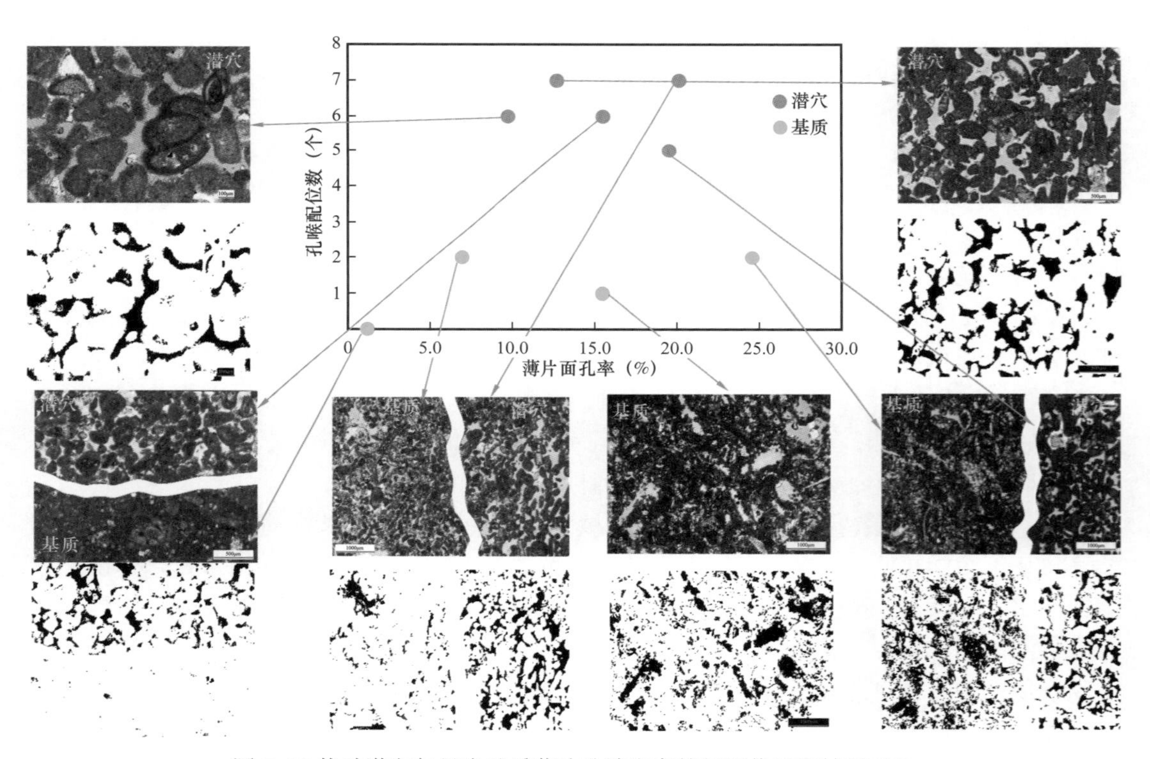


图 7-13 扰动潜穴与母岩基质薄片孔隙发育特征图像处理结果对比

结合高压压汞实验，进一步明确了高渗层孔隙结构的优势（图 7-14）。高渗层整体具有低的排驱压力（0.02～0.05MPa），而普通储层排驱压力为 0.1MPa 以上；高渗层以粗孔喉为主，主要介于 5～20μm，而普通储层孔喉多小于 5μm。对比平均比孔喉半径、孔喉半径中值、孔喉半径峰位等孔隙结构关键参数，Kh2-1-2L 小层相对于普通储层具有明显的优势。综上所述，Kh2-1-2L 小层非常优质的孔隙结构是其形成高渗层的物质基础。

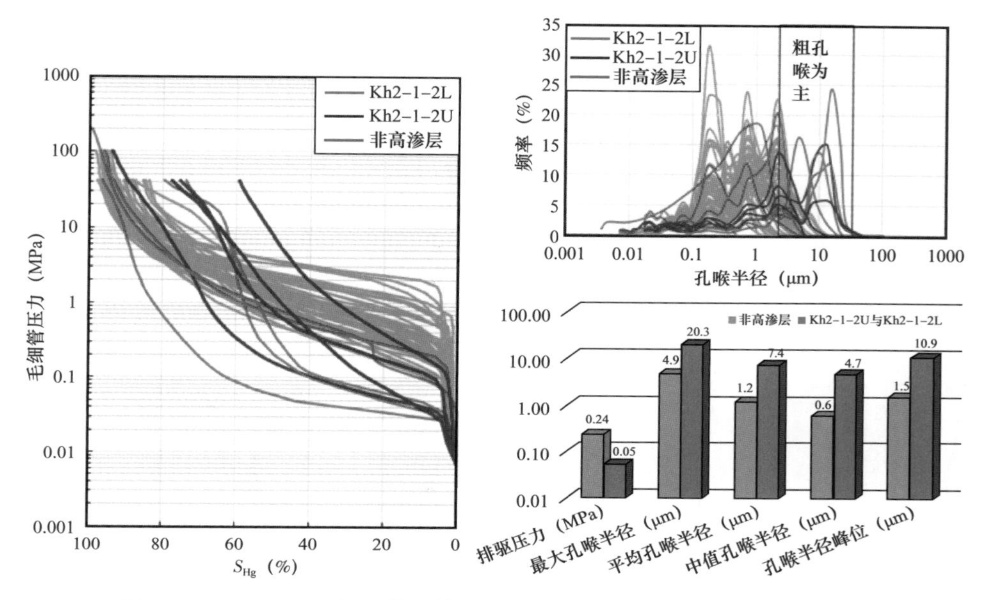


图 7-14 Kh2-1-2L 组与普通储层毛细管曲线和孔喉分布曲线差异对比

# 第三节 高渗层识别与分布预测

## 一、高渗层测井响应特征

高渗层的空间展布特征对注水策略的制定具有重要的影响。要精细刻画 Kh2-1-2 高渗层，地球物理资料的运用至关重要。由于 Kh2-1-2 高渗层厚度薄，地震纵向识别分辨率制约了其在 Kh2-1-2 高渗层识别中的应用效果，而测井相对于地震具有更高的纵向分辨率，为未取心井高渗层的识别提供了有效的技术手段（图 7-15）。

对 4 口取心井高渗层常规测井响应特征进行分析，结果表明：AD4 区的 AD-16 井与 AD1 区的 ADMA-4H、AD1-22-1H、AD1-12-8H 合计 4 口井的高渗层常规测井响应特征相似（图 7-16），均表现出了自然伽马向左回返，测井值中等—较低（16～24API），电阻率增大，较高 RT（ILD＞5Ω·m，MSFL＞15Ω·m），三孔隙度曲线向右回返，较低—中等声波时差（70～80μs/m）、中等密度测井（2.3～2.4g/cm$^3$）、中等中子测井（0.18～0.24）。4 口取心井高渗层横向分布稳定。

实际上，艾哈代布油田 Kh2-1-2L 高渗层的测井响应并非中东波斯湾盆地常见的生屑滩型高渗层低自然伽马、高电阻率、三孔隙度曲线明显左偏的特征，甚至三孔隙度曲线有向右偏移，代表差物性段的趋势。这也导致了在 Kh2 油藏开发的初期，Kh2-1-2L

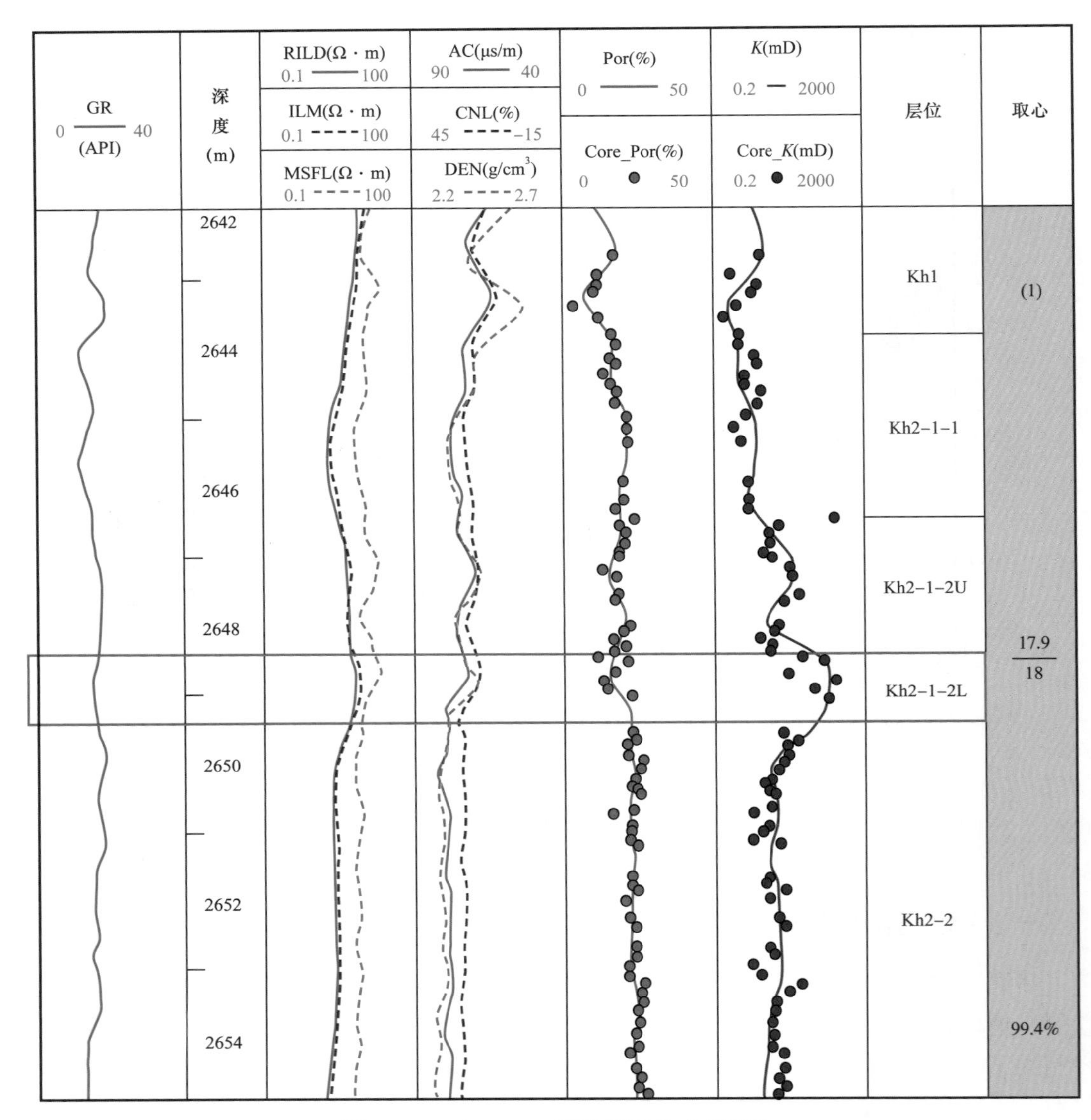


图 7-15 Kh2-1-2L 高渗层测井响应特征

高渗层并未引起注意，因而钻井和注水策略的制定并未针对性地开展。分析认为，形成 Kh2-1-2L 高渗层的原因在于生物扰动高渗层测井响应受到生物扰动高渗通道和致密胶结海底硬地这两种孔隙结构反差极大的岩石类型共同控制，测井响应也是两种反差极大岩石结构的综合，从而具有中等自然伽马、较高电阻率和三孔隙度向右偏的特征（图 7-16）。

## 二、高渗层测井识别方法

通过定量分析自然伽马、光电吸收截面指数、深感应电阻率、微球型聚焦电阻率、中子孔隙度、中感应电阻率、声波时差、密度测井等常规测井值，对比了 Kh2-1-2L 高渗

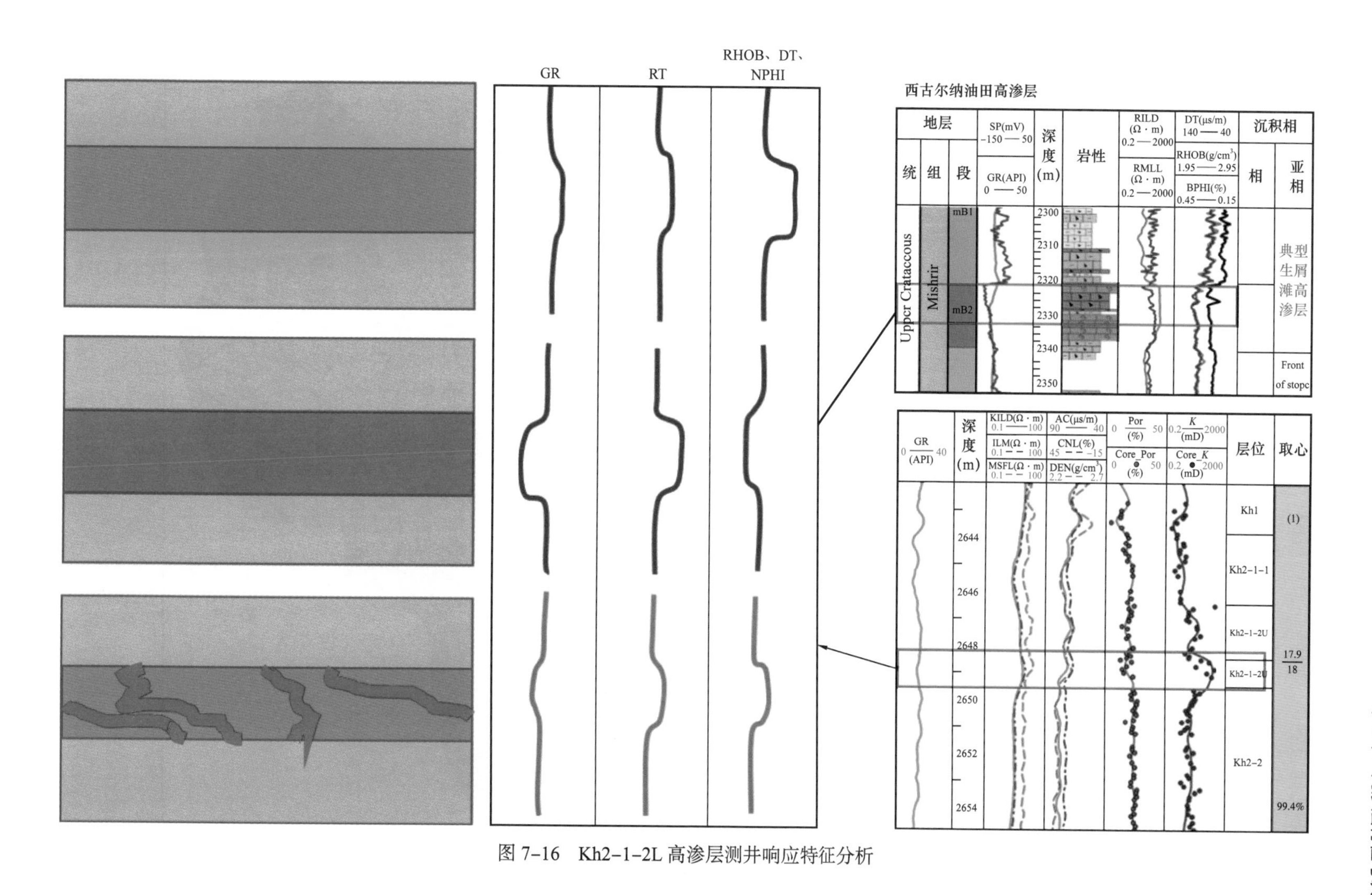


图 7-16　Kh2-1-2L 高渗层测井响应特征分析

层与 Kh 组常规储层各类常规测井值域范围。结果显示自然伽马、光电吸收截面指数、中子孔隙度、中感应电阻率测井对于高渗层和普通储层的区分度不明显，而密度测井、声波时差、深感应电阻率、微球型聚焦电阻率测井对 Kh2–1–2L 高渗层相对较敏感，对高渗层和普通储层的区分度较好。高渗层相对于普通储层，具有较高的密度测井值、较小的声波时差、较大的深感应电阻率和微球型聚焦电阻率。

根据对高渗层较为敏感的常规测井类型，即密度测井、声波时差、深感应电阻率、微球型聚焦，建立常规测井高渗层识别方法，根据上述 4 组测井数据的相对大小，选取 RHOB/DT 和 ILD*MSFL 两个参数建立交会图，为消除量纲的影响，对 RHOB 和 DT 进行归一化处理。在交会图上，高渗层和普通储层区分相对明显，高渗层分布于交会图中 RHOBnor/Dtnor 大于 1.02 且 ILD*MSFL 大于 60 区间。

## 三、高渗层空间展布特征

基于上述常规测井识别方法，对未取心井高渗层进行识别。结果显示，高渗层在油田范围内连续分布可对比，然而在厚度上具有明显差异，从东部 AD1 向西部 AD4 方向，厚度有明显减薄趋势，而 AD1 区南北方向厚度相对变化较小。高渗层厚度范围为 0.4～1.3m，平均厚度为 0.9m（图 7–17）。

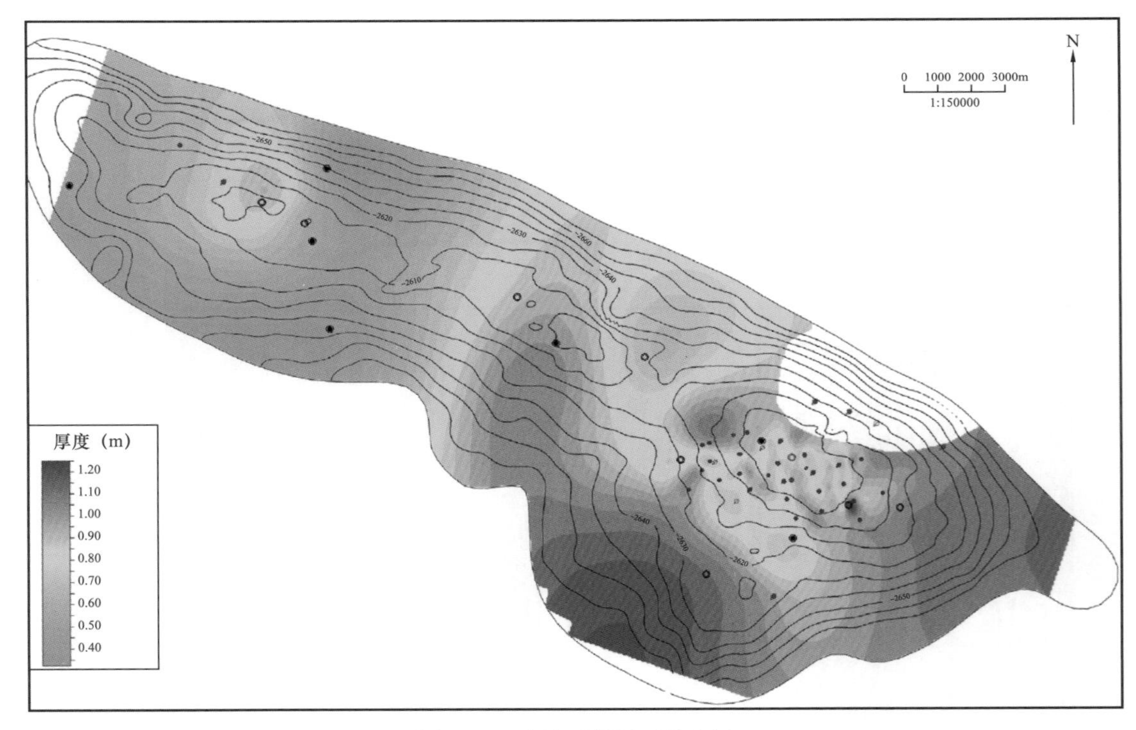


图 7–17　高渗透层平面分布图

# 第八章　碳酸盐岩油田开发实践

中东作为石油资源最丰富的地区之一，历来是全球跨国石油公司竞争的战略重地。2008—2013年，中国石油在伊拉克油气业务取得重大突破，先后获得艾哈代布、哈法亚、鲁迈拉和西古尔纳等4个开发项目，原油地质储量$184\times10^8$t，其中生物碎屑灰岩油藏地质储量$132\times10^8$t，占总地质储量的72%，是“十二五”和“十三五”期间中国石油伊拉克地区大规模上产和长期稳产的重要物质基础。

伊拉克油气合作采用技术服务合同模式，合同者需要垫付油田开发建设的全部资金，并通过桶油报酬费的形式获取报酬，这一合同模式决定了合同者在油田开发建设初期通过以最小的投资在最短时间内建成较高规模产量，并采取分阶段分产量台阶逐步建成最高产量规模，实现项目自身滚动发展，规避高风险地区大规模投资风险，最大化提升合同者的收益率。

与常规碳酸盐岩油藏相比，伊拉克生物碎屑灰岩油藏与国内有很大差别，国内以石灰岩和白云岩为主，构造上为多期次构造，改造性强，圈闭以古生界和古老深层的潜山和风化壳为主，形成岩溶、缝洞型为主的台地相碳酸盐岩，油藏规模小且分散，通常一洞一油藏，采用衰竭开发辅以注水，早期采油速度高达2%～3%，后期产量迅速下降；国内多为矿税制，单井经济极限产量门槛值相对较低。伊拉克生物碎屑灰岩油藏构造期次少，圈闭以构造—岩性为主，储层主要为台地礁滩和台内生屑滩沉积的生物碎屑灰岩，储层分布受沉积控制为主，储层物性受沉积微相和成岩改造双重影响；油藏规模大，油层厚达100多米，纵向上非均质十分突出，由多套沉积旋回组成，并发育多个隔夹层和高渗层，且高渗层随动态变化。

艾哈代布油田发现于1979年，早期评价阶段完钻探井7口，1980年采集二维地震资料，2009年完成三维地震，2009—2010年陆续完钻评价井8口，2011年6月正式投入开发，2012年建成高峰期产量并持续至2018年，2019年后进入注水开发调整阶段。本章节主要是介绍伊拉克艾哈代布油田的开发实践与策略，围绕开发方式选择、井型井网选择、早期注水政策的制定、生产动态特征分析以及调整期间的开发技术对策等展开了一系列研究和总结，为中东地区同类油藏的高效开发提供重要的借鉴。

## 第一节　开发方式选择

### 一、弹性及溶解气驱采收率预测

艾哈代布油田的天然驱动能量有弹性能量、溶解气驱及外部水体能量。

根据物质平衡方程可知弹性采收率公式如下：

$$E_{Rt}=\frac{C_o\left(1-S_{wi}\right)+C_wS_{wi}+C_p}{\left(1-S_{wi}\right)\left[1+C_o\left(p_i-p_b\right)\right]}\left(p_i-p_b\right) \tag{8-1}$$

由于艾哈代布油藏饱和压力较高，地层饱和压力压差较小，各层弹性采收率较低尤其主力油层Kh2弹性采收率仅为1.6%，单纯依靠弹性能量进行油田开发不可行。各层溶解气驱采收率在11.2%～15.6%，但由于资源国要求地层压力应保持在饱和压力以上，即在开发过程中地层不脱气，因此该油田开发过程中无法利用溶解气驱能量（表8-1）。

**表8-1　艾哈代布油田一次开发采收率数据表**

| 地层 | 地层压力（MPa） | 泡点压力（MPa） | 生产压差（MPa） | 弹性驱采收率（%） | 溶解气驱采收率（%） | 弹性驱＋溶解气驱采收率（%） |
|---|---|---|---|---|---|---|
| Kh2 | 30.5 | 20.8 | 9.7 | 1.6 | 15.6 | 17.2 |
| Mi4 | 32.3 | 19.8 | 12.5 | 2.9 | 12.9 | 15.8 |
| Ru1 | 33.2 | 19.2 | 14 | 3.2 | 13.8 | 17 |
| Ru2a | 34 | 19.2 | 14.8 | 3.5 | 12.4 | 15.9 |
| Ru2b | 34.4 | 19.2 | 15.2 | 3.6 | 11.2 | 14.8 |
| Ru3 | 34.8 | 19.2 | 15.6 | 3.6 | 13 | 16.6 |
| Ma1 | 36 | 21.8 | 14.2 | 3 | 11.6 | 14.6 |

根据经验公式对各层溶解气驱采收率进行了计算：

$$E_R=0.2126\left(\frac{\phi\left(1-S_{wi}\right)}{B_{ob}}\right)^{0.1611}\left(\frac{K}{\mu_{ob}}\right)^{0.0979}\left(S_{wi}\right)^{0.3722}\left(\frac{p_b}{p_a}\right)^{0.1741} \tag{8-2}$$

根据艾哈代布油田完钻井试油及实际生产情况看，按目前对油藏的生产动态认识，该油藏各油层均有边水存在，同时Ru1、Ru2b与Ru3及Ma1存在底水。Kh2层1区与2区水层物性差，水体不活跃，4区局部底水活跃。下部层系水层物性同样明显低于油层物性，底水油藏Ru1及Ru2b与Ru3水体相对活跃，Ma1层水体不活跃难以对油层提供有效的能量补充。因此，艾哈代布油田利用天然能量开发油藏采收率低，开发效果差，需要尽早进行能量补充。

## 二、注水可行性分析

艾哈代布油田为一构造控制，受岩性、物性影响的未饱和油藏，油藏饱和压力高、原始气油比较高，边水能量弱，天然能量有限。

实验数据表明艾哈代布油田 Kh2 油层润湿性属于亲水型。对亲水型储层，水驱油过程中，毛细管压力是驱油动力，利于注水开发，水驱效率高（表 8–2）。

表 8–2　M–8 井润湿性分析结果

| 井号 | 层位 | 岩心编号 | 取样深度（m） | 孔隙度（%） | 渗透率（mD） | 自吸水排油量（mL） | 自吸油排水量（mL） | 润湿类型 |
|---|---|---|---|---|---|---|---|---|
| M–8 | Kh2 | 2–19–3 | 2652.54～2652.57 | 25.02 | 26.68 | 0.10 | 0.03 | 亲水 |
| | | 2–22–1 | 2653.34～2653.37 | 22.36 | 1.45 | 0.07 | 0.04 | 亲水 |
| | | 2–33–1 | 2656.28～2656.31 | 24.89 | 2.30 | 0.05 | 0.04 | 亲水 |
| | | 2–64–1 | 2662.90～2662.93 | 22.78 | 0.55 | 0.06 | 0.03 | 亲水 |

M–8 井 4 块样品的平均相渗曲线分析，从曲线形态看，油相相对渗透率曲线，初期基本呈直线下降，后期呈变缓下降趋势，是一条向左下方凸的曲线；水相相对渗透率曲线基本呈直线上升，且数值较低。等渗点含水饱和度大于 50%，表现出典型的亲水特征。

## 三、水驱油实验

通过 7 套油层 49 块样品水驱油实验可知，艾哈代布油田微观驱油效率均接近或超过 50%，水驱采收率高，适宜注水开发（表 8–3）。艾哈代布油田各油藏储层束缚水饱和度较高，基本保持在 35% 左右，同时其残余油饱和度较高，两相共渗区偏窄，表现出低渗透油藏特点图 8–1—图 8–7。

表 8–3　艾哈代布油田不同储层微观驱油效率

| 地层 | 井号 | 样品 | 微观驱油效率（%） |
|---|---|---|---|
| Kh2 | M–8 | 9 | 54.73 |
| | M–13 | 7 | 49.20 |
| Mi4 | M–12 | 6 | 46.75 |
| Ru1 | M–12 | 6 | 52.56 |
| Ru2a | M–13 | 6 | 49.98 |
| Ru2b | M–13 | 6 | 51.98 |
| Ru3 | M–13 | 4 | 51.55 |
| Ma1 | M–13 | 5 | 51.46 |

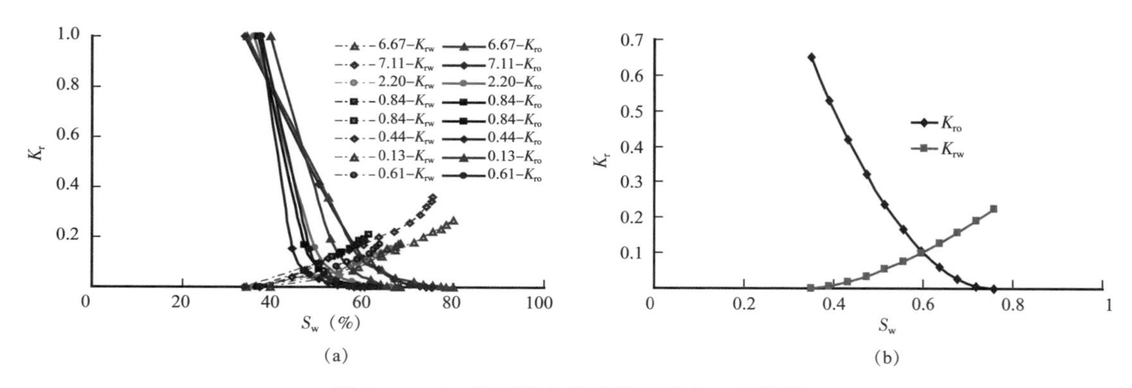


图 8–1　Kh2 层相渗实验曲线及其归一化结果

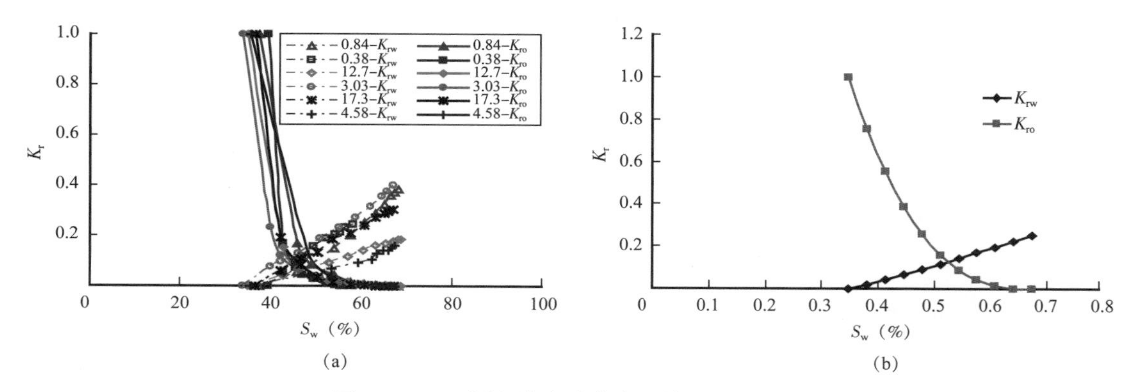


图 8–2　Mi4 层相渗实验曲线及其归一化结果

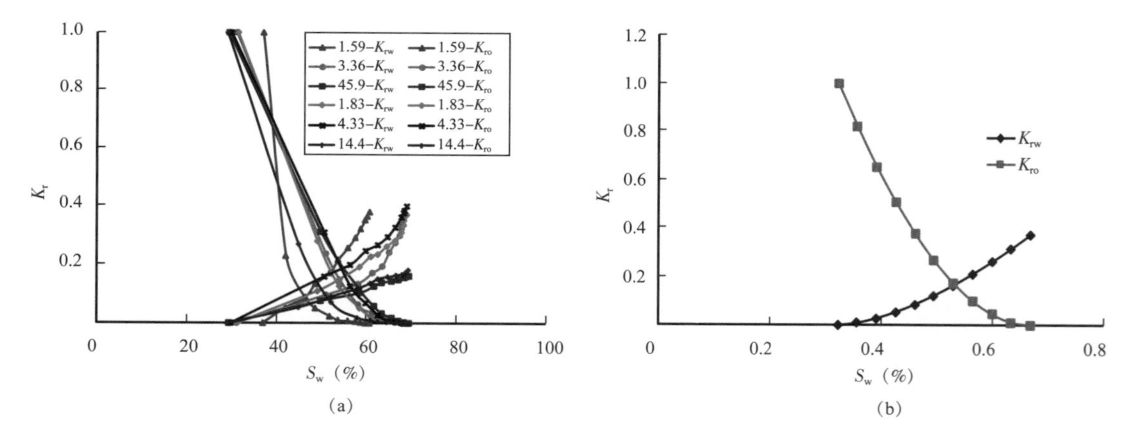


图 8–3　Ru1 层相渗实验曲线及其归一化结果

## 四、储层敏感性

M–8 井 Kh2 储层 5 块岩样水敏试验结果，1 块岩样为中等偏弱水敏，1 块岩样为无水敏，3 块岩样为弱水敏。说明储层水敏性为无—弱水敏。

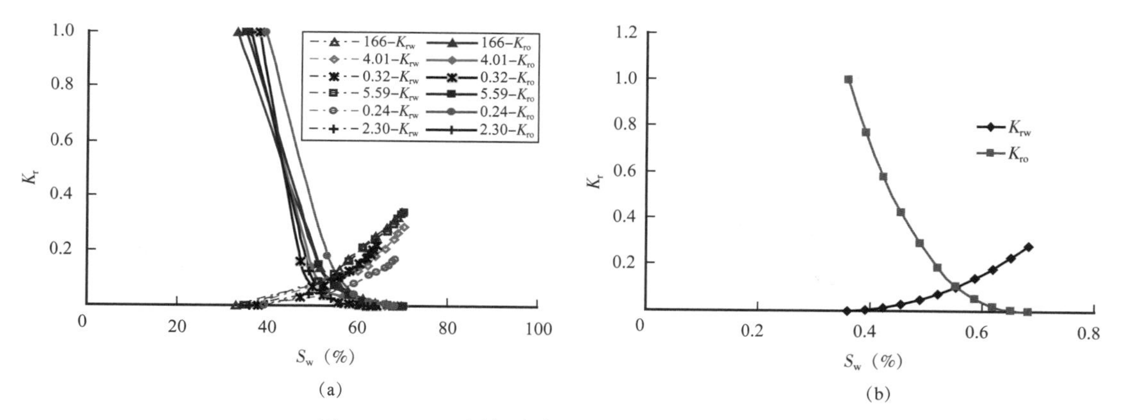


图 8-4　Ru2a 层相渗实验曲线及其归一化结果

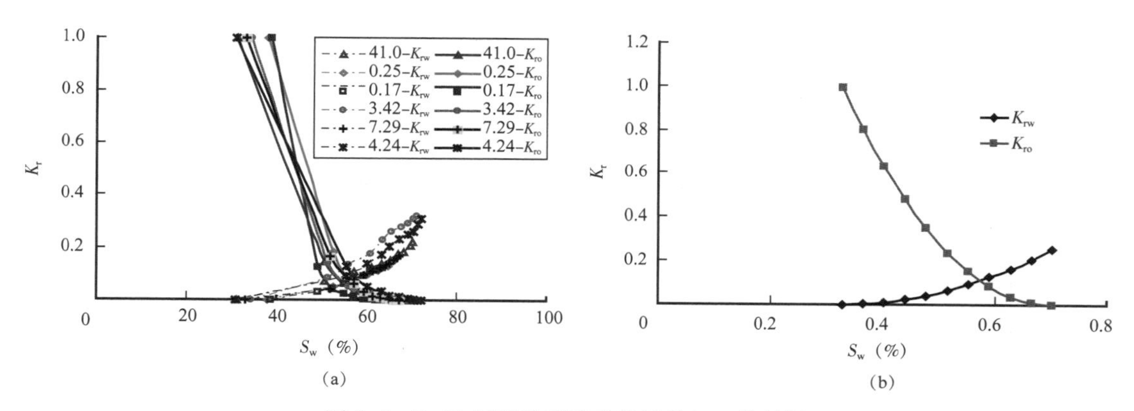


图 8-5　Ru2b 层相渗实验曲线及其归一化结果

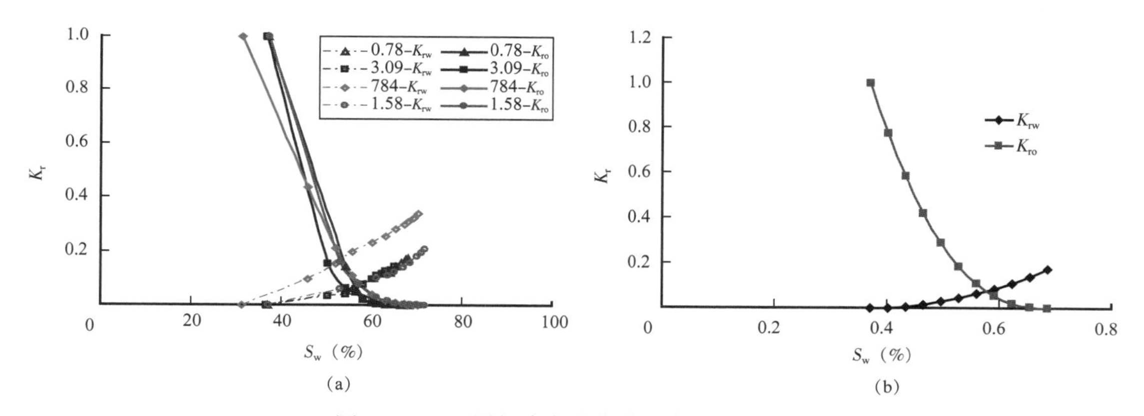


图 8-6　Ru3 层相渗实验曲线及其归一化结果

根据 M-8 井 Kh2 储层速敏试验结果，5 块岩样均无水敏，有利于注水开发。因此总体来讲艾哈代布油田储层无水敏、无—弱水敏，表明注水不会对储层造成伤害，适合于注水开发（图 8-8，表 8-4）。

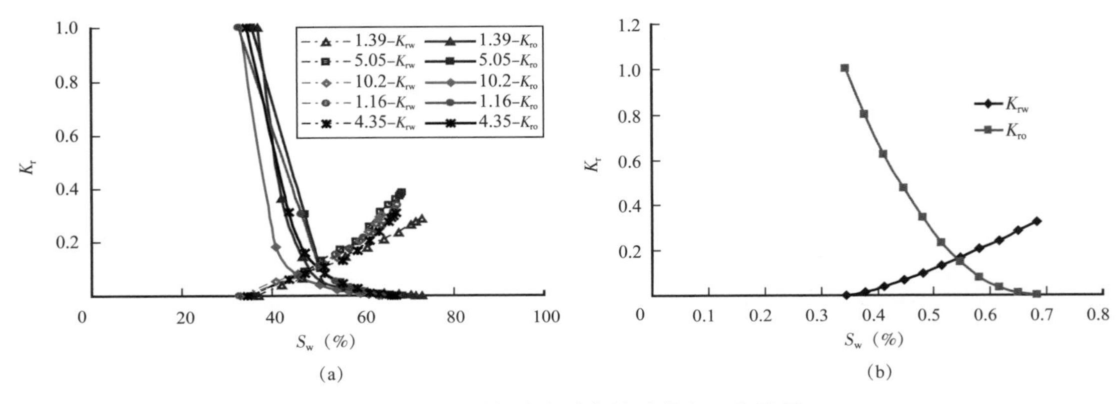


图 8-7　Ma1 层相渗实验曲线及其归一化结果

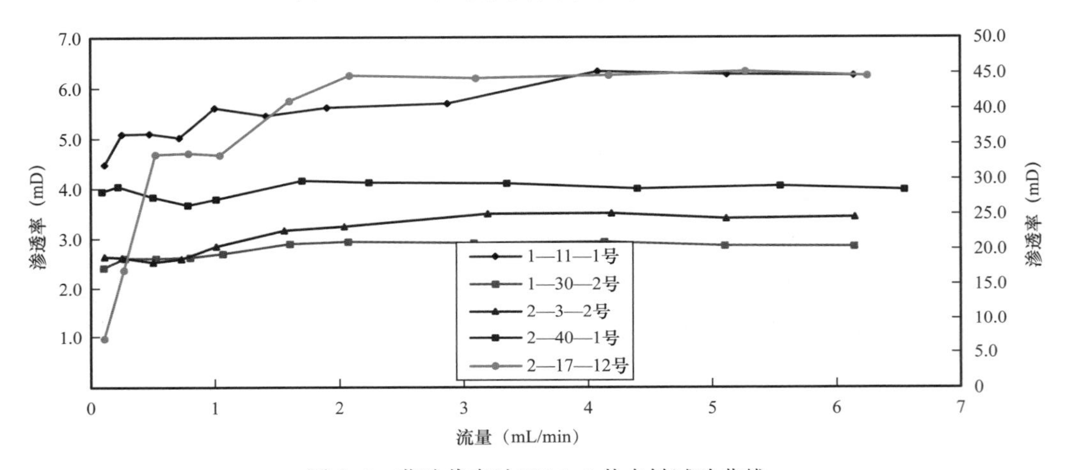


图 8-8　艾哈代布油田 M-8 井水敏试验曲线

**表 8-4　M-8 井水敏试验分析结果**

| 井号 | 样号 | 井深（m） | 层位 | 岩性 | 孔隙度（%） | 渗透率（mD） | 渗透率（mD） | | | 水敏指数（%） | 水敏损害程度 |
|---|---|---|---|---|---|---|---|---|---|---|---|
| | | | | | | | 模拟地层水 | 模拟次地层水 | 蒸馏水 | | |
| M-8 | 1-11-2 | 2640.72 | Khasib | 棕色砂屑灰岩 | 26.1 | 6.71 | 3.69 | 3.29 | 2.76 | 25 | 弱 |
| | 1-30-3 | 2645.75 | Khasib | 棕色砂屑灰岩 | 27.1 | 10.10 | 8.63 | 6.36 | 5.68 | 34 | 中等偏弱 |
| | 2-3-3 | 2647.73 | Khasib | 棕色砂屑灰岩 | 25.4 | 5.41 | 2.73 | 2.77 | 2.70 | 1 | 无 |
| | 2-17-3 | 2651.75 | Khasib | 棕色砂屑灰岩 | 26.5 | 51.50 | 23.10 | 20.80 | 18.60 | 19 | 弱 |
| | 2-40-2 | 2658.13 | Khasib | 棕色砂屑灰岩 | 24.6 | 3.08 | 3.35 | 2.92 | 2.63 | 21 | 弱 |

# 第二节 水平井注采井网模式

随着水平井钻井、完井技术的发展，水平井在油田中的应用日益广泛，为油田开发带来了巨大的经济效益，而地质导向技术的发展（LWD）更为薄储层低渗透的碳酸盐岩油田的开发，提供了崭新的思路。目前水平井注水开发也正逐渐引起国内外石油界的普遍关注，是热点攻关课题之一。此外，随着水平井成本逐渐降低，水平井的优势显著增大。因此，从某种程度上来说，对于薄层油层开发，水平井技术是最有前途的一项技术。伊拉克艾哈代布油田主力油藏为中孔低渗薄层生物碎屑灰岩，油层厚度约 20m，分布较稳定。结合艾哈代布油田的地质油藏条件，论证了水平井注水开发的适应性，确定了适合水平井注水开发的最佳油藏条件，形成了该油田主力油藏水平井注采开发模式，即小井距（100m）、小排距（300m）、长水平段（800m）、平行正对、趾跟反向、顶采底注、流场控制的整体水平井排状注采开发技术。将水平生产井部署在油藏顶部、水平注水井部署在油藏底部，水平段与最大主渗方向呈 45°，油井产能较高，见水较晚。制定了油藏合理的注水开发策略，即早期注水保压开发、注水时机确定为饱和压力之上（地层压力的 85%）。上述开发模式及注水开发策略为艾哈代布油田的全面高效开发提供了理论基础和依据。

## 一、水平井注水的优势

水平井注水技术可极大地改善低渗透油田的开发效果，不仅可提高注水量，增大波及效率和采出程度，还可提高油藏的压力维持程度，从而取得良好的经济效益。

### 1. 增大注入量，提高波及效率

Taber 等研究的结果表明：与垂直井的五点法井网相比较，一注一采两口平行的水平井，水平井注水能够增加数十倍的注入量，区域驱油效率能够增加 25% 到 40%。若油层较薄，且井网较稀，水平井优势更明显，波及效率可达到 99%。

### 2. 较低的注入压力

在相同注入速度下，水平注入井比常规五点法的直井注水井注入压力低。例如，在 80acre 的井网、10ft 厚的油层内，维持相同的注入速率，水平井所需的注入压力仅为常规五点井网直井的十分之一。

### 3. 丰富的热裂缝

热裂缝就是由于热量导致岩石破裂而成的裂缝，注入井中的热裂缝现象是一种普遍现象，尤其是在较深的注水井中。当冷水从地面注入到地层中，井眼周围的油藏冷却，岩石极限张力降低，发生热裂缝现象。

经验表明，裂缝的初始破裂或延伸方向都不是沿着整个井眼发生，而是沿着最大主应力方向。一旦热裂缝形成后，注入水最先沿着破裂带前进，如不能很好控制，将导致较低的波及效率和油井的过早见水。

为了得到较好的热裂缝，水平注入井开始注水时，一般要分阶段提升注入量，最终达到设计注入速度。如果注入速度开始就达到目标速度，可能会导致少数裂缝发育，而其他裂缝还没来得及发育时，注入水已大量进入少数裂缝，从而影响水平注入井的驱替效果。

北海油田的 Norwegian 的一口水平注入井就是一个很好的例子。该井钻进在一个低渗透砂层，为了提高油层波及系数，开始是在低于裂缝破裂压力下工作，后来瞬时以大大超过地层破裂压力的井口压力注入。压裂前，注入速度以十余倍增加，后来证明 80% 的注入水进入了几个单一裂缝，占据了仅几英尺长的井段。此外，由于注水量较大，估计该裂缝发育在一个高渗层。此时，其作用与裂缝直井已无区别。因此，在利用水平井注水时，注入速度应在一个注水周期内连续增加，这样允许在所有的射孔段逐渐降温，从而实现裂缝平稳地向所有冷却带发育。

#### 4. 线性驱动

由于水平注入井在油层中有相对长的水平井段，且能够产生丰富的热裂缝，使其注水的水驱前缘可近似为线性驱动，并且具有很好的稳定性。当井网面积较大时，线性驱动更明显，当油层较厚或井网较密时，大部分注入流体形成了径向流，此时水平注水井的驱动不再近似为线性驱。

## 二、水平井注水的适应性

尽管水平井注水较直井注水具有优势，但水平井注水仍有一定的局限性。客观地说，很多油藏不适合水平井注水开发。因此，选择水平井注水前，必须研究油藏水平井注水开发的适应性。

#### 1. 油藏物性要求相对均匀

由于沉积、胶结、成岩的不同，油藏在物性上存在一定的差别，从而在平面和纵向上形成储层的非均质性。在水平井注水开发中，要求其储层的均质性相对较好。如果储层的非均质强，特别纵向上非均质性强，将会极大地降低水平井注水的开发效果。

#### 2. 油层厚度较薄

油层厚度是影响水平井注水效果的关键因素。一般油层厚度越薄，采用水平井注水开发的效果越好，随着油层厚度增加，开采效果逐渐变差。但是，并不是厚度越薄越好，一般而言，厚度至少应大于 6m。

利用均质模型模拟不同油层厚度下的水平井和直井注水开发的效果。在渗透率为 100mD 的油藏中，随着油层厚度从 50ft 逐步增大到 150ft，水平井注水的优势逐渐降低。当油层厚度达到 150ft 时，水平井注水和直井注水的采收率基本相同，此时水平井注水已无明显优势，此时优选直井注水。

#### 3. 低渗透率

根据前人的研究成果，水平注入井最有利渗透率的范围是 1～50mD。渗透率太低，注水效果不明显，太高容易发生生产井过早见水。

对于储层物性很好的油层，由于单位油层厚度的产量较大，推荐使用直井注水。若采用水平井注水，当黏滞力减小到了一定的程度，水平注入井的注入水立即涌入高渗透层，从而降低了整体的波及系数。而直井的黏滞力比较大，可取得很好的体积波及系数。若将渗透率按比例降低，则水平注入井优势逐渐变大。此外，垂直渗透率 $K_v$ 和水平渗透率 $K_h$ 比值也会影响水平注入井的波及系数，$K_v/K_h$ 值越大，即纵向上的渗透率越大，越有利于水平注入井在纵向上的驱替，从而增大水平注入井在纵向上的波及系数。

**4. 油水流度比低**

在水平井的注水开发中，地层流体物性也是一个重要的影响因素，其中主要是油水流度比的影响。流度比越小，水平井注水开发的效果越好。

## 三、薄层水平井注采井网优选

艾哈代布油田 Kh2 层为单一薄层的生物碎屑灰岩油藏，具有如下储层特征，满足水平井开发条件：

（1）中等油藏埋深，约为 2600m 左右，适用水平井开发；

（2）储层平均有效厚度为 17.2m，相对较薄，适宜水平井开发；

（3）储层垂直渗透率与水平渗透率比约为 1.5 左右，有利于水平井开发；

（4）根据 Kh2 层油井测试结果表明，水平井产能至少为直井产能的 2 倍。

根据这种油藏特征，共设计三套排状井网方式：完全正对排状井网、交错正对排状井网和完全交错排状井网（图 8–9）。其中 $a$ 为水平生产井排与水平注水排之间的距离，$b$ 为水平生产井与水平生产井相邻短点之间距离或注水井与注水井相邻短点之间距离，$L$ 为水平段长度。

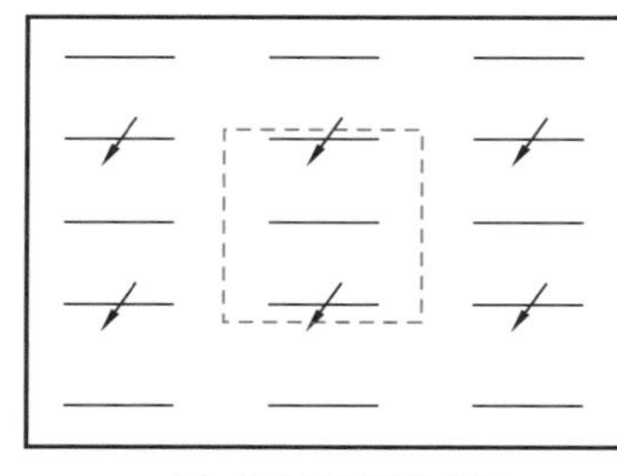

(a) 完全正对排状井网

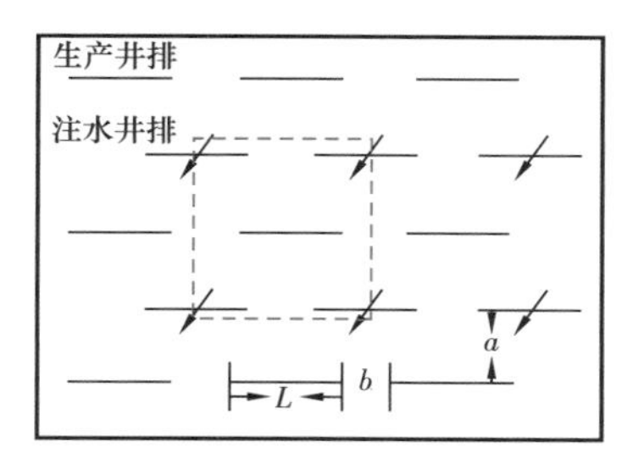


(b) 交错正对排状井网

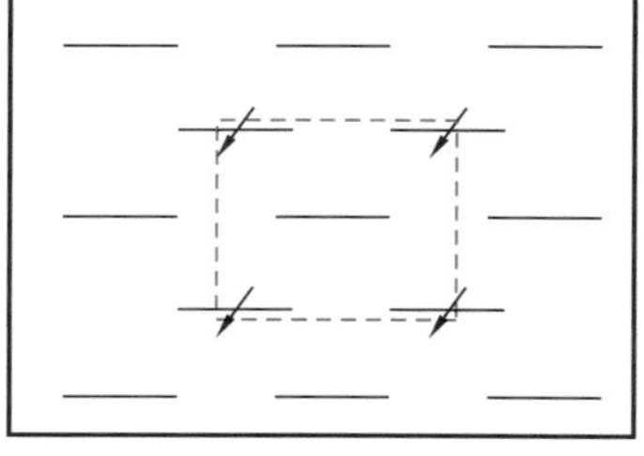

(c) 完全交错排状井网

图 8–9 艾哈代布油田 Kh2 层三种可选井网方式

$a$—排距；$b$—井距，m；$L$—水平段长度，m

根据地质研究结果，建立井组静态模型，利用数模模拟方法对上述三种井网开展研究，建立包括两口注水井和一口生产井的井组模型。针对以上三种井网方式，利用井组模型（含油面积相同）分别开展了不同井距下的见水时间和开发效果预测。

**1. 完全正对排状井网**

对完全正对排状井网共设计 100～600m 六套不同井距方案开展对比研究。井组模型研究结果表明，井距越短，水突破时间越长，波及效率越高。随着井距的增加，注入水突破时间从4959d逐渐减小到3623d，波及效率从62.09%降到45.49%（表8-5）。同时，井距对油井稳产能力及采出程度具有显著影响，随着井距的减小稳产时间逐步延长，合同期采出程度提高。但二者增加幅度均逐渐减小。

**表8-5　不同井距下见水时间和波及效率比较表**

| 井距（m） | 见水时间（d） | 波及效率（%） | 合同期末含水（%） | 合同期末地质储量采出程度（%） | 稳产时间（a） |
|---|---|---|---|---|---|
| 100 | 4959 | 62.09 | 92.1 | 60.8 | 18.8 |
| 200 | 4763 | 59.69 | 90.4 | 58.5 | 18.1 |
| 300 | 4565 | 57.34 | 86.2 | 56.2 | 17.3 |
| 400 | 4141 | 51.89 | 80.3 | 50.9 | 16.2 |
| 600 | 3623 | 45.49 | 72.5 | 44.6 | 12.5 |

### 2. 交错正对排状井网

交错正对排状井网共设计了井距100m、200m和400m三套方案。井组模型计算结果表明，井距越小，见水时间越长，波及效率越大，井距由400m减少至100m，见水时间由4352d增加至4960d，波及效率由54.58%增加至62.17%（表8-6）。同样随着井距的减小，合同期末采出程度和稳产期均有所增加。

**表8-6　不同井距下见水时间和波及效率比较表**

| 井距（m） | 见水时间（d） | 波及效率（%） | 合同期末含水（%） | 合同期末地质储量采出程度（%） | 稳产时间（a） |
|---|---|---|---|---|---|
| 100 | 4960 | 62.17 | 92.4 | 60.9 | 18.1 |
| 200 | 4808 | 60.31 | 90.5 | 59.1 | 18.0 |
| 400 | 4352 | 54.58 | 84.3 | 53.5 | 16.3 |

### 3. 完全交错排状井网

完全交错排状井网共设计五套方案，其井距范围从800m增加到1800m。井组模型研究结果表明，随着井距的增加，注入水突破时间与波及效率均呈现出先减小后增加的趋势。分析认为，由于井组模型设计原则基于单井控制储量一定，因此在井距逐渐增加的条件下，其排距逐渐减小，导致见水时间和波及效率逐渐减小，但随着井距进一步增加，注水井与生产井之间绝对距离增加，从而延迟了油井见水时间并增加了波及系数（表8-7）。从采出程度和稳产能力看，井距越小则采出程度越高且油井稳产时间越长。

表 8–7　不同井距下见水时间和波及效率比较表

| 井距（m） | 见水时间（d） | 波及效率（%） | 合同期末含水（%） | 合同期末地质储量采出程度（%） | 稳产时间（a） |
|---|---|---|---|---|---|
| 800 | 3347 | 42.06 | 70.2 | 40.0 | 14.6 |
| 1000 | 3014 | 37.84 | 70.1 | 35.9 | 14.0 |
| 1200 | 3000 | 37.80 | 69.8 | 35.9 | 13.4 |
| 1400 | 3133 | 39.22 | 69.7 | 37.3 | 13.2 |
| 1800 | 3454 | 43.25 | 70.1 | 41.1 | 13.0 |

### 4. 不同注采井网对比

从计算结果看，对于完全正对排状井网和交错正对排状井网，井距越短，见水时间越长，水驱效率越大。对于完全交错排状井网，见水时间和水驱效率随着井距增大而减小，但当井距增加到一定程度后，随着井距增加而又增加。同样从开发效果图上看（图 8–10），对于完全正对排状井网和交错正对排状井网，井距越短，开发效果越好。对于完全交错排状井网，开发效果随着井距增大而减小，但当井距增加到一定程度后，随着井距增加而又增加。

从以上对比看，由于采用的井距小，完全正对和交错正对排状井网的采出程度基本接近（图 8–10）。但在同样含水率条件下，完全正对排状井网采收率较高，因此推荐采用完全正对排状井网方式，井距 100m。

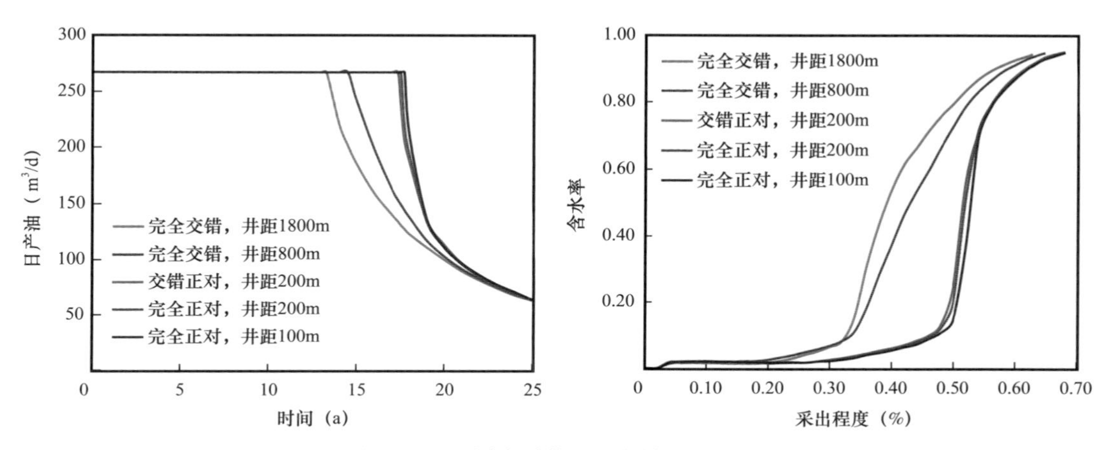


图 8–10　不同注采井网开发效果对比图

### 5. 水平井井段方向

在研究水平井之间的排距前，需要先确定水平井水平段的部署方向，A 点为水平井跟端，B 点为水平井趾端（图 8–11）。根据水平段不同走向，论证了水平段与油田主渗方向平行、垂直和呈 45° 的关系，分别见图 8–11a、图 8–11b、图 8–11c。

从见水时间、波及效率、合同期末采出程度指标看（表 8-8），在水平段与主渗方向呈平行关系到 45° 的区间内，开发效果最好；超过 45° 之后，开发效果将逐渐变差。因此，水平井水平段与地层最大主渗方向呈 45° 为合理方向。

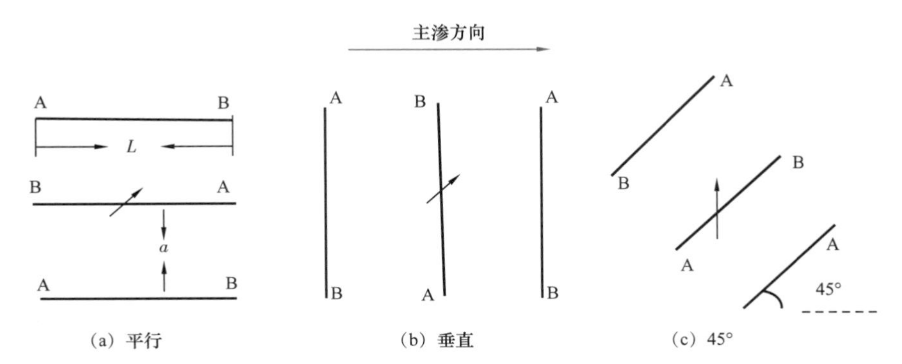


图 8-11　薄层水平井水平段与储层主渗方向关系

*a*—排距，m；*L*—水平段长，m；*A*、*B*—水平段趾、跟端点

**表 8-8　不同水平段方向的见水时间与波及效率**

| 水平段方向 | 见水时间（d） | 波及效率（%） | 合同期地质储量采出程度（%） |
|---|---|---|---|
| 垂直 | 4352 | 59.8 | 33.5 |
| 平行 | 4748 | 65.2 | 37.1 |
| 45° | 4825 | 66.3 | 39.8 |

根据 M-8 井和 M-10H 井测试结果，最大主应力方向为 30°～40°（图 8-12）。根据岩石力学理论最大主渗方向通常与最大主应力方向平行，因此在实际部署中，水平井段与最大主应力合理方向为 45° 左右。

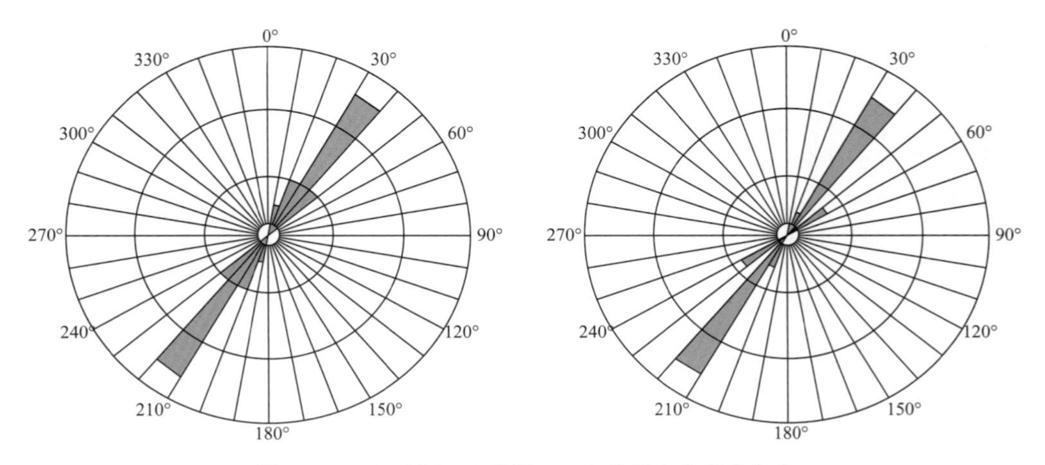


图 8-12　Kh2 层 M-8 井及 M-10 井最大主应力方向

### 6. 水平井井网排距

基于上述研究，水平井井网采用平行正对 100m 井距，水平井与最大主应力方向呈 45° 夹角，在全油藏地质模型基础上对 Kh2 层水平井排距开展优化研究。共设计 200m 排距、300m 排距、400m 排距以及 500m 排距四套方案进行开发效果预测（图 8–13），其布井数分别为 336 口、224 口、168 口和 134 口。各套方案井网控制地质储量保持一致，以保证对比结果具有统一的地质储量基础。

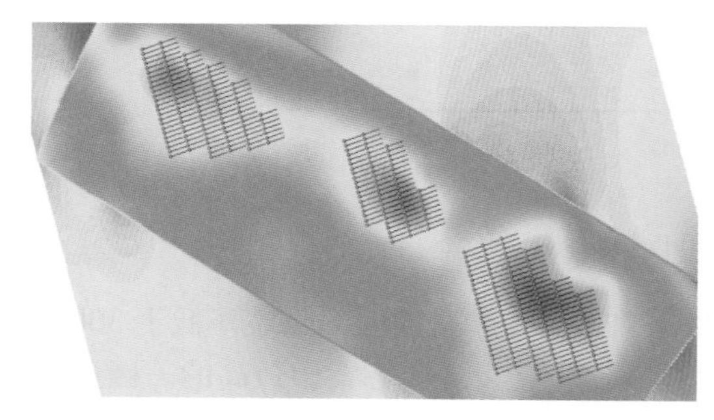

(a) 200m排距井网

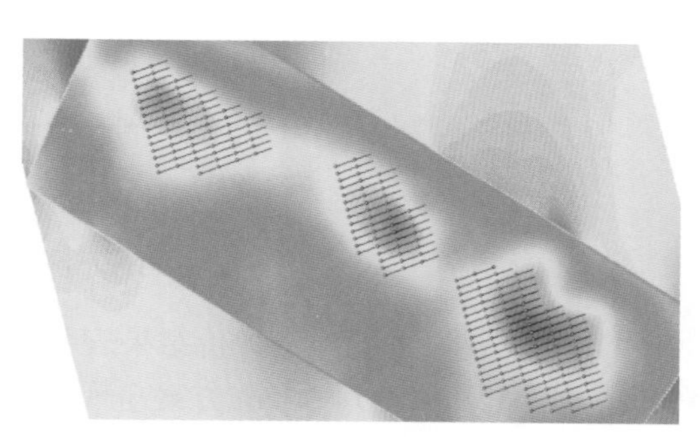

(b) 300m排距井网

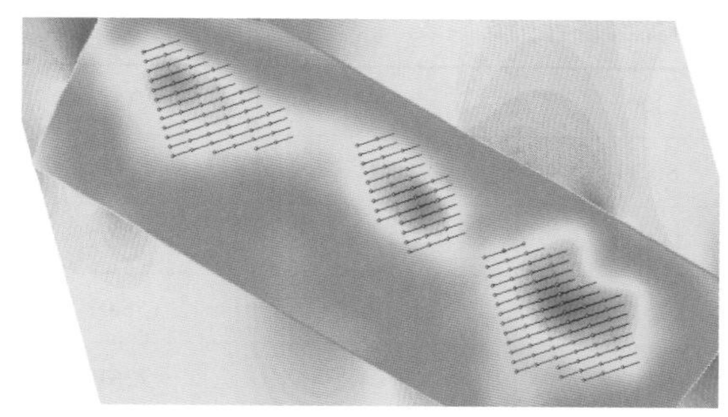

(c) 400m排距井网

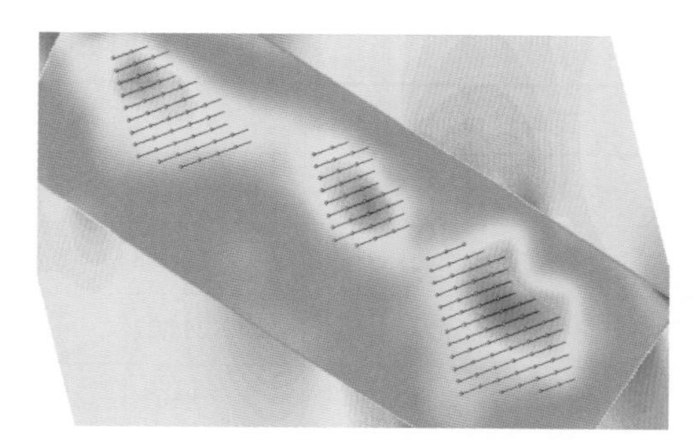

(d) 500m排距井网

图 8–13　艾哈代布油田 Kh2 层不同排距井网部署图

对上述 4 套方案 20 年采出程度及含水率等指标开展了对比，500m 排距方案在采出程度及稳产年限等开发指标上明显低于其他三套方案，不适宜采用 500m 排距井网。200m 排距井网由于排距较小井数较多，开发指标略高于其他方案，但其经济效益将受到影响。虽然 300m 与 400m 井网采出程度较为接近，但 400m 井网井数少，方案稳产能力相对较差，稳产期限仅为 7 年，刚刚满足合同规定要求（表 8–9，图 8–14）。因此若采用 400m 排距井网开发存在无法满足合同要求的风险。

表 8–9　不同排距井网采出程度对比表

| 排距（m） | 200 | 300 | 400 | 500 |
|---|---|---|---|---|
| 井数（口） | 336 | 224 | 168 | 134 |
| 地质储量采出程度（%） | 27.66 | 27.05 | 26.16 | 23.64 |

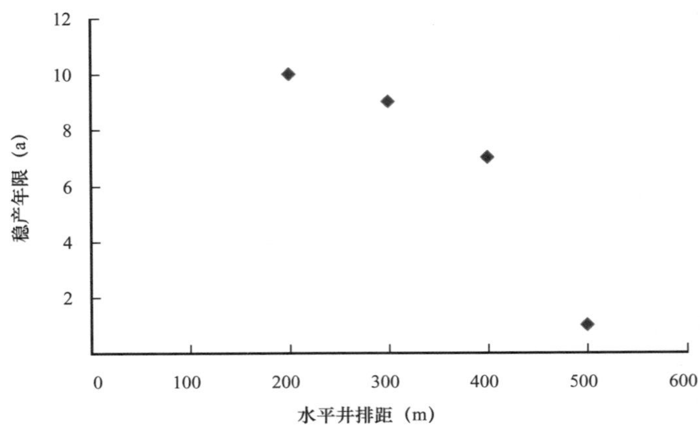


图 8-14　不同排距井网稳产期对比图

4 套不同排距井网经济评价结果表明，200m 和 500m 方案的内部收益率低于 300m 和 400m 方案（表 8-10）。300m 方案净现值、累计净现金流为 4 套方案中最高的。因此综合考虑油藏开发效果及经济评价结果推荐 Kh2 层水平井网排距为 300m。

表 8-10　不同排距井网方案经济评价结果表

| 排距（m） | 200 | 300 | 400 | 500 |
|---|---|---|---|---|
| 钻井投资（亿元） | 120.54 | 80.39 | 60.31 | 48.09 |
| 地面投资（亿元） | 124.68 | 115.44 | 111.37 | 109.92 |
| 总投资（亿元） | 245.22 | 195.83 | 171.68 | 158.01 |
| 合同期累计采油（$10^4$t） | 8507 | 8319 | 8101 | 7261 |
| 内部收益率（%） | 20.60 | 22.00 | 22.20 | 19.70 |
| 净现值（亿元） | 40.99 | 44.09 | 43.95 | 33.12 |
| 累计现金流（亿元） | 231.29 | 223.08 | 215.83 | 194.17 |

## 第三节　水平井早期注水技术政策

充分利用油田自身天然能量进行油田开发，可有效推迟油田能量补充时间，降低油田开发成本提高经济效益。但艾哈代布油田弹性驱采收率为 1.6%～3.6%，其中主力油藏 Kh2 层由于地层饱和压力压差小，导致其弹性采收率为各层最低，仅为 1.6%。一方面在油田开发的过程中出于充分利用天然能量及提高油田采出程度等原因，应保证地层压力接近或略低于泡点压力，避免地层压力下降幅度过低，造成地层大面积脱气；另一方面，资源国伊拉克政府要求在油田开发中地层原油不脱气，也就意味着在开发过程中地层压力不允许降低到泡点压力以下。这也就说明溶解气驱在该油田开发过程中不存在，若依靠天然能量开发，则该油田采出程度仅为弹性驱采收率，难以满足合同对高峰期日产油和稳产期的要求，因此及时注水补充能量成为艾哈代布油田开发的必然选择，采用水平井注水开发是该油田高效合理开发的重要保证。

## 一、合理地层压力保持水平和注水时机

结合合理地层压力保持水平的一般原则，油藏合理地层压力各种界限分别为：（1）不低于饱和压力，或低于饱和压力的4%～5%之内，则该油藏地层压力应要求大于19MPa；（2）高于停喷压力，则该油藏中低含水应要求大于20MPa；（3）苏联经验值要求保持在原始压力的75%以上，则该油藏地层压力应要求大于22MPa。

合理地层压力保持水平的研究是与注水时机研究相结合，设计多套方案进行全油藏数值模拟，通过稳产期、合同期末含水、采出程度等多项指标进行综合评价来确定最优值。

注水开发时机研究核心内容在于以油田开发效果最优为目标，优化天然能量与人工补充能量的相互关系。一方面要充分利用油田天然能量，推迟注水时机提高油田经济效益；另一方面，要及时开展人工注水及时补充地层能量维持油层压力保持在一定水平，保证油井合理产能，提高油田采出程度。

对于主力油层Kh2层水平井网开发层系，共设计了5套方案。

方案1：地层压力为原始地层压力90%时注水；

方案2：地层压力为原始地层压力85%时注水；

方案3：地层压力为原始地层压力80%时注水；

方案4：地层压力为原始地层压力75%时注水；

方案5：地层压力为原始地层压力70%时注水。

首先利用全油藏模型对弹性能开发条件进行预测，从而确定出对应方案1至方案5注水时机对应的注水时间，其中方案1对应注水时间为2012年6月，方案2对应注水时间为2012年9月，方案3对应注水时间为2013年5月，方案4对应注水时间2014年1月，方案5对应注水时间为2014年7月。

主力油藏Kh2层数值模拟结果表明，方案5注水开发效果最差，主要原因为该方案注水时间偏晚，致使其注水前产量出现明显下降，虽然注水后地层压力保持稳定油田产量回升，但其稳产能力受到较大影响，导致其采出程度明显低于其他方案，在同一采出程度条件下含水率明显高于其他方案。

Kh2层合理注水时机应为地层压力为原始地层压力的85%～90%左右，合同期采出程度与稳产期相对较高（图8–15、图8–16）。

## 二、合理注采比

注采比是油田生产情况的重要的指标，合理的注采比可以有效地保持油层压力变化，减缓油田含水上升速度，提高油井产能，及时补充地层能量和地下流体亏空，对油田开发具有重要影响。因此，为了确定合理注采比大小，共设计了三套不同注采比方案。

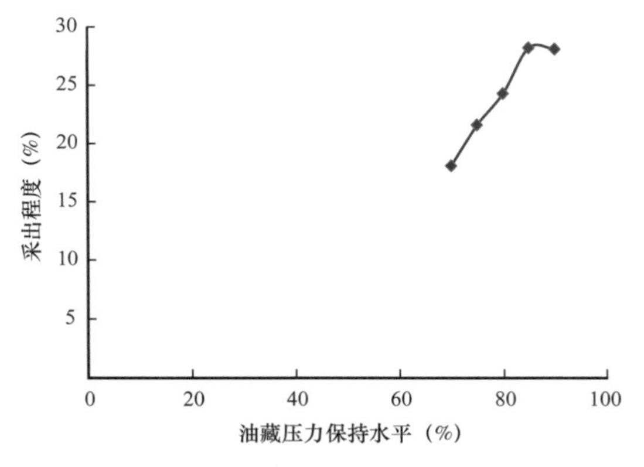


图 8-15　采出程度与油藏压力保持水平关系图

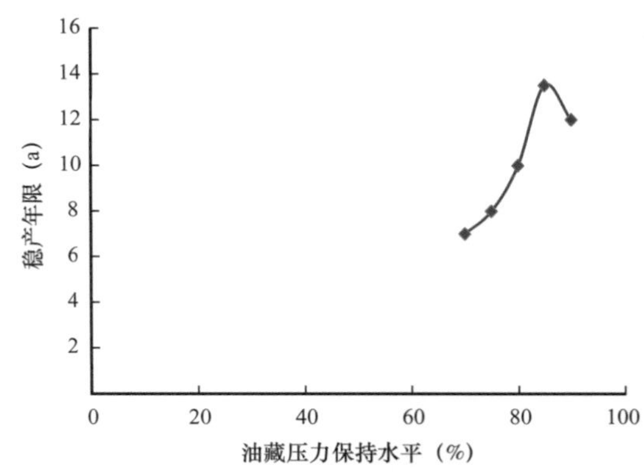


图 8-16　稳产年限与油藏压力保持水平关系图

方案 1：注采比 0.85；

方案 2：注采比 1.0；

方案 3：注采比 1.15。

结果表明方案 2 开发效果最好，方案 1 由于注采比过低，地层压力保持水平较低，导致油井产能下降，油田稳产时间缩短，开发效果变差。方案 3 由于注采比较高，地层压力虽然较高，但由于注水强度过大，油井见水过早，油田含水率较高，导致油井较早的由于含水过高而关井，影响油田最终开发效果。因此合理注采比为 1.0，有助于将地层压力保持在合理水平（图 8-17、图 8-18）。

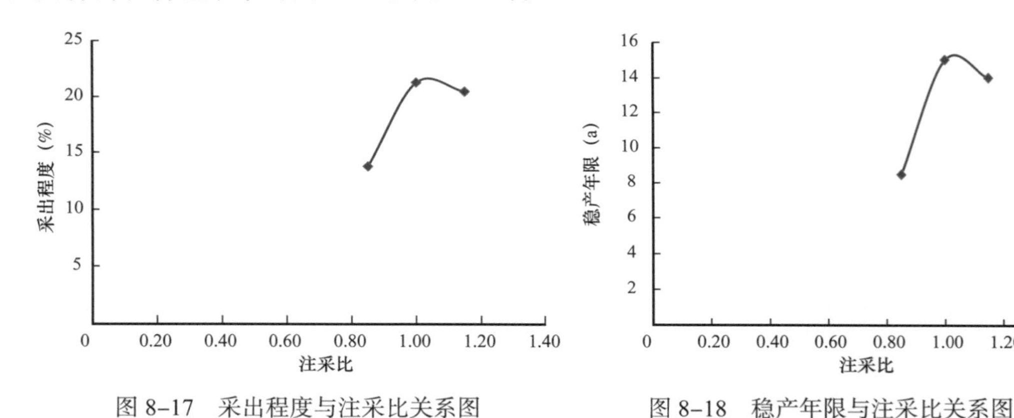


图 8-17　采出程度与注采比关系图

图 8-18　稳产年限与注采比关系图

在实际生产中，注采比 1.0 将作为油田参考值，各井组应根据实际井组采出状况确定合理的注采比，还应该及时检测地层压力、含水变化情况，进行及时调整。

## 三、油水井压力参数

合理生产压差的确定主要考虑能够合理利用地层能量，同时避免水窜并且保证较长时间的稳产要求。利用油藏工程及油井试油结果确定合理生产压差，试油过程中油井生产压差在 4～15MPa，平均为 9.65MPa，各层系井底流压设置在各层泡点压力附近，合理地层压力保持水平维持在85%～90%原始地层压力，合理生产压差为5～8MPa（表8-11）。

表8-11　艾哈代布油田Kh2层合理生产压差

| 测试结果 | | | 计算结果 | | |
|---|---|---|---|---|---|
| 流压（MPa） | 原始地层压力（MPa） | 压差（MPa） | 井底压力（MPa） | 压力保持水平（MPa） | 压差（MPa） |
| 21.00 | 29.10 | 8.10 | 21.03 | 26.19 | 5.17 |

如果井底流压低于饱和压力太多，会引起油井脱气半径扩大，使液体在油层和井筒中流动条件变差，对油井正常生产造成不利影响，因而井底流压应控制在正常合理范围内，保证油井正常生产，达到预期的增产效果。

确定中—高孔低渗透的碳酸盐岩油藏注水压力的原则：

（1）满足一定的注采比，保证注够水；

（2）注水压力不能超过破裂压力0.9倍。

根据Dickie和Williams方法来计算油田注水压力，确定为最大井底注入流压范围为40～48MPa（表8-12）。

表8-12　艾哈代布油田注入压力推荐值

| 层位 | 深度（m） | Dickie方法（MPa） | Williams方法（MPa） | 平均注入压力（MPa） | 注入压力推荐值（MPa） |
|---|---|---|---|---|---|
| Kh2 | 2644 | 47.6 | 43.3 | 45.4 | 40～48 |

# 第四节　水平井生产动态特征

## 一、产量变化规律

根据油田水平井的动静态资料，按照分区分析了水平井的产量化情况，利用Arps递减模型，研究水平井产量递减规律，总结了地层综合因素对水平井产量的影响，搞清水平井产量递减规律和影响因素，为水平井注水开发后的调整提供依据。

主力Kh2油藏水平井产量多呈三段式变化，衰竭式开采和注水初期为指数递减，月度递减率分别为6%～7%、3%～4%，规模注水后为调和递减，递减率减小。早期衰竭式开采阶段，初期产量为1400～3000bbl/d，无水采油，随着油藏压力下降出现产量递减，下电泵后产量增加，部分低压区脱气后产量递减加快，符合指数递减趋势，平均月度递减率为6%～7%。在注水开发初期，由于注采井网不完善，整体油藏能量补充不充足，低压区油井依然脱气生产而产量递减大，符合指数递减趋势，平均月度递减率为3%～4%。在规模注水阶段，油藏压力逐步恢复，早期注水井见到较好的注水效果，气油比逐步控制在原始气油比附近，产量递减由前一阶段的指数递减转变为调和递减，递减率减小，1区平均月度递减率为 1.1%，2 区平均月度递减率为 –0.5%，4 区平均月度递减率为 0.7%（图 8–19 至图 8–21）。

通过单井产量变化规律分析，结合静动态资料来看：早期衰竭式开采阶段的产量主要取决于水平井钻遇油层位置，物性较好的部位穿层越多，单井初期产能越高；注水开发初期，受储层不同地质因素的影响，边底水能量较强的井组，油藏压力要高300～500psi，能量较弱的井组基本接近泡点压力开采，前者产量稳定且递减缓慢，后者产量递减较大，也存在个别井组因含水快速突破而产量递减非常大；规模注水阶段，受井轨迹穿高渗层、高黏流体以及裂缝断裂区域等因素影响，注水见效存在比较明显差异，在整体油田稳油控水的策略下，单井产液量基本保持稳定，含水上升较快的井组，产量依然呈递减趋势，含水后期缓慢上升的油井，递减率较小。

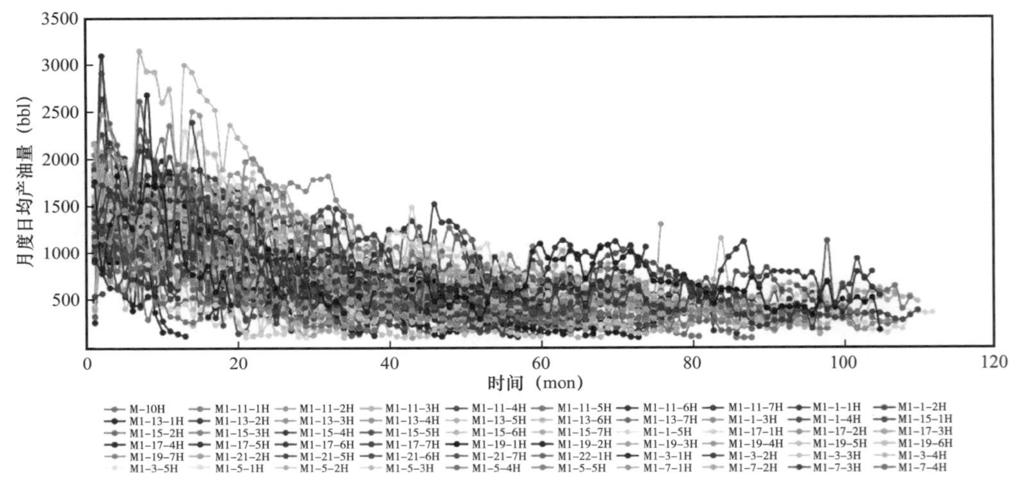


图 8–19 1 井区单井产量递减曲线

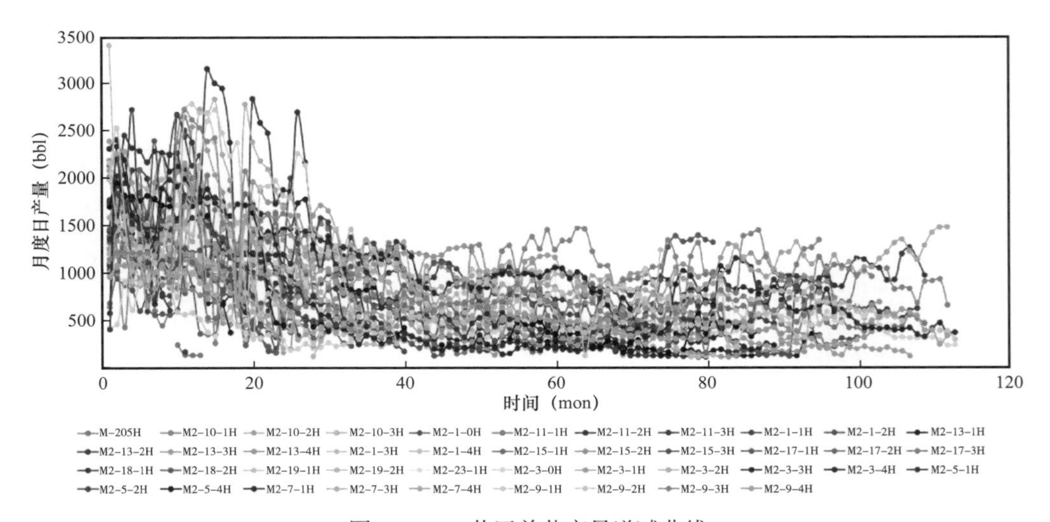


图 8–20 2 井区单井产量递减曲线

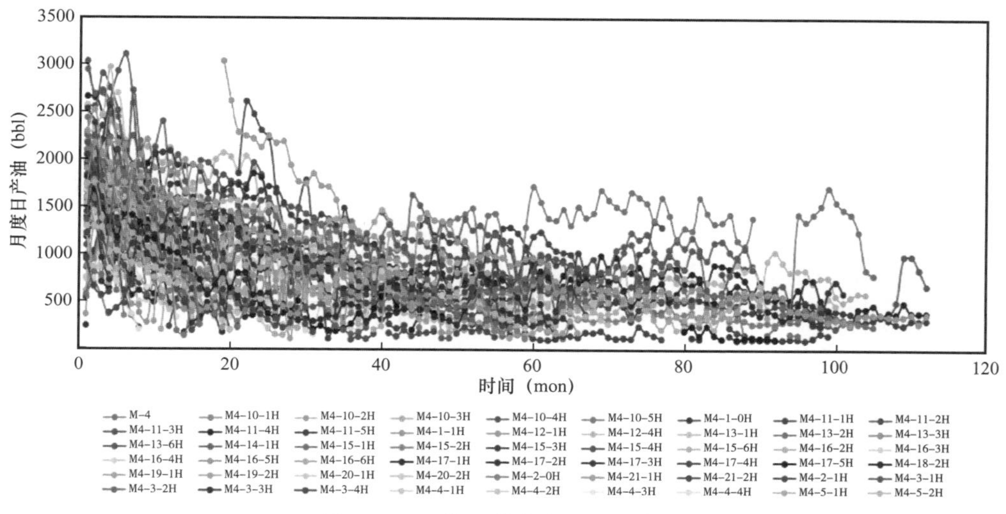


图 8-21　4 井区单井产量递减曲线

## 二、出水机理及含水上升规律

水平井出水问题是水平井开采过程中普遍存在的问题，一旦地层水或注入水突破到水平井，将引起水平井含水率迅速上升，研究水平井的出水机理、含水上升规律以及主控因素可以对后续开发技术政策的调整提供借鉴。按照含水与采出程度变化曲线的斜率与形态，将水平生产井进行了含水上升类型分类（图 8-22），分为含水缓慢上升型、含水突窜上升型和含水快速上升型。

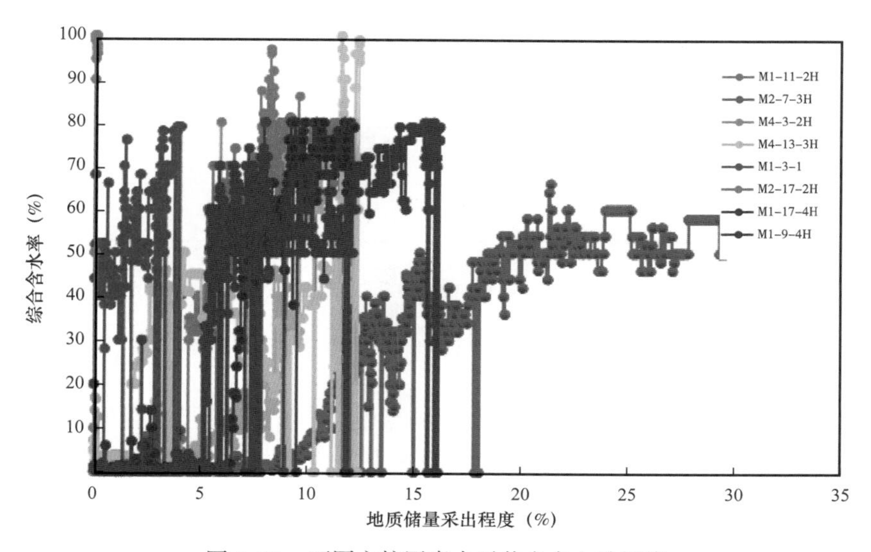


图 8-22　不同主控因素水平井含水上升规律

第 1 类井：含水缓慢上升型，较长无水采油期和无水采收率。含水 0%～25%，含水上升同时，液量递减，产量快速递减；含水 25%～40%，含水上升同时，液量增加，产量出现回升；含水 40%～80%，含水上升速度减缓，液量趋于稳定，产量递减相对较缓。

第 2 类井：含水快速上升型。含水 0%～55%，含水上升同时，液量增加，产量出现回升；含水稳定在 55% 水平，液量趋于稳定，产量趋于稳定；含水 55%～80%，含水上升加快，液量稳定，产量递减较快。

第 3 类井：含水突窜上升型，无水采收率和无水累计产油较低。注水突破，含水快速上升，最后稳定在 55% 水平，产量仍在低位稳定；含水 55%～80%，提液，含水上升加快，提液初期产量迅速回升，后开始递减。

在进入高含水初期，第 2 类和第 3 类中部分油井的含水上升规律出现差异，一部分油井含水持续快速上升或突窜至高含水末期，部分油井含水呈缓慢上升趋势。因此，在前述 3 类含水上升类型上，增加了两种含水类型。

统计 1 井区、2 井区和 4 井区 152 口水平井（表 8–13），含水缓慢上升型油井 35 口，比例为 23.0%；快速水淹 + 高含水缓慢上升型油井 36 口，比例为 23.7%；快速水淹 + 含水快速上升型油井 28 口，比例为 18.4%；突窜水淹 + 高含水缓慢上升型 48 口，比例为 31.6%；暴型水淹 + 高含水快速上升型 5 口，比例为 3.3%。按照开发效果分类原则，含水上升类型和开发效果关系如表 8–14 所示。

**表 8–13　水平井含水上升类型分类统计**

| 分区 | 含水缓慢上升型（口） | 快速水淹 + 高含水缓慢上升型（口） | 快速水淹 + 含水快速上升型（口） | 突窜水淹 + 高含水缓慢上升型（口） | 暴型水淹 + 高含水快速上升型（口） | 总计（口） |
|---|---|---|---|---|---|---|
| 1 | 6 | 17 | 11 | 34 |  | 68 |
| 2 | 13 | 9 | 4 | 11 | 1 | 38 |
| 4 | 16 | 10 | 13 | 3 | 4 | 46 |
| 总计 | 35 | 36 | 28 | 48 | 5 | 152 |
| 比例（%） | 23.0 | 23.7 | 18.4 | 31.6 | 3.3 | 100 |

各类井的水驱机理及产生原因如表 8–14 所示。不同含水上升类型井具有不同的动态特征与水驱油机理，钻井轨迹与高渗层的位置匹配关系是主要影响因素之一，影响含水上升快慢、剩余油分布及水驱油效率等。

主力层水平井含水快速上升受多种因素的影响，其中高渗层是目前影响注水快速上升的最主要因素，导致油井过早见水、含水快速上升。2 井区及 4 井区的部分钻井液漏失井衰竭期间或注水后迅速高含水，1 井区部分区域存在高黏流体对产量及注水有较大的影响。注采井垂向距离小，部分同层注采，生产井主要在高渗层附近，注水井在 Kh2–3 层，注采井平均垂向距离小于 10m，导致采油井过早水淹、含水上升快，同时存在大量剩余油无法驱替出来。$K_v/K_h$ 较大，平均 0.5 以上，高 $K_v/K_h$ 不利于注水开发。15 个全直径岩心分析，$K_v/K_h$ 最大值为 0.823，最小值为 0.182，平均值为 0.584；试井解释一半井 $K_v/K_h$

表 8-14 不同含水上升类型井动态特征与水驱油机理

| 含水上升类型 | 含水上升类型图版 | 生产特征类型 | 生产特征描述 | 水驱机理 |
| --- | --- | --- | --- | --- |
| 含水缓慢上升型 | 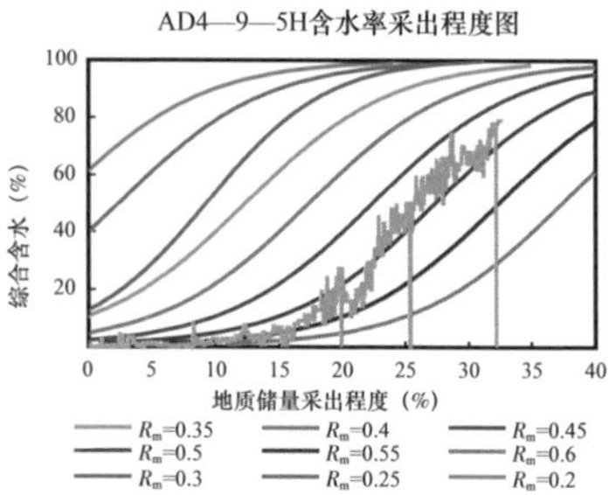 AD4—9—5H含水率采出程度图<br>综合含水（%）：100 80 60 40 20<br>0 5 10 15 20 25 30 35 40<br>地质储量采出程度（%）<br>$R_m$=0.35 $R_m$=0.4 $R_m$=0.45<br>$R_m$=0.5 $R_m$=0.55 $R_m$=0.6<br>$R_m$=0.3 $R_m$=0.25 $R_m$=0.2 | 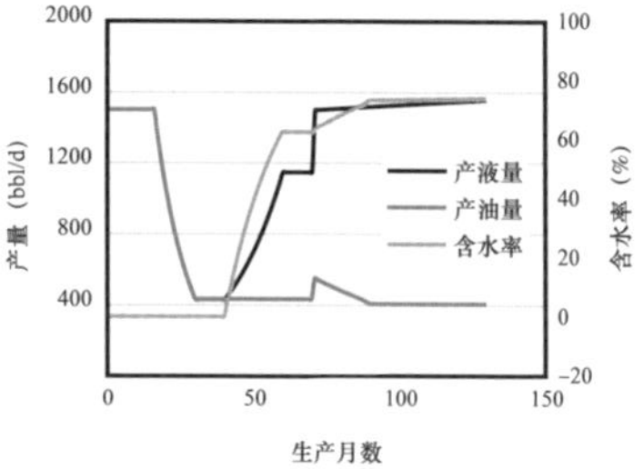 产量（bbl/d）：2000 1600 1200 800 400<br>含水率（%）：100 80 60 40 20 0 −20<br>0 50 100 150<br>生产月数<br>产液量 产油量 含水率 | （1）较长无水采油期和无水采收率；<br>（2）含水 0%～25%，含水上升时，液量递减，产量快速递减；<br>（3）含水 25%～40%，含水上升同时，液量增加，产量出现回升；<br>（4）40%～80%，含水上升速度减缓，液量趋于稳定，产量递减相对较慢 | 采油井轨迹避开高渗层，避免注入水与井筒通过高渗层，先进入注采井间的低渗层再进入井筒，降低了水线推进速度，延缓注水突破时间和含水上升速度，既可动用 Kh2-1-1 部位储量，也有利于 Kh2-2 和 Kh2-3 层的动用，注水效果好 |
| 快速水淹＋高含水缓慢上升型 | 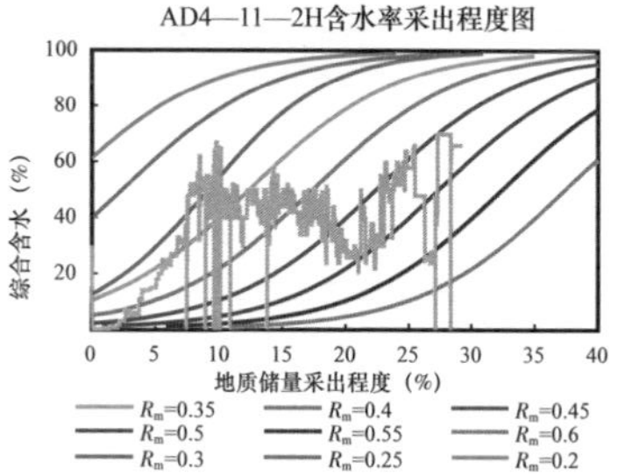 AD4—11—2H含水率采出程度图<br>综合含水（%）：100 80 60 40 20<br>0 5 10 15 20 25 30 35 40<br>地质储量采出程度（%）<br>$R_m$=0.35 $R_m$=0.4 $R_m$=0.45<br>$R_m$=0.5 $R_m$=0.55 $R_m$=0.6<br>$R_m$=0.3 $R_m$=0.25 $R_m$=0.2 | 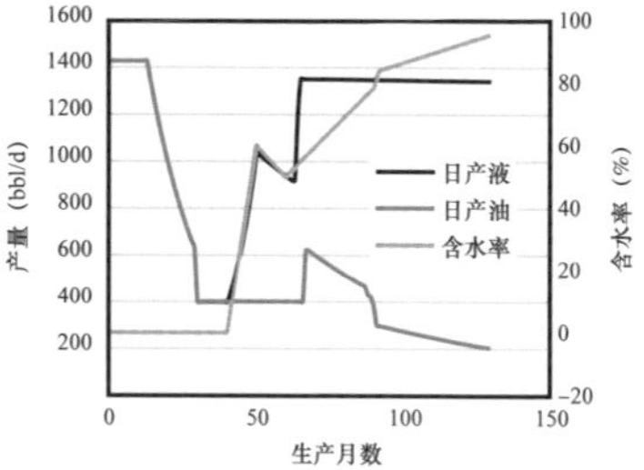 产量（bbl/d）：1600 1400 1200 1000 800 600 400 200<br>含水率（%）：100 80 60 40 20 0 −20<br>0 50 100 150<br>生产月数<br>日产液 日产油 含水率 | （1）含水 0%～50%，含水上升，液量增加，产量出现回升；<br>（2）含水稳定在 50%～80% 左右，液量趋于稳定，产量趋于稳定 | 采油井轨迹多在高渗层附近，或部分穿过高渗层，导致见水早，沿着主流优势通道见水后含水上升速度快，注入水逐步分流至其他区域，动用其他低渗层位剩余油，注水见到一定效果 |
| 快速水淹＋含水快速上升型 | 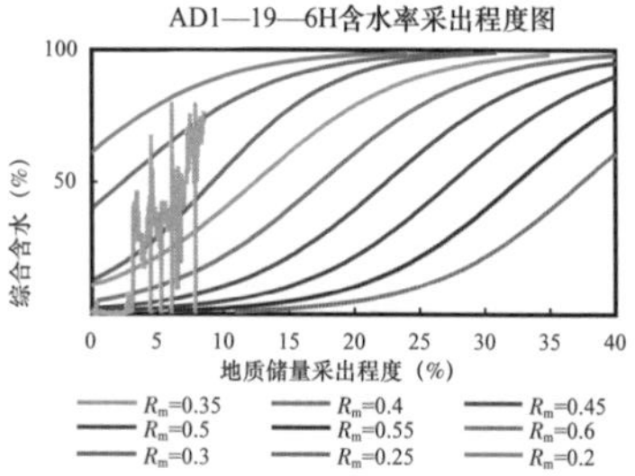 AD1—19—6H含水率采出程度图<br>综合含水（%）：100 50<br>0 5 10 15 20 25 30 35 40<br>地质储量采出程度（%）<br>$R_m$=0.35 $R_m$=0.4 $R_m$=0.45<br>$R_m$=0.5 $R_m$=0.55 $R_m$=0.6<br>$R_m$=0.3 $R_m$=0.25 $R_m$=0.2 | 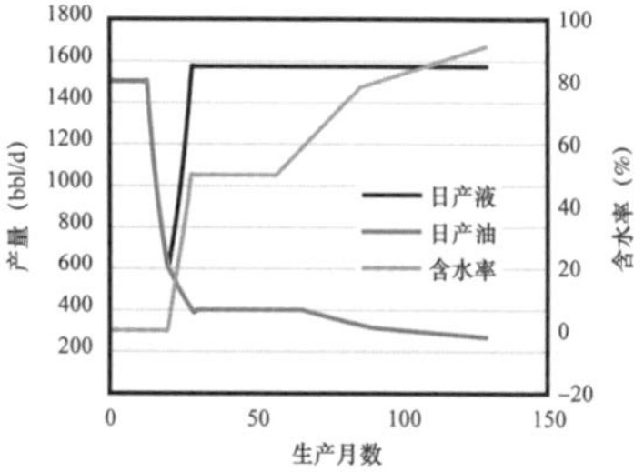 产量（bbl/d）：1800 1600 1400 1200 1000 800 600 400 200<br>含水率（%）：100 80 60 40 20 0 −20<br>0 50 100 150<br>生产月数<br>日产液 日产油 含水率 | （1）含水 0%～40%，含水快速上升，液量先下降后略有恢复；<br>（2）含水 40% 以后持续上升，液量上升，油量持续下降 | 采油井轨迹多在高黏油、断裂＋高渗层附近，导致见水快，地层水或注入水沿优势通道持续进入井筒，含水持续快速上升，大量剩余油滞留，注水效果较差 |

续表

| 含水上升类型 | 含水上升类型图版 | 生产特征类型 | 生产特征描述 | 水驱机理 |
|---|---|---|---|---|
| 突窜水淹＋高含水缓慢上升型 | 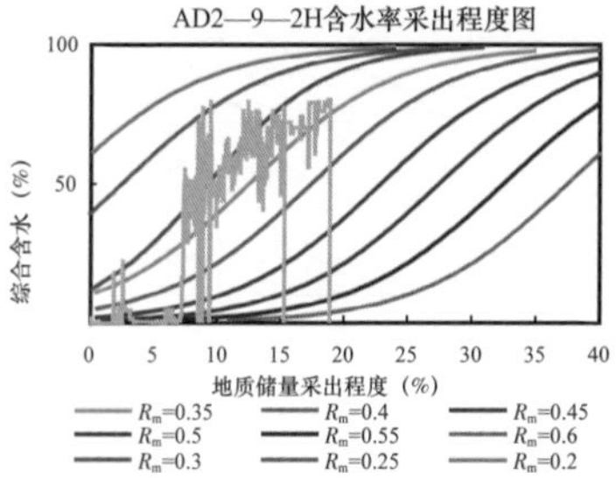 AD2—9—2H含水率采出程度图 | 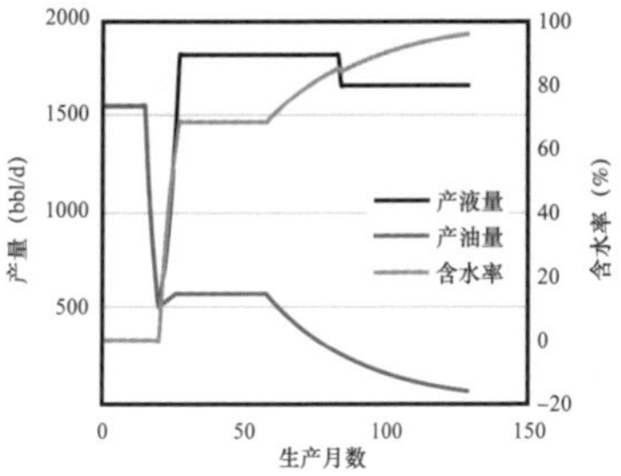  | （1）无水采收率和累计产油较低；<br>（2）注水快速突破，含水快速上升，稳定在60%以上，产量较为稳定；<br>（3）含水60%～80%，含水缓慢上升，产量有小幅度递减 | 多在高渗层或高渗层附近，较多井段长度与高渗层接近或部分穿过，先呈点状水淹，后逐步过渡至多点状水淹 |
| 暴型水淹＋高含水快速上升型 | 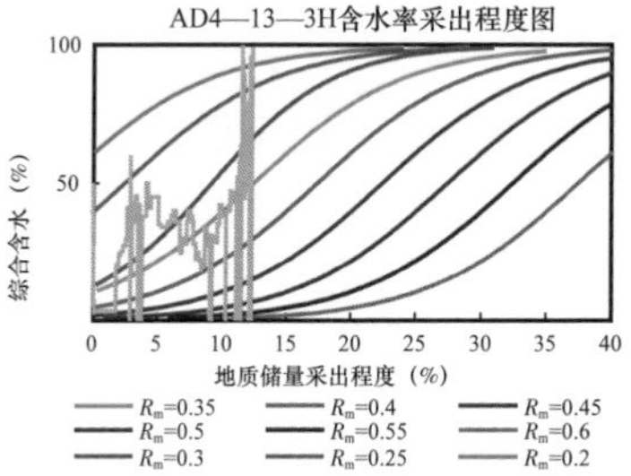 AD4—13—3H含水率采出程度图 | 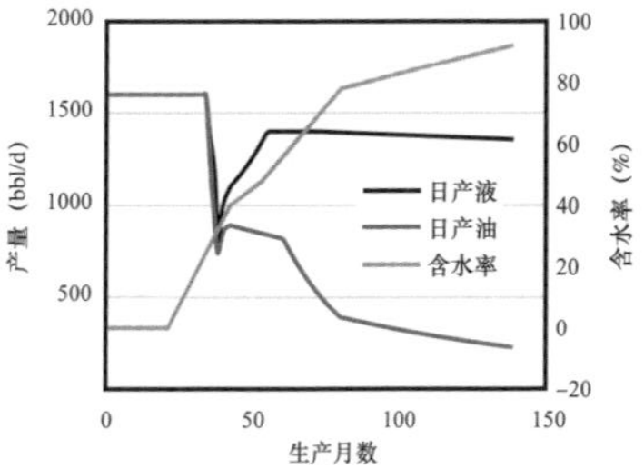  | （1）无水采收率和累计产油较低；<br>（2）注水快速突破，含水快速上升，稳定在50%左右，产量递减较大；<br>（3）含水50%～80%，含水上升加快，产量或回升或没有产量，后递减加大 | 裂缝发育区域，与地层水或注入水快速沟通，形成强的水流优势通道，通常为局部点状见水 |

在 0.5 以上，1、4 井区 $K_v/K_h$ 较大，2 井区较小；$K_v/K_h$ 较大是导致目前开发效果较差的主要原因之一，$K_v/K_h$ 较大会导致注入水快速垂向流动至高渗层，从而沿高渗层快速突破至采油井。水平井有效生产长度有限影响注采效果、水平井轨迹及油藏非均质性。试井解释水平井平均有效长度仅 250m 左右，2、4 井区较均匀，注采井长度较一致。1 井区由于高黏油影响导致部分井注水井有效长度低于 100m，是开发效果较差原因之一。主要生产层位或注水层位，井钻遇 Kh2-2 中下部开发效果好于钻遇 Kh2-1-2L 高渗层及附近（Kh2-1-2U 及 Kh2-2 顶部）。上述各种因素都会影响油井含水上升规律，具体如图 8-23 所示。

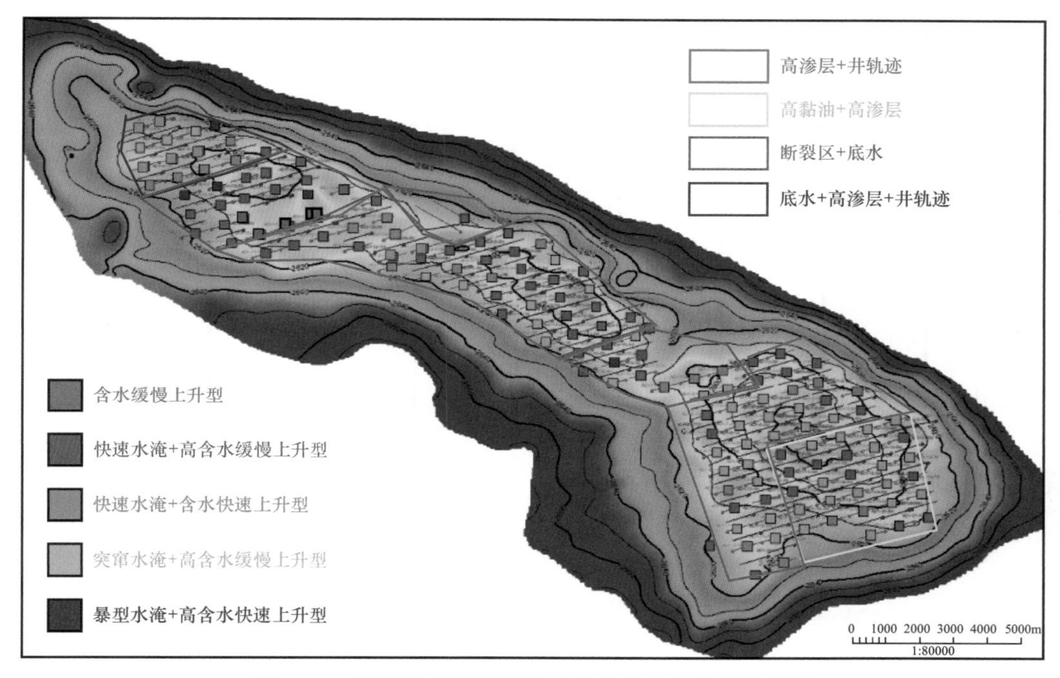


图 8-23　不同主控因素下的油井含水上升类型分布图

## 三、影响注水效果的主控因素

### 1. 高渗层影响注水开发导致含水上升较快

Kh2 储层的非均质性导致纵向渗透率级差大，在注水时注入水易沿着连通好、渗透率高地层迅速“突进”，使注入水很快进入生产井，从而生产井含水率迅速提高。为落实井间连通状况及注入水主要推进方向和速度，开展了注水井及其邻井示踪剂试验，M-205H 注水剖面结果证实，高渗层是吸水及产液剖面的优势贡献段（图 8-24a），注入水主要沿正对采油井方向驱替（图 8-24b），在强注水情况下，最快约 2 个月注水突破（图 8-24c）。根据 PNN 和新井电阻率监测发现，注水后高渗层含水饱和度明显增加，在注水井附近的新钻过路井电阻率明显降低（图 8-25），说明高渗层采出程度高、水淹程度高，导致部分井组单井无水采油期短，见水早，含水上升过快。

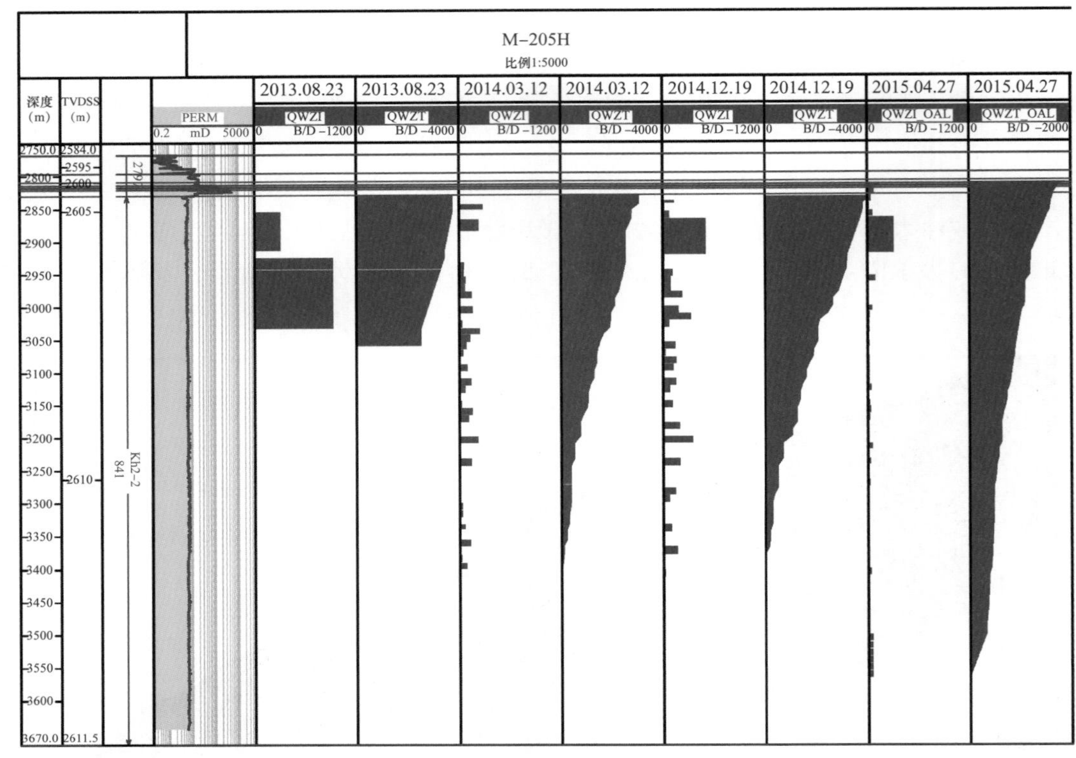


(a) M-205H吸水剖面

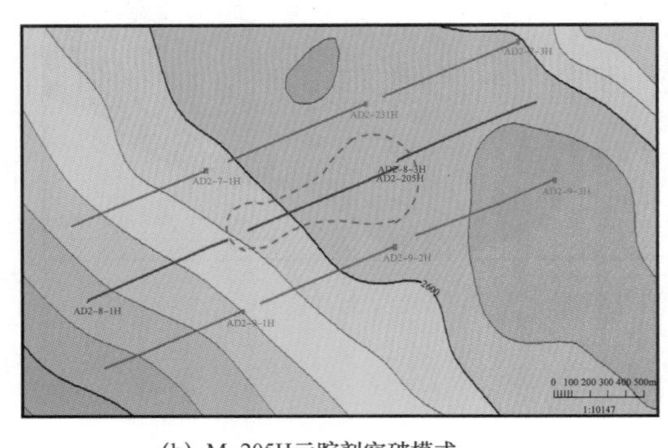


(b) M-205H示踪剂突破模式

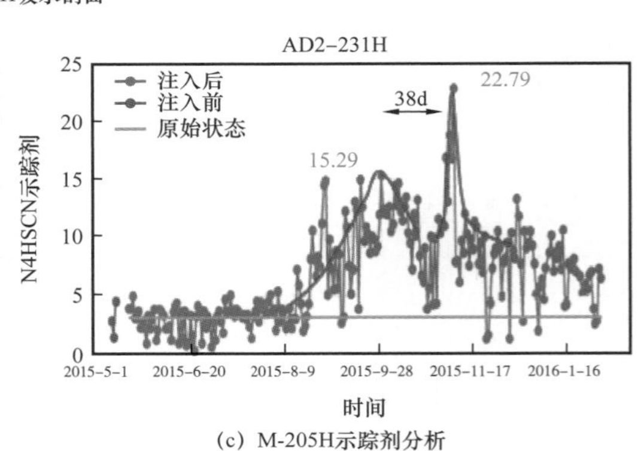


(c) M-205H示踪剂分析

图 8-24　M-205H 井示踪剂实验结果

注入水优先进入亮晶砂屑灰岩高渗透层，通过该层窜入油井，使油井见水较早。注入水进入亮晶砂屑灰岩的“有利”条件有：（1）较高的垂向非均质性；（2）储层较薄（平均厚度约 20m）；（3）垂向渗透率较高（为水平渗透率的 0.4 倍）。注入水进入高渗层后发生窜流的根本原因是砂屑灰岩高渗透层的非均质性。主要水流通道为注入水沿水井的 Kh2-3 纵向进入 Kh2-2 到高渗层后平面运移水淹生产井；次要水流通道为沿 Kh2-3 平面运移至油井下部再纵向上运移至油井高渗层部位，注水井附近水淹程度略高（图 8-26）。

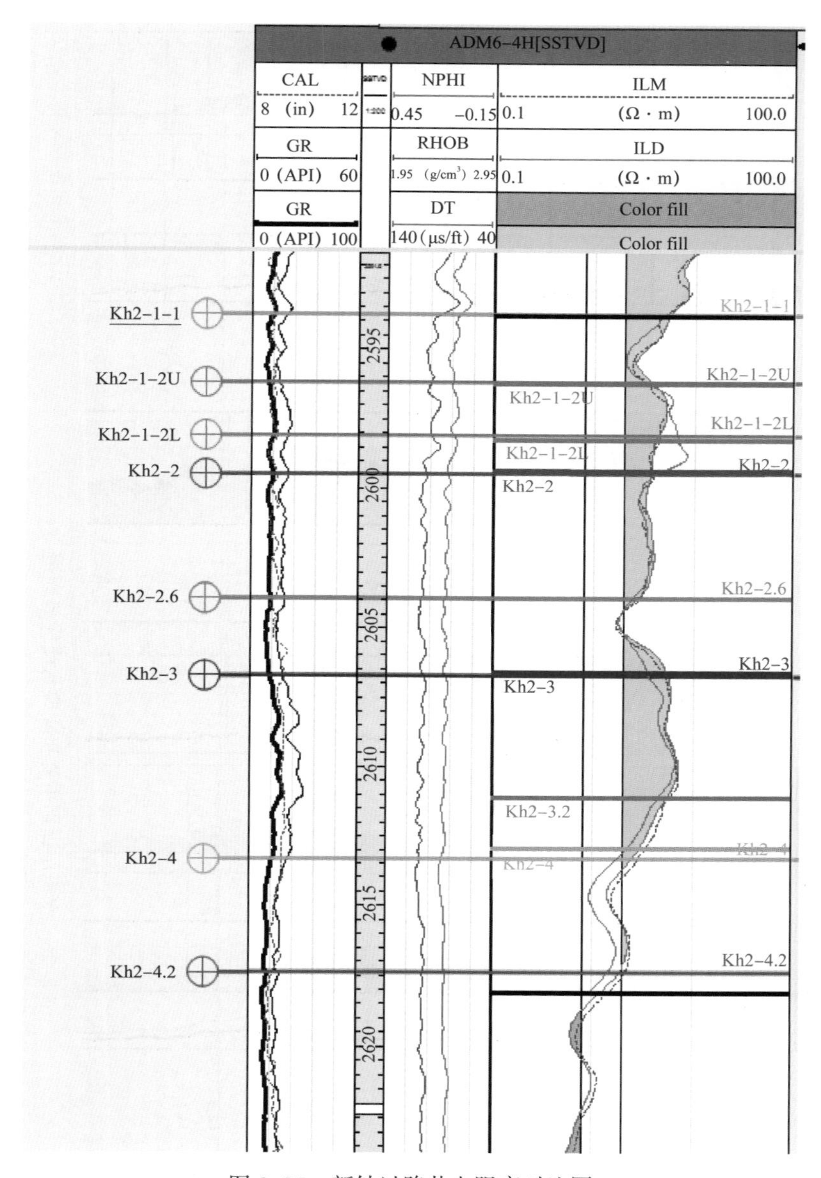


图 8-25　新钻过路井电阻率对比图

建立典型井组模型，将亮晶砂屑灰岩高渗层渗透率调整为动态渗透率，垂向渗透率与水平渗透率之比为 0.6，进行注采模拟和预测。模拟结果表明：层厚度较薄，而高渗层与注水井之间的储层（生屑灰岩、绿藻灰岩）因本身具有一定的渗流能力，对水的阻隔作用有限；注入水首先快速到达亮晶砂屑灰岩高渗层，并沿该层向两边注水井突破，在注入 2 年左右，注入井注入水同时也沿水平方向突进至生产井下部，形成次要水流通道，形成“工”字形水淹模式，如图 8-27 所示。同时，不同油井井轨迹与高渗层等匹配关系不同，同时也受其他因素的影响，因此含水上升规律在进入高含水阶段呈现不同规律，单井开发效果上也存在一定差异。

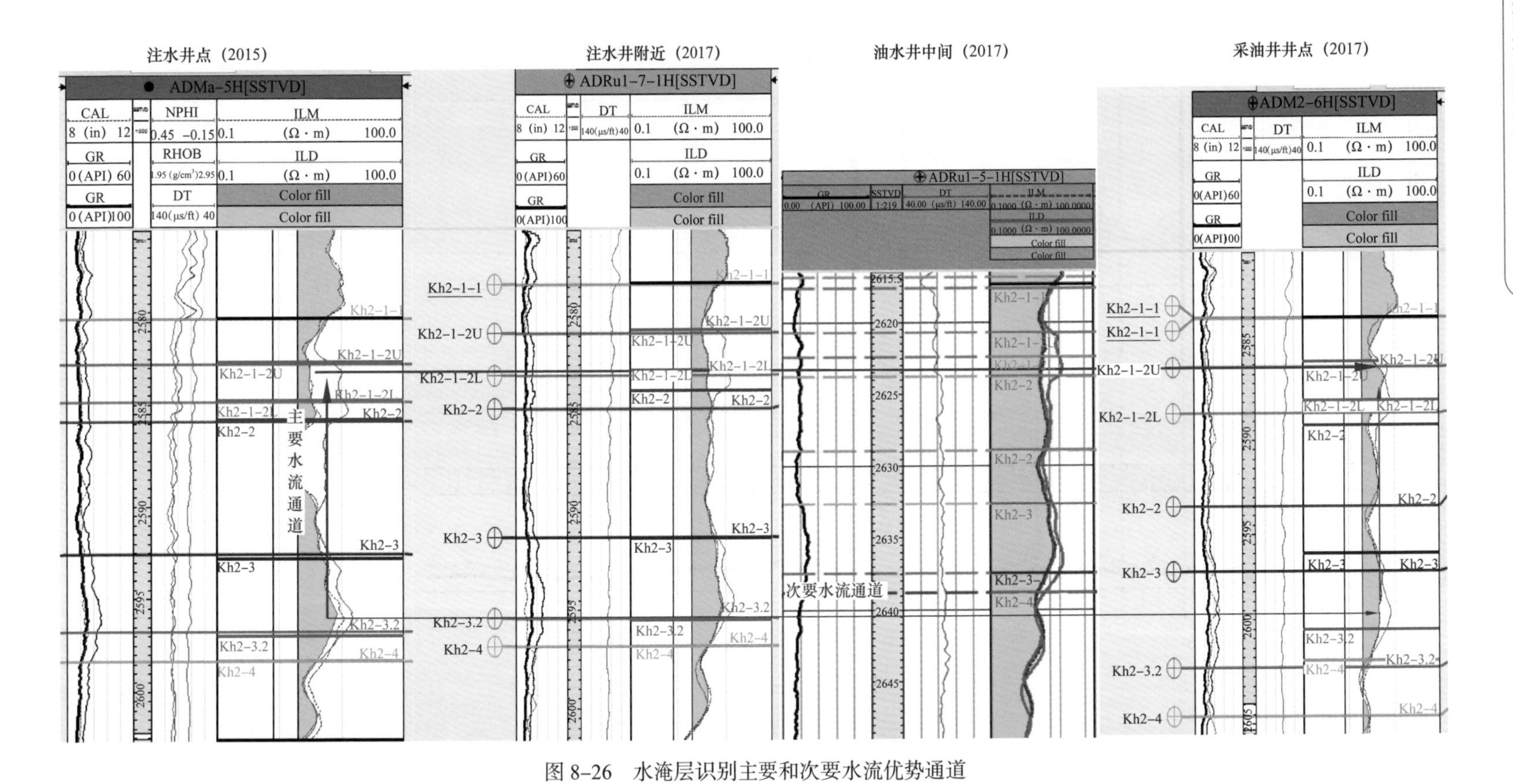


图 8-26　水淹层识别主要和次要水流优势通道

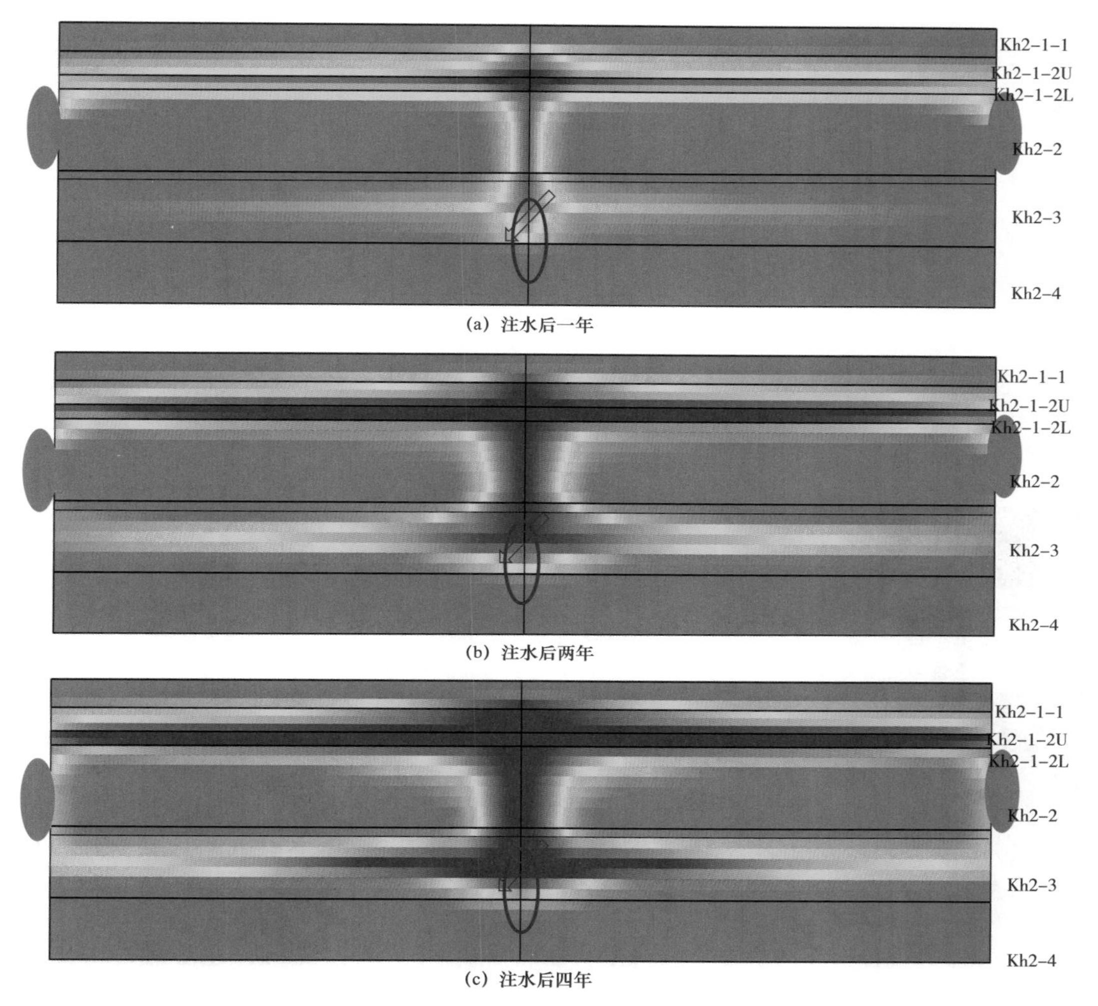


(a) 注水后一年

(b) 注水后两年

(c) 注水后四年

图 8-27 水流优势通道和剩余油分布模拟

### 2. 高黏油

高黏流体对生产有较大影响，以典型的注水井排1区18排为例（图8-28、图8-29），该井排的井总体表现差，未投活、投活后低产或者投产后很短时间内快速见水，且后期转注后，注水量也难以满足配注要求。

### 3. 断层—裂缝带

工区内受构造挤压作用相对弱，但产生了一定量走滑断裂、裂缝带和与之相关的地震异常体。这些区域钻井常有钻井液漏失或生产井含水快速上升现象，限制受控区域高效开发（图8-30）。

断层—裂缝带部分井开井即水淹，或者开井后迅速见水。以4区断层—裂缝带周围的几口井为例。M4-12-3H开井不久后即水淹，未投活。4-12-4H开井1年左右后快速水淹，4-13-3H开井后含水率即达40%左右（图8-31）。

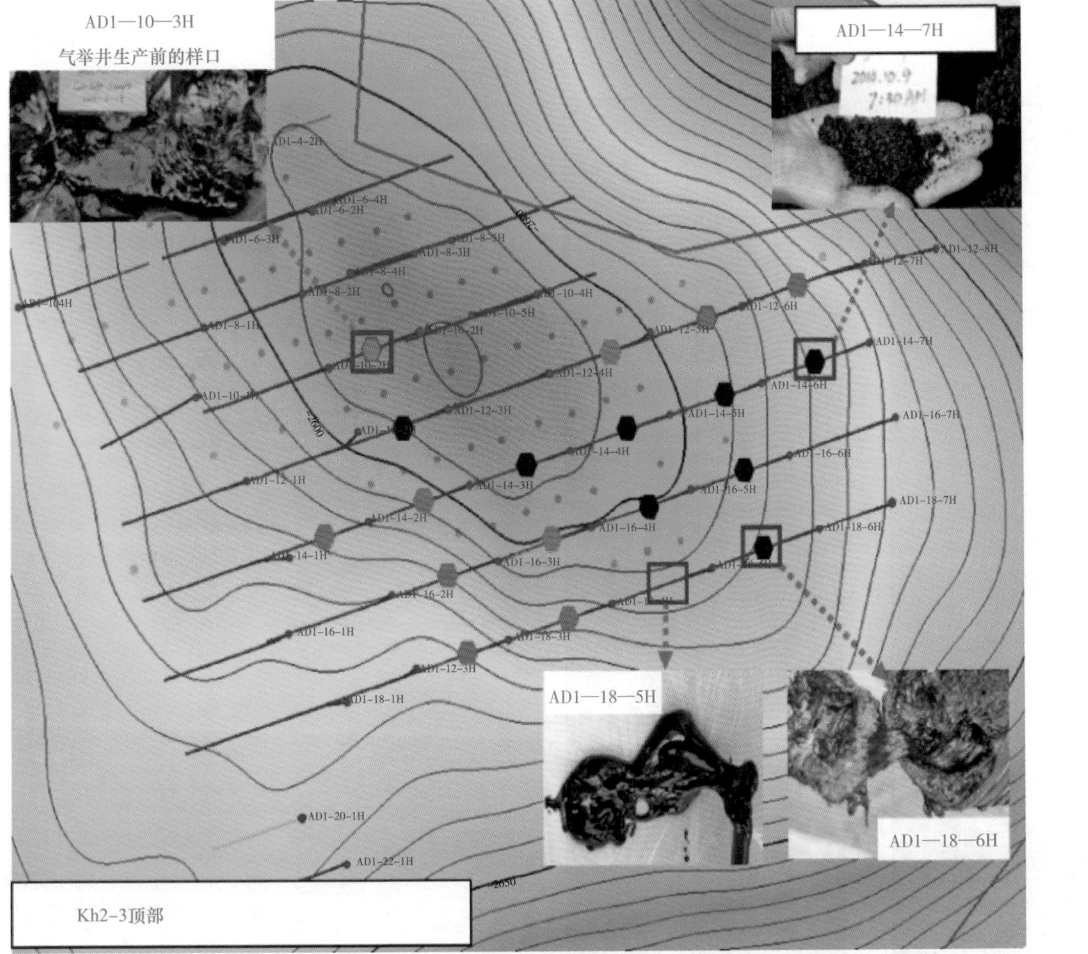


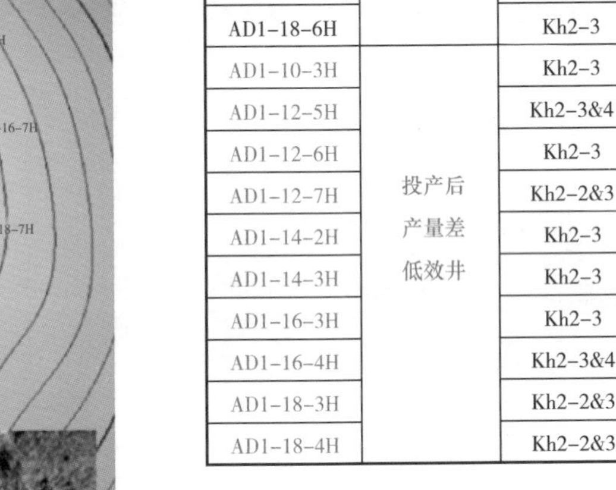

| 井号 | 异常表现 | 井轨迹 |
|---|---|---|
| AD1-12-3H | 投产后不能正常生产井 | Kh2-3 |
| AD1-14-4H | | Kh2-3&4 |
| AD1-14-5H | | Kh2-3&4 |
| AD1-14-6H | | Kh2-3 |
| AD1-14-7H | | Kh2-3&4 |
| AD1-16-5H | | Kh2-3&4 |
| AD1-16-6H | | Kh2-3&4 |
| AD1-18-6H | | Kh2-3 |
| AD1-10-3H | 投产后产量差低效井 | Kh2-3 |
| AD1-12-5H | | Kh2-3&4 |
| AD1-12-6H | | Kh2-3 |
| AD1-12-7H | | Kh2-2&3 |
| AD1-14-2H | | Kh2-3 |
| AD1-14-3H | | Kh2-3 |
| AD1-16-3H | | Kh2-3 |
| AD1-16-4H | | Kh2-3&4 |
| AD1-18-3H | | Kh2-2&3 |
| AD1-18-4H | | Kh2-2&3 |

取样井

投产后不能正常生产井

投产后产量差低效井

图 8-28　实钻高黏流体井分布、井轨迹及生产特征统计

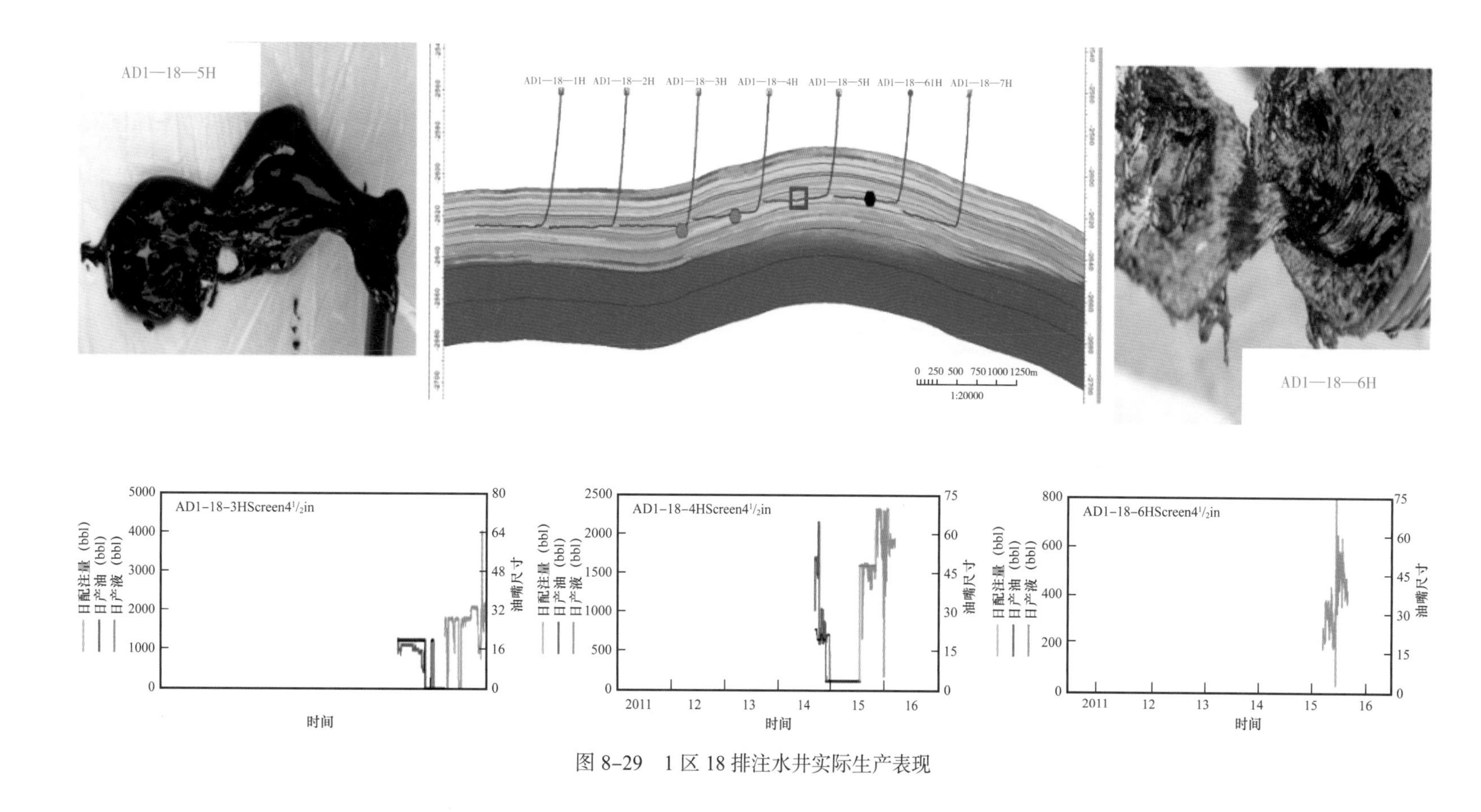


图 8-29 1 区 18 排注水井实际生产表现

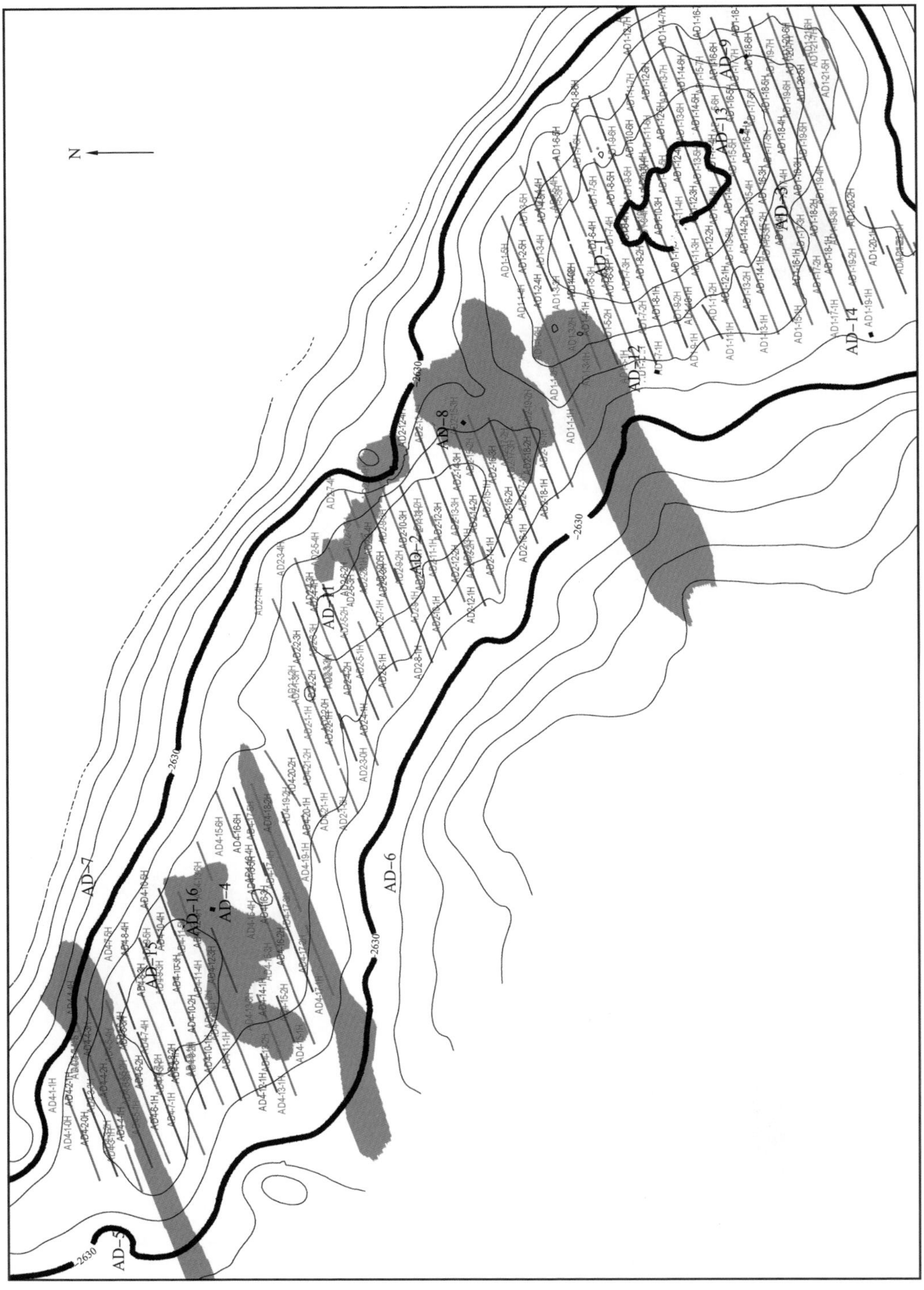

图 8-30 Khasib 组断层—裂缝带平面分布图

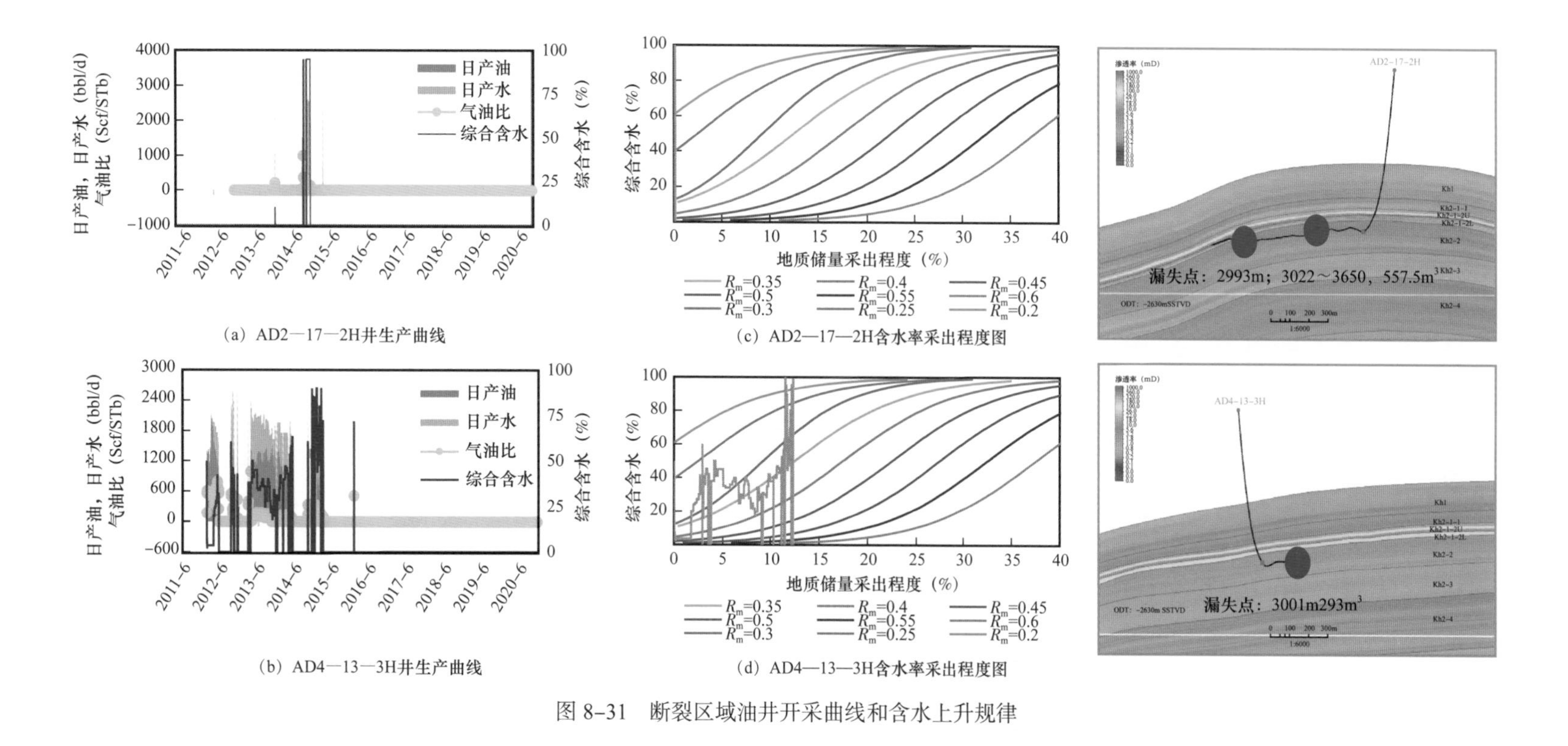


图 8-31　断裂区域油井开采曲线和含水上升规律

# 第五节　调整阶段开发技术对策

## 一、注水开发技术政策

该油田的主力油藏目前井网已经完善，正处于由“注够水”到“注好水”的过渡阶段，要在有效注水补充地层能量的同时，遏制或减缓油井含水上升速度。实施调整要以保障油田压力恢复、油井的产液能力平稳或提升为前提，控制含水上升速度。

由于早期注水地面建设等因素，实际油田规模注水时机滞后于方案设计，同时经过生产实践检验，油井流压控制在泡点压力 80% 以上，基本可以保证不脱气生产，在后续的注采参数优化中，提出压力恢复阶段合理注采比为 1.20 左右，按照每年 100～150psi 恢复速度来恢复至合理压力油藏（3400psi）。要求按照主控因素 + 压力分区（图 8-32），

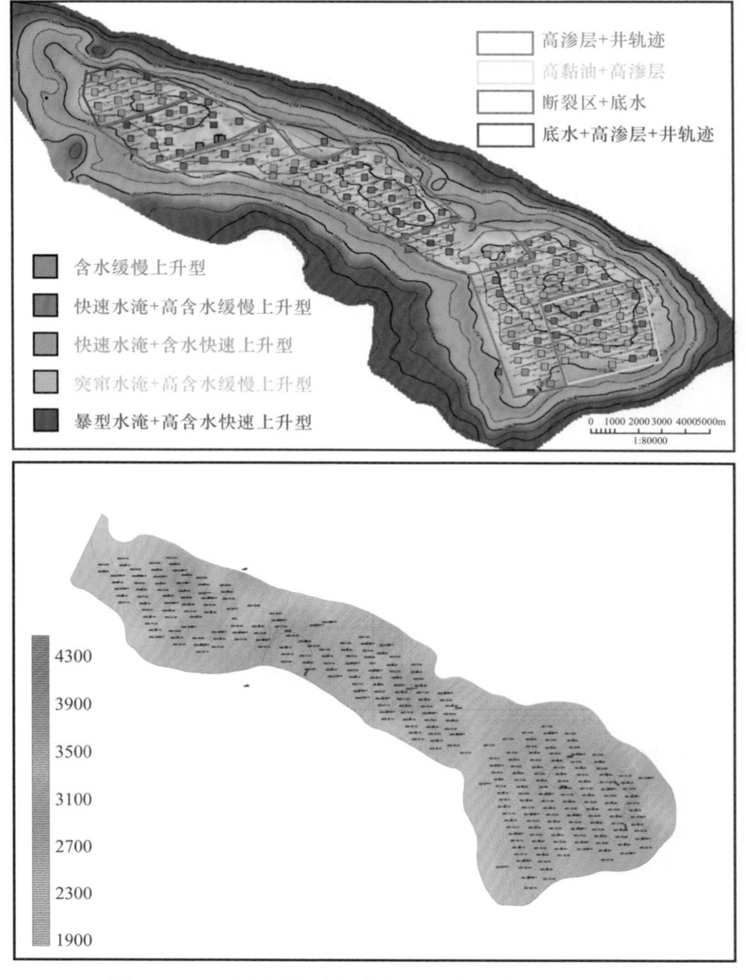


图 8-32　不同主控因素分类和目前油藏压力分布图

并按照以下四项原则进行注水量配注：（1）以单井井组为标准调整；（2）以排状井组为标准调整；（3）以前后排井组为标准调整；（4）1、2、4井区整体为标准调整。配注时需要考虑主控因素、目前地层压力、流压稳定情况、含水及含水变化规律、注采比、注入量大小等一系列参数影响。从技术方面分三步走：（1）在现有流线条件下，合理注采；（2）改变现有流线、扩大波及体积，不稳定注采势在必行；（3）通过措施调整进一步扩大波及体积，提高采收率。综合动态分析、数值模拟以及井间连通性的分析，将不同主控因素井组的注采参数调整范围确定（表8-15），并参考目前注采能力，在油田生产实施中，给出调整表单。

表8-15 不同主控因素分类和目前油藏压力分布表

| 含水分类 | 主控因素 | 压力（psi） | | |
|---|---|---|---|---|
| | | SP＜3000<br>FP＜2600 | SP：3000～3100<br>FP＞2600 | SP＞3100<br>FP＞2600 |
| ＜60%<br>（49口井） | 井轨迹不穿高渗层 | 1.25 | 1.20 | 1.15 |
| | 高黏油＋井轨迹不穿高渗层 | 1.20 | 1.15 | 1.10 |
| | 断裂区＋底水 | 1.20 | 1.15 | 1.10 |
| | 底水＋高渗层＋井不穿高渗层 | 1.15 | 1.10 | 1.05 |
| 60%～70%<br>（22口井） | 井轨迹不穿高渗层 | 1.20 | 1.15 | 1.10 |
| | 断裂区＋强底水 | — | — | ＜0.90 |
| | 断裂区＋底水 | 1.15 | 1.05 | 1.00 |
| | 底水＋高渗层＋井穿高渗层 | 0.90 | 0.7～0.9 | 0.70 |
| | 底水＋高渗层＋井不穿高渗层 | 1.10 | 1.05 | 1.05 |
| ＞70%<br>（76口井） | 井轨迹穿高渗层 | 1.15～1.20 | 1.10～1.15 | 1.10 |
| | 高黏油＋井轨迹穿高渗层 | 1.15 | 1.15～1.10 | 1.10 |
| | 断裂区＋强底水 | | | 0.7～0.8 |
| | 底水＋高渗层＋井穿高渗层 | 1.15～1.20 | 1.10～1.15 | 1.10 |

## 二、调整阶段开发技术对策

针对不同主控因素组合，总结出了对应的剩余油的平面及纵向分布规律，并提出了对应的调整技术对策（表8-16）。调整措施的基本思路和原则为：

（1）明确影响注水效果的主控因素、不同井轨迹及不同主控因素下的注水开发规律及剩余油分布特征，分区提出调整对策建议及保障措施；

（2）针对井控部分储量，提高波及体积，从而改善开发效果（分区优化注采提升地层压力，井网交替注水或内部点状注水提高波及体积等）；

（3）针对井控程度低的储量，提高油藏边部、顶部及底部的储量动用程度（油水井侧钻、扩边井＋边缘注水等）；

（4）推动攻关试验保障实施效果，进一步保证方案调整到位，减小风险。

针对注水开发效果差的问题，应采取如下对策：

（1）分区优化注采，压力恢复阶段注采比保持在1.2～1.5，压力逐步恢复到原始地层压力80%，关停井在2019—2022年基本恢复生产；

（2）实施注水井交替注水提高水驱动用程度，主体以M1井区实施井网交替注水。

针对井控程度低的储量，应尽可能提高储量动用程度，主要对策有：

（1）侧钻剩余油富集区，提高储量动用程度；

（2）通过边缘注水动用边部剩余油，同时促进油藏压力恢复，降低油藏中部注水强度，防止压力恢复过程中含水快速上升；

（3）新井投产完善注采井网，提高储量控制程度。

表8-16　不同主控因素下剩余油分布及技术对策统计表

| 主控因素 | | 剩余油分布特征 | | 技术对策 |
|---|---|---|---|---|
| | | 平面 | 纵向 | |
| 高渗层＋高黏油 | | 条带状驱替  | 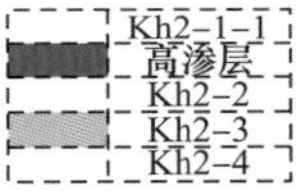 Kh2-1-1<br>高渗层<br>Kh2-2<br>Kh2-3<br>Kh2-4 | 降低产、注量<br>改变驱替方向<br>侧钻及堵水 |
| 高渗层 | | 条带状或相对均匀驱替  | 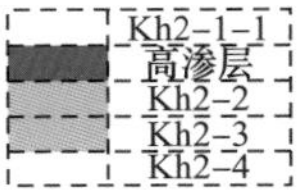 Kh2-1-1<br>高渗层<br>Kh2-2<br>Kh2-3<br>Kh2-4 | 改变驱替方向<br>侧钻<br>堵水或调剖 |
| 高渗层＋断裂带 | | 近井垂向驱替<br>平面波及差  | 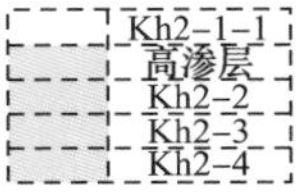 Kh2-1-1<br>高渗层<br>Kh2-2<br>Kh2-3<br>Kh2-4 | 改变驱替方向<br>侧钻<br>不稳定注水 |
| 高渗层＋底水 | | 条带状驱替  | 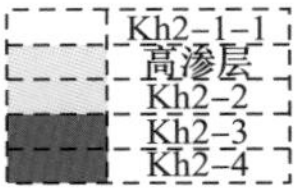 Kh2-1-1<br>高渗层<br>Kh2-2<br>Kh2-3<br>Kh2-4 | 降低产、注量及注采比<br>侧钻<br>堵水 |
| 生产层位 | 高渗层附近 | 条带状驱替  | 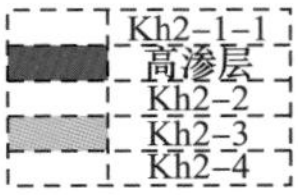 Kh2-1-1<br>高渗层<br>Kh2-2<br>Kh2-3<br>Kh2-4 | 改变驱替方向<br>侧钻<br>堵水 |
| | Kh2-1-1附近或Kh2-2中下部 | 条带状或相对均匀驱替  | 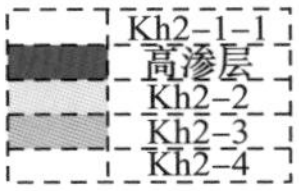 Kh2-1-1<br>高渗层<br>Kh2-2<br>Kh2-3<br>Kh2-4 | 改变驱替方向<br>侧钻 |

## 三、实施效果

### 1. 水平井整体注水开发技术

艾哈代布油田从 2012 年 6 月开始水平井整体注水，2012 年投转注 5 口，2013 年投转注 11 口，2014 年投转注 37 口，2015 年投转注 22 口，2016 年投注 17 口。2016 年平均日注水量 $1.6 \times 10^4 m^3$，年注水量 $589 \times 10^4 m^3$，综合含水 49.9%。2016 年底共 92 个注采井组，对应 112 口采油井（图 8–33），其中单向对应井 47 口、双向对应井 65 口。统计注水区 100 口受效油井，当注水量逐步增加后，注水区域日产油量逐步增加，出现产量稳定阶段，2016 年月度日产油量稳定在 $11000m^3$（图 8–34、图 8–35）。

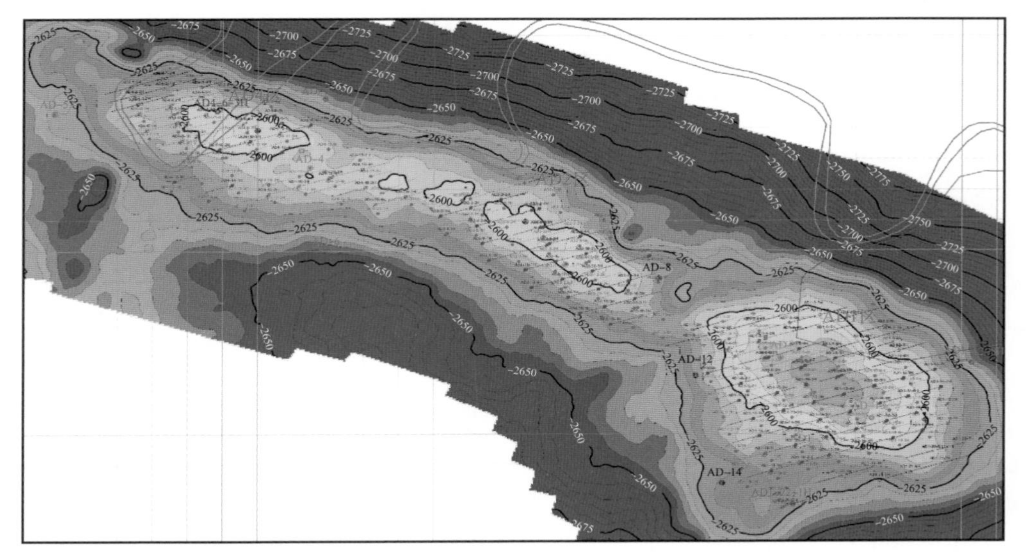

图 8–33　艾哈代布油田 Kh2 层水平井注采井网图

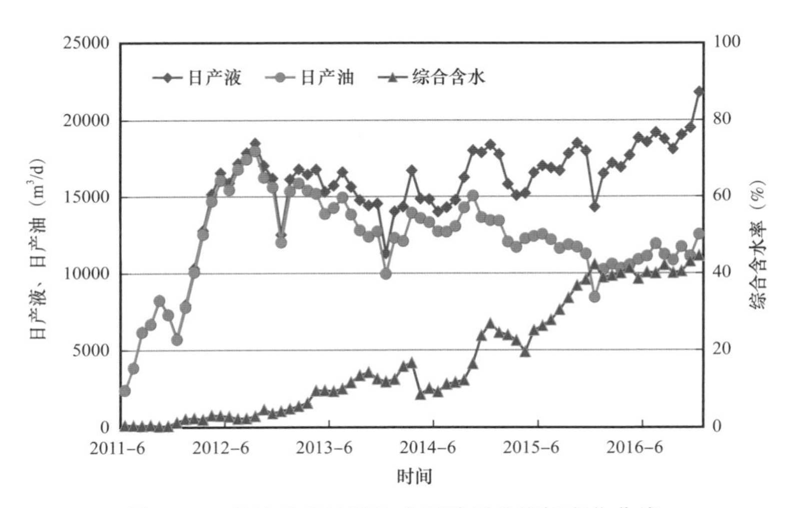


图 8–34　艾哈代布油田注水区域开发指标变化曲线

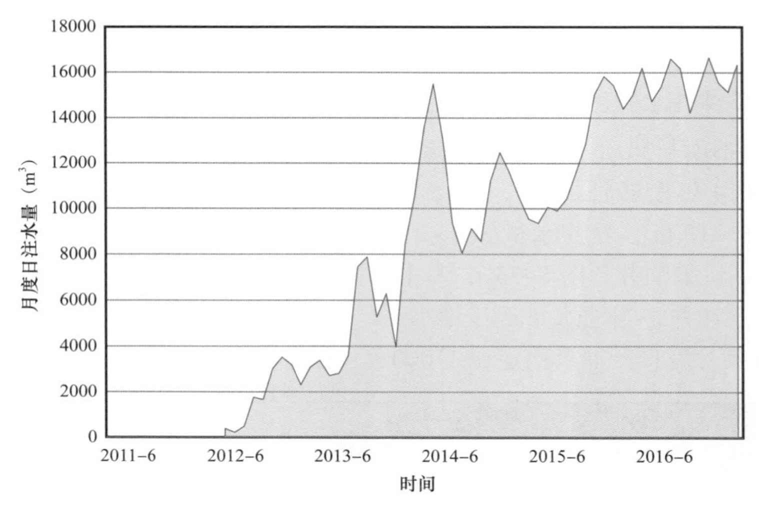


图 8-35　艾哈代布油田注水区域日注水变化曲线

## 2. 交替注采稳油控水技术

2018 年 5 月底开始，油田在 1 区 M1-15 至 M1-17 井组 4～7 列进行交替井网注水试验，注水井 M1-16-4H 和 M1-16-7H。选择的井组注入量高，井轨迹合适，含水高、产量低、采出程度低。试验井组采用对称型视反七点法交替井网，注水井一关一开为一个周期，60d 为一个周期，总计实施 6 个月，3 个周期。试验井组注水开发原则为：开注时的注水量应该等于该井与邻井关井前注水量的和（或为该井正常注水时的二倍），在交替注水期间要求所有与开井注水井正对应的油井适当降低采液量，邻近油井提高采液量。井网交替注水试验实施之后，含水明显下降、最高含水率下降达 15% 以上，日产油明显上升、井组日增油达 2000bbl 以上，试验取得了预期的良好效果。之后由于注水管线问题注水量达不到配注量，并且随着时间注入水形成新的波及通道，产液量、产油量下降，但实施半年后含水仍比未实施前降低 5.4 个百分点。

为了减缓交替注水井组试验中水井关井导致的腐蚀加剧问题，2018 年 9、10 月，又分别在 1 区 6 排、8 排，2 区的 4 排、6 排开展了交替井网不稳定注水试验，经过 1 年多时间。试验井组注水开发原则为：采取隔井注水，对应油井控制产液量，邻井控制注水（500bbl/d）而不关井，邻井对应油井提高产液量的方法，达到提高注入水波及体积、增加产油量的目的。

1 区 6、8 排于 2018 年 9 月实施，前三个月含水下降，产液量稳定，产油略有增加。1～5 月含水率、产液量和产油量基本稳定。5 月到 8 月试验区含水上升较多，产油量略有下降，之后再次保持稳定。1 区 6～8 排试验区效果明显，增油比例为 1.08%～34.5%，截至 2019 年 10 月，累计增油 $50.0\times10^4$bbl（图 8-36、图 8-37、图 8-38 和表 8-17）。

根据交替注水和未交替注水的递减率，对试验区的产量进行了产量预测，1 区 6、8 排交替注水和未交替注水情况相比，产量差距约 1000stb/d 且保持稳定，每月增油约 $3\times10^4$bbl。

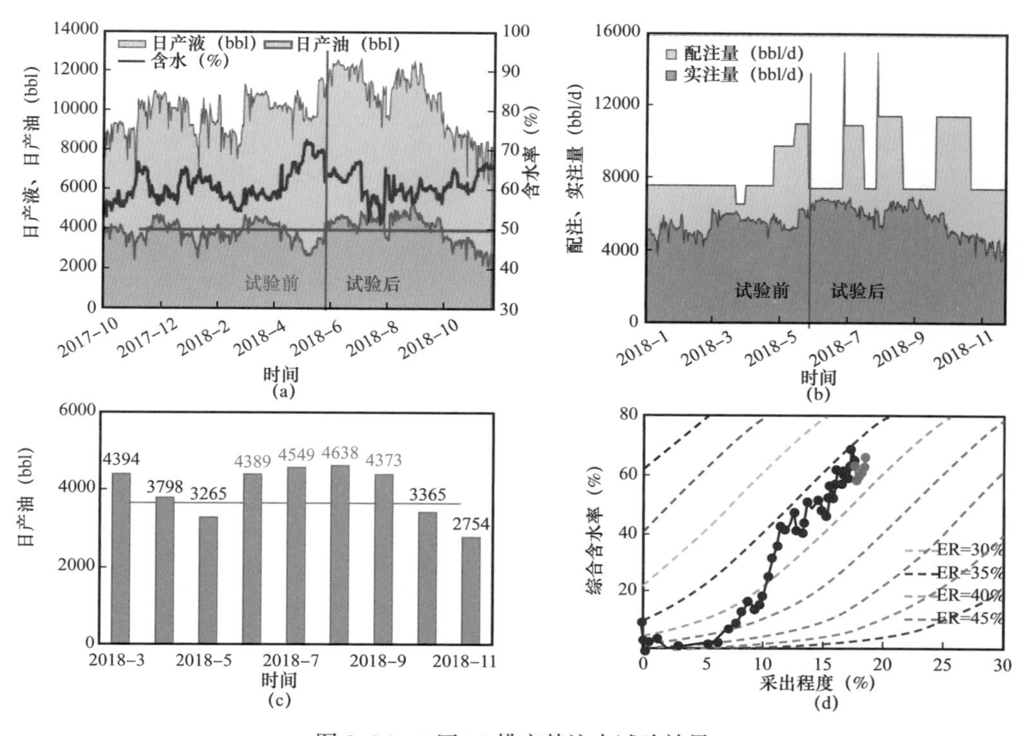


图 8-36　1 区 16 排交替注水试验效果

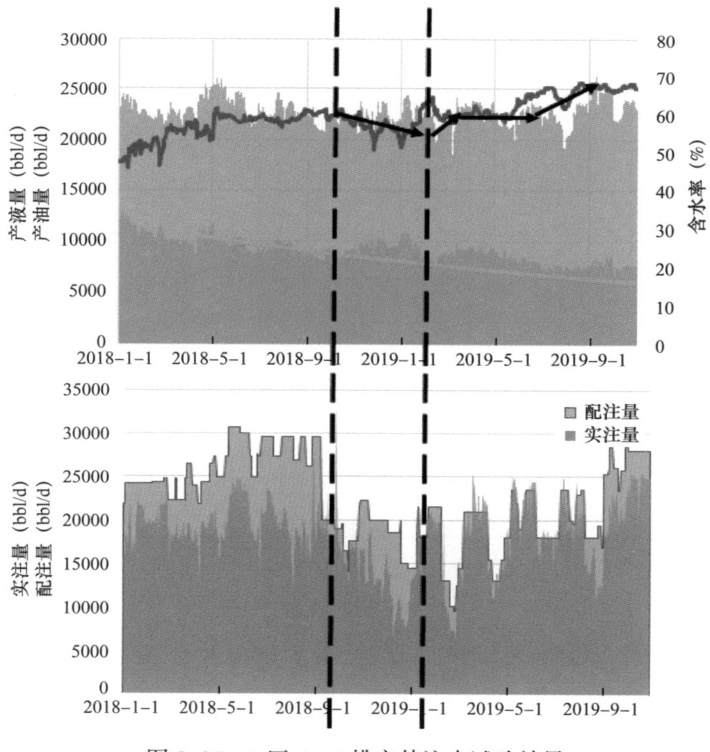


图 8-37　1 区 6、8 排交替注水试验效果

表 8-17　1 区 6、8 排交替注水增油情况

| 时间 | 日产油（bbl） | | 增油（bbl） |
|---|---|---|---|
| | 未交替注水 | 交替注水后 | |
| 2018-9-1 | 9131 | 8768 | -363 |
| 2018-10-1 | 8861 | 8957 | 96 |
| 2018-11-1 | 8591 | 9416 | 825 |
| 2018-12-1 | 8337 | 10476 | 2139 |
| 2019-1-1 | 8082 | 10870 | 2788 |
| 2019-2-1 | 7835 | 8370 | 535 |
| 2019-3-1 | 7619 | 8723 | 1104 |
| 2019-4-1 | 7387 | 8975 | 1588 |
| 2019-5-1 | 7169 | 9154 | 1985 |
| 2019-6-1 | 6950 | 8053 | 1103 |
| 2019-7-1 | 6744 | 7357 | 613 |
| 2019-8-1 | 6538 | 7643 | 1105 |
| 2019-9-1 | 6339 | 7832 | 1493 |
| 2019-10-1 | 6151.544 | 7462.2 | 1310.656 |

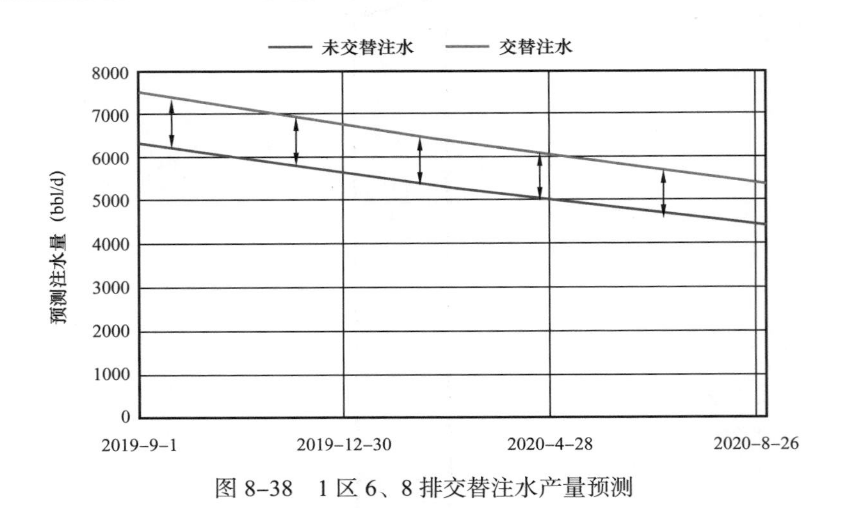


图 8-38　1 区 6、8 排交替注水产量预测

2 区 4、6 排于 2018 年 10 月实施，初期含水率缓慢上升，产液量、产油量基本保持稳定。2019 年 3 月到 8 月含水率保持下降趋势，产液量及产油量同步下降，主要由于前期注水不足导致，8 月后含水率、产液量及产油量恢复至之前水平稳定生产。2 区

4～6 排试验区效果显著，增油百分比为 10.41%～77.62%，截至 2019 年 10 月，累计增油 $37.5 \times 10^4$bbl（图 8–39，表 8–18）。

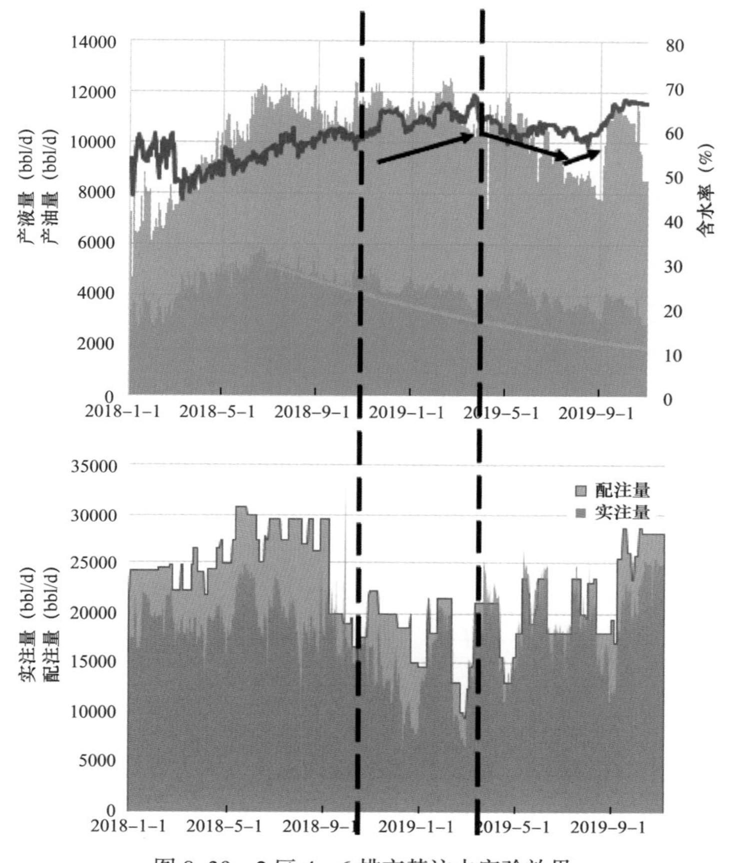


图 8–39　2 区 4、6 排交替注水实验效果

**表 8–18　2 区 4、6 排交替注水增油情况**

| 时间 | 日产油（bbl） | | 增油（bbl） |
|---|---|---|---|
| | 未交替注水 | 交替注水后 | |
| 2018–10–1 | 4299 | 4183 | –116 |
| 2018–11–1 | 4040 | 4696 | 656 |
| 2018–12–1 | 3805 | 4201 | 396 |
| 2019–1–1 | 3576 | 4432 | 855 |
| 2019–2–1 | 3361 | 4282 | 920 |
| 2019–3–1 | 3178 | 4016 | 838 |
| 2019–4–1 | 2987 | 4047 | 1060 |

续表

| 时间 | 日产油（bbl） | | 增油（bbl） |
|---|---|---|---|
| | 未交替注水 | 交替注水后 | |
| 2019-5-1 | 2813 | 4787 | 1974 |
| 2019-6-1 | 2644 | 3555 | 910 |
| 2019-7-1 | 2490 | 3554 | 1064 |
| 2019-8-1 | 2340 | 3669 | 1329 |
| 2019-9-1 | 2200 | 3004 | 804 |
| 2019-10-1 | 2071.661 | 3679.6 | 1607.939 |

根据交替注水和未交替注水的递减率，对试验区的产量进行了产量预测（图 8-40），2 区 4、6 排交替注水和未交替注水情况相比，产量差距约 1500bbl/d 且随时间增长有扩大趋势。

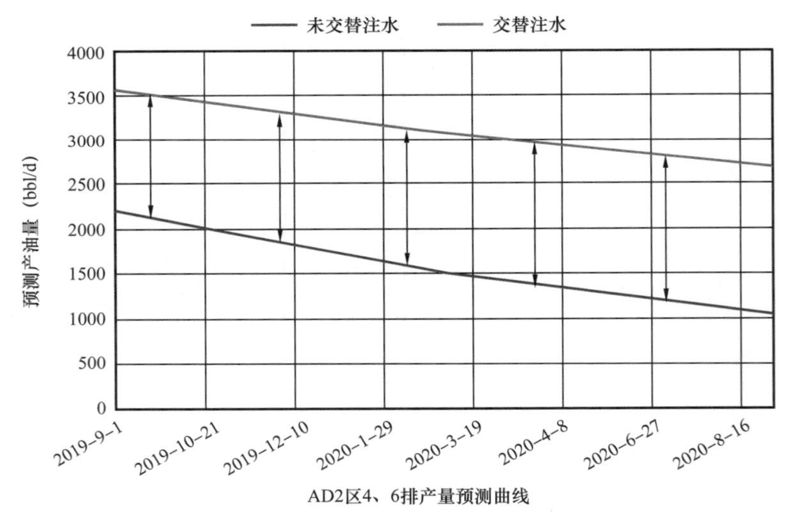


图 8-40　2 区 4、6 排交替注水产量预测

### 3. 水平井精细化注水技术

根据油藏实际生产动态及数值模拟研究，主力层 Kh2 层合理注采比在 1.2 至 1.5 之间。从 2019 年 3 月起，油藏进行注水优化，按照井组—井排—井区的原则调整水井注水量，控制油藏含水，加快地层能量恢复，截至 2019 年 10 月，油藏优化注采比开发取得了一定的效果。

共有 141 个注采井组（按油井统计），3 月份油井关井 31 口，剩余 110 个注采井组中，63 个注采井组注采比低于 1.0，占比 57%，仅 10 个注采井组注采比在合理范围内（1.2～1.5）；同时，32 个井排中 17 个注采比低于 1.0，占比在 53%，仅 4 个井排注采比在合理范围内，严重影响油藏压力水平保持及压力恢复，造成关停井复产滞后，部分井产量递减较大等问题，影响油藏整体产量。

经过7个月的注水优化，油藏日注水由3月的$14.4\times10^4$bbl上升至10月的$22.9\times10^4$bbl，Kh2层压力恢复速度明显提升，维持在12.8psi/mon（图8-41）。油藏在8月提液$1.8\times10^4$bbl/d，含水快速上升至66%，日产油升高4000bbl/d，之后油藏保持稳定生产。

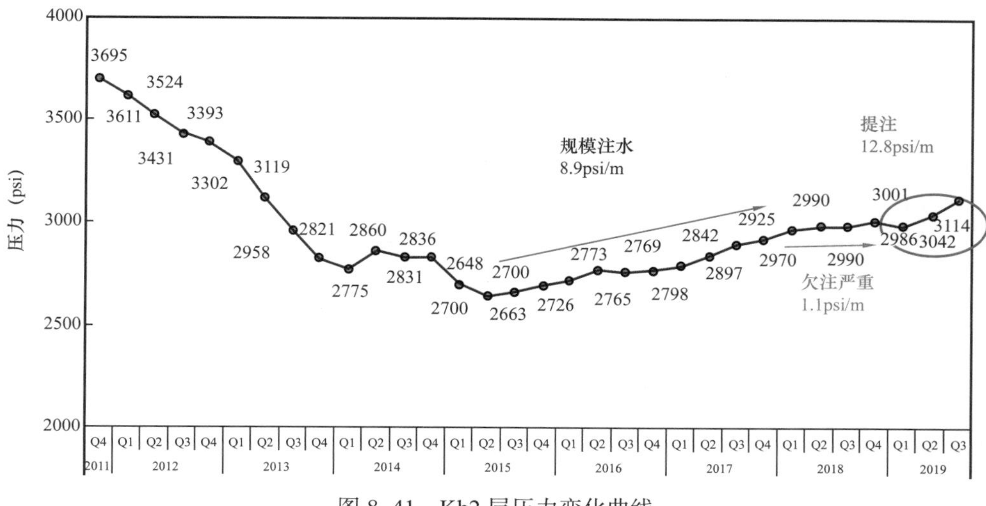


图8-41 Kh2层压力变化曲线

在按照优化注采比原则逐步调整注水后，截至2019年10月，开井的106个井组中，有35个井组通过优化注水提高井组注采比到1.0以上（另有14个井组因注水不足和生产调整降至1.0以下），注采比在合理范围内的井组提高到17个。总计还有42个井组注采比低于1.0，其中一半的井组注采比相较于3月份有所上升，注采比低于1.0的井占比下降至39.6%。同时，32个井排通过井组—井排注水优化，已有11个井排注采比基本达到合理范围。

### 4. 水平井不均匀布酸复产技术

在Kh2油藏酸压酸化、调剖堵水等工艺措施选井、设计、实施等方面得到了很好的应用，并取得明显的措施效果。

艾哈代布油田4-3-2H井在2018年1月停喷，停喷前产量在500bbl/d左右。2019年Kh2层进行酸化选井，根据水平井生物碎屑灰岩油藏地层精细对比及水平井轨迹精细归位技术研究成果认为，艾哈代布油田4-3-2H井轨迹大部处于Kh2-1-1小层（图8-42），属于低渗透率层，同时关井1年以上，压力恢复情况较好，该井位选为酸化工艺的目标井。

同时按水平井生物碎屑灰岩测井解释技术重新计算的渗透率结果（图8-43）设计酸化方案，在消除井口储层伤害的基础上，采用170m³体积酸液，能够累计增油$37.2\times10^6$bbl（图8-44），实际实施时增产效果显著，酸化初期产量达到1500bbl/d以上（图8-45），成果应用卓有成效。

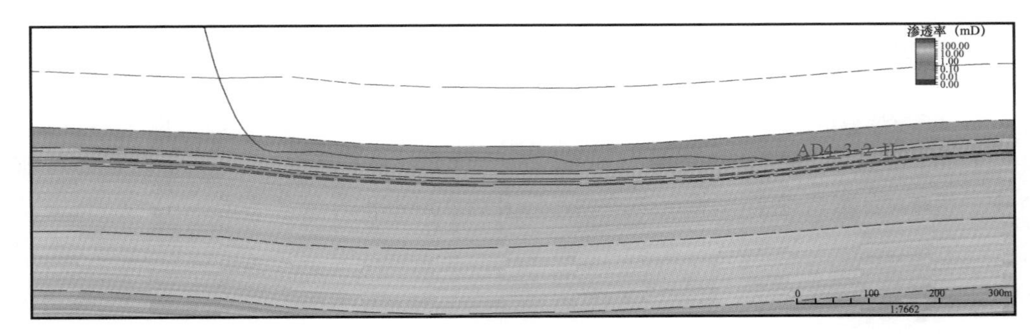


图 8-42　艾哈代布油田 4-3-2H 井井轨迹

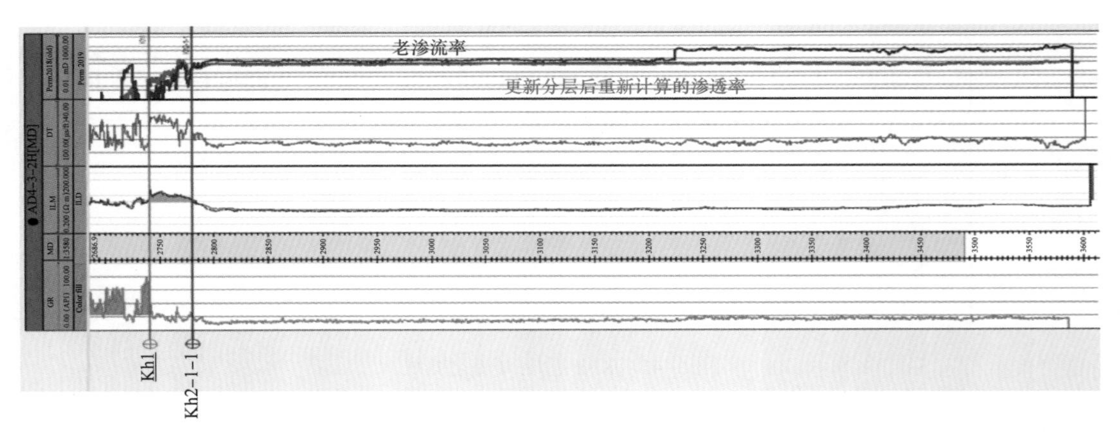


图 8-43　艾哈代布油田 4-3-2H 井渗透率更新

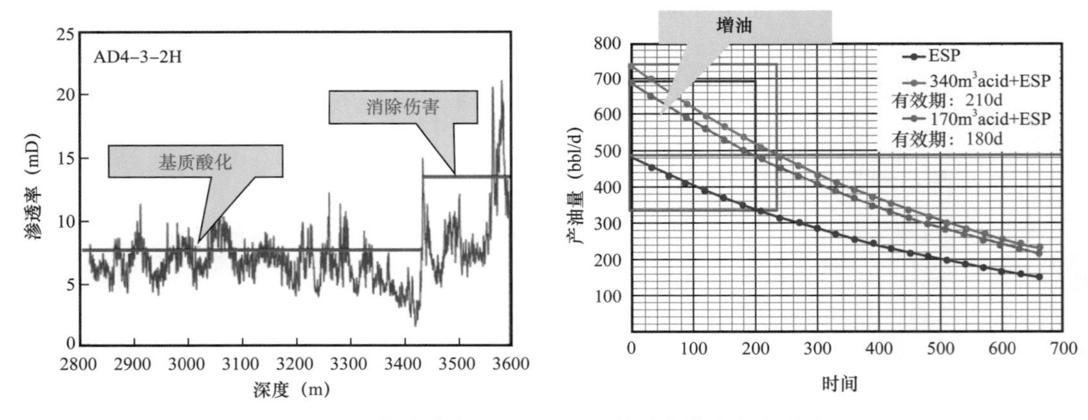


图 8-44　艾哈代布油田 4-3-2H 井酸化措施方案设计

艾哈代布油田 4-9-2H 井酸化方案同样受到新技术应用带来的影响。原先测井解释艾哈代布油田 4-9-2H 井所处地层渗透率低于 30mD，通过精细地层对比以及水平井精细解释，对该井水平段进行了重新解释，艾哈代布油田 4-9-2H 井轨迹如图 8-46 所示，图 8-47 为酸化方案，达到了对低渗油藏精细布酸的目的。

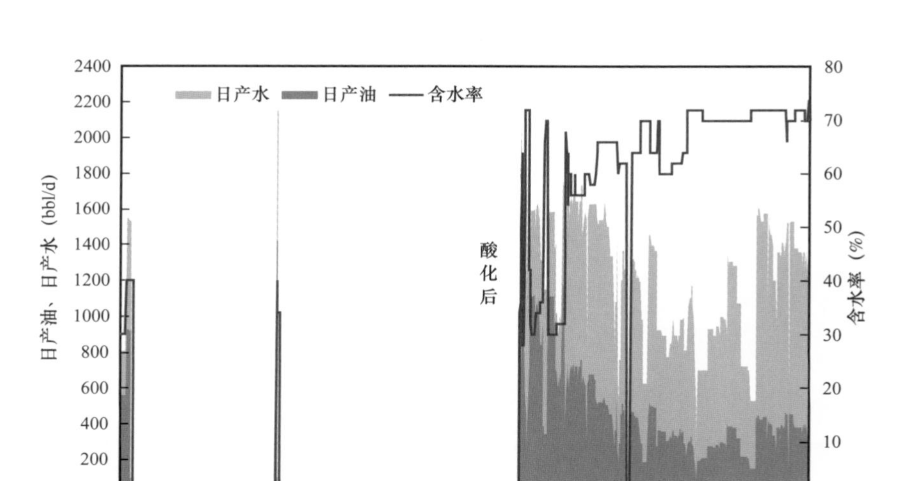


图 8-45　艾哈代布油田 4-3-2H 井产量剖面

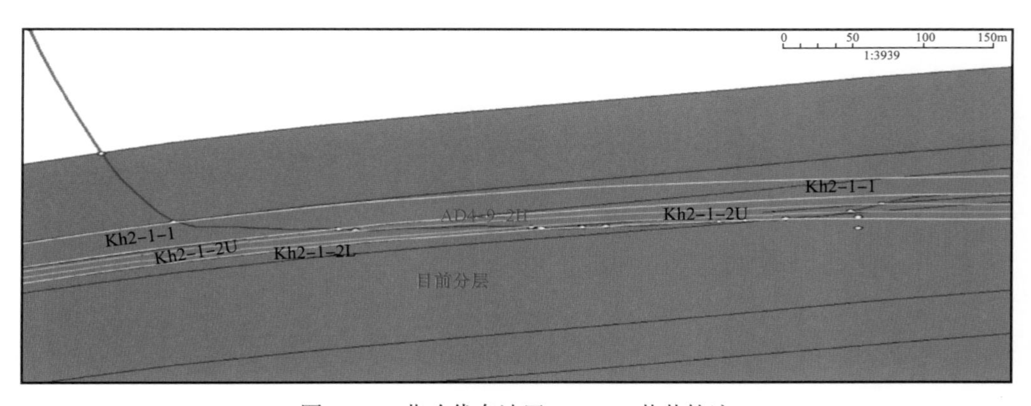


图 8-46　艾哈代布油田 4-9-2H 井井轨迹

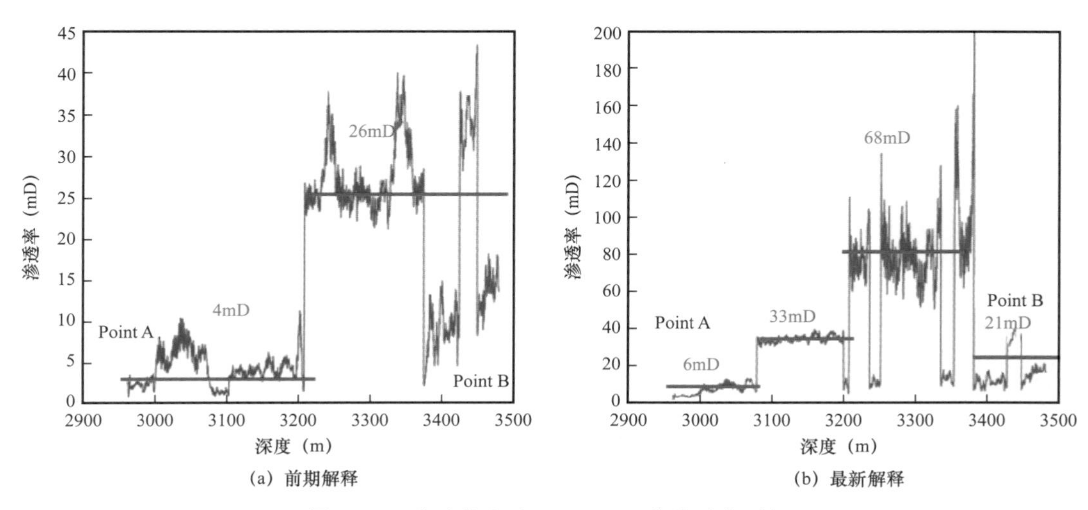


图 8-47　艾哈代布油田 4-9-2H 井渗透率更新

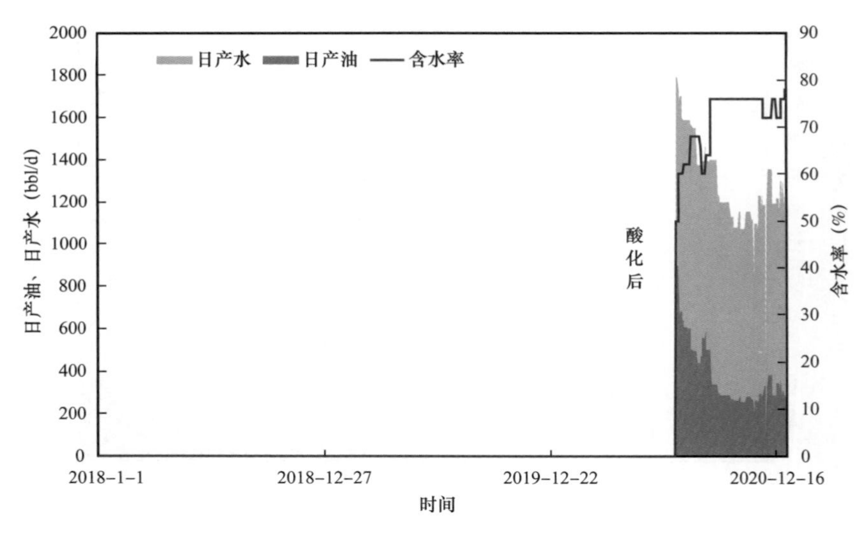


图 8-48　艾哈代布油田 4-9-2H 井产量剖面

# 参考文献


白国平 . 2007a. 波斯湾盆地油气分布主控因素初探［J］. 中国石油大学学报（自然科学版），31（3）：28–32.

白国平 . 2007b. 中东油气区油气地质特征［M］. 北京：中国石化出版社：1–192.

范若颖，龚一鸣 . 2017b. 21 世纪遗迹学热点与前沿：第 14 届国际遗迹组构专题研讨会综述［J］. 古地理学报，19（5）：919–926.

龚一鸣，胡斌，卢宗盛，等 . 2009. 中国遗迹化石研究 80 年［J］. 古生物学报，48（3）：322–337

龚一鸣 . 1995. 从原型遗迹相到遗迹组构——第三届国际遗迹组构专题研讨会综述［J］. 地质科技情报，（4）：101–103.

惠钢，张国良，李凡华 . 2011. 动静结合识别储层高渗条带方法的探讨［J］. 科学技术与工程，11（20）：4745–4749.

牛永斌，崔胜利，胡亚洲，等 . 2017. 塔里木盆地塔河油田奥陶系数字岩心图像中生物扰动的定量表征［J］. 古地理学报，19（2）：353–363.

裘亦楠 . 1992. 中国陆相碎屑岩储层沉积学的进展［J］. 沉积学报，（3）：16–24.

杨式溥 . 1990. 古遗迹学［M］. 北京：地质出版社 .

杨式溥 . 1999. 遗迹化石的古环境和古地理意义［J］. 古地理学报，1（1）：7–19.

杨式溥 . 2004. 中国遗迹化石［M］. 北京：科学出版社 .

于兴河 . 2002. 碎屑岩系油气储层沉积学［M］. 北京：石油工业出版社 .

张琪，李勇，李保柱，等 . 2016. 礁滩相碳酸盐岩油藏贼层识别方法及开发技术对策——以鲁迈拉油田 Mishrif 油藏为例［J］. 油气地质与采收率，23（2）：29–34.

Abdel–Fattah Z A，Gingras M K，Caldwell M W，et al. 2016. The Glossifungites Ichnofacies and Sequence Stratigraphic Analysis：A Case Study from Middle to Upper Eocene Successions in Fayum，Egypt［J］. Ichnos–an International Journal for Plant & Animal Traces，23（3–4）：157–179.

Abdel–Fattah Z A，Gingras M K，Pemberton S G. 2014. Significance of hypoburrow nodule formation associated with large biogenic sedimentary structures in open–marine bay siliciclastics of the Upper Eocene Birket Qarun Formation，Wadi El–Hitan，Fayum，Egypt［J］. Sedimentary Geology，233（1）：111–128.

Al–Juboury，A I，Al–Hadidy A H.2008. Basin evolution of the Paleozoic successions of Iraq［C］. CEO.

Aqrawi A.1998. Paleozoic stratigraphy and petroleum systems of the Western and Southwestern Deserts of Iraq［J］. Geoarabia–Manama，3（2）：229–248.

Al–Dabbas M，Al–Jassim J，Al–Jumaily S. 2010. Depositional environments and porosity distribution in regressive limestone reservoirs of the Mishrif Formation，Southern Iraq［J］. Arabian Journal of Geosciences，3（1）：67–78.

Al–Ekabi A H S. 2015. Microfacies and environmental study of the Mishrif Formation in Noor Field［J］. Arabian Journal of Geosciences，8（8）：1–16.

Al–Hadidly A H. 2007. Palezoic stratigraphic lexicon and hydrocarbon habitat of Iraq［J］. GeoArabia，12（1）：

63–130.

Al–Juboury A I, Al–Hadidy A H. 2009. Petrology and depositional evolution of the Paleozoic rocks of Iraq [J]. Marine & Petroleum Geology, 26 (2): 208–231.

Alqam M H, Nasr–El–Din H A, Lynn J D. 2001. Treatment of super–K zones using gelling polymers [C] // SPE International Symposium on Oilfield Chemistry. Society of Petroleum Engineers.

Alshehri A J, Wang J, Kwak H T, et al. 2017. The Study of Gel Conformance Control Effect within Carbonates with Thief Zones by Advanced NMR Technique [C] // Spe Technical Conference and Exhibition.

Amel H, Jafarian A, Husinec A, et al. 2015. Microfacies, depositional environment and diagenetic evolution controls on the reservoir quality of the Permian Upper Dalan Formation, Kish Gas Field, Zagros Basin [J]. Marine & Petroleum Geology, 67: 57–71.

Aqrawi A A M, Thehni G A, Sherwani G H, et al. 2010. Mid - Cretaceous Rudist - Bearing Carbonates Of The Mishrif Formation: An Important Reservoir Sequence In The Mesopotamian Basin, Iraq [J]. Journal of Petroleum Geology, 21 (1): 57–82.

Aqrawi A A M. 1996. carbonate–silicialstic sediments of the upper cretaceous (Khasib, Tanuma and Sa'di formations) of the Mesopotamian Basin [J]. Marine and Petroleum Geology, 13 (7), 781–790.

Awadeesian A M R, Al–Jawed S N A, Saleh A H, et al. 2015. Mishrif carbonates facies and diagenesis glossary, South Iraq microfacies investigation technique: types, classification, and related diagenetic impacts [J]. Arabian Journal of Geosciences, 8 (12): 1071–1073.

Azim S A, Al–Ajmi H, Rice C, et al. 2003. Reservoir description and static model build in heterogeneous Mauddud carbonates: Raudhatain field, North Kuwait [C] //Middle East Oil Show. Society of Petroleum Engineers.

B.Al–Qayim. 2010. Sequence stratigraphy and reservoir characteristics of the turonian–coniacian khasib formation in central Iraq [J]. Journal of Petroleum Geology, 33 (4), 387–404.

Baniak G M, Croix A D L, Polo C A, et al. 2014. Associating X–Ray Microtomography with Permeability Contrasts in Bioturbated Media [J]. Ichnos–an International Journal for Plant & Animal Traces, 21 (4): 234–250.

Baniak G M, Gingras M K, Pemberton S G. 2013. Reservoir characterization of burrow–associated dolomites in the Upper Devonian Wabamun Group, Pine Creek gas field, central Alberta, Canada [J]. Marine & Petroleum Geology, 48 (48): 275–292.

Basim Al–Qayim, Fadhil Sadooni, Fawzi Al–Biaty. 1993. Diagenetic evolution of the Khasib Formation, East Baghdad Oilfield, Iraq [J]. Iraqi Geological Journal, 26 (1), 56–72.

Beales F W. 1953. Dolomitic mottling in Palliser (Devonian) limestone, Banff and Jasper National Parks, Alberta [J]. Aapg Bulletin, 37: 2281. 2293.

Ben–Awuah J, Eswaran P. 2015. Effect of bioturbation on reservoir rock quality of sandstones: A case from the Baram Delta, offshore Sarawak, Malaysia [J]. Petroleum Exploration & Development, 42 (2): 223–231.

Bertling Markus, Braddy Simon J, Bromley Richard G, et al. 2010. Names for trace fossils : a uniform approach [ J ] . Lethaia, 39 ( 3 ) : 265–286.

Bromley RG, Ekdale AA. 1984. Chondrites : a trace fossil indicator of anoxia in sediments [ J ] . Science, 224 ( 4651 ) : 872–874.

Bromley RG. 1967. Some observations on burrows of thalassinidean Crustacea in chalk hardgrounds [ J ] . Q J Geol Soc, 123: 157–177.

Brown J S. 1943. Suggested use of the word microfacies [ J ] . Economic Geology, 38: 325.

Cadée G C, Goldring R. 2007. CHAPTER 1 – The Wadden Sea, Cradle of Invertebrate Ichnology [ J ] . Trace Fossils, 3–13.

Chamberlain C. 1978. Recognition of trace fossils in cores. [ J ] . Trace Fossil Concept, 5: 119–166.

Cherns L, Wheeley J R, Karis L. 2006. Tunneling trilobites : Habitual infaunalism in an Ordovician carbonate seafloor [ J ] . Geology, 34 ( 34 ) : 657–660.

Corlett H J, Jones B. 2012. Petrographic and Geochemical Contrasts Between Calcite– and Dolomite–Filled Burrows In the Middle Devonian Lonely Bay Formation, Northwest Territories, Canada : Implications for Dolomite Formation In Paleozoic Burrows [ J ] . Journal of Sedimentary Research, 82 ( 9 ) : 648–663.

Croix A D L, Gingras M K, Dashtgard S E, et al. 2012. Computer modeling bioturbation : The creation of porous and permeable fluid–flow pathways [ J ] . Aapg Bulletin, 96 ( 3 ) : 545–556.

Cunningham K J, Sukop M C, Huang H, et al. 2009. Prominence of ichnologically–influenced macroporosity in the karst Biscayne aquifer : Stratiform "super–K" zones [ J ] . Geological Society of America Bulletin, 121 ( 1–2 ) : 164.

Dorador J, Rodríguez–Tovar F J. 2014. Quantitative estimation of bioturbation based on digital image analysis [ J ] . Marine Geology, 349 ( 1 ) : 55–60.

Droser M L, Bottjer D J. 1986. A semiquantitative field classification of ichnofabric [ J ] . Jour.sediment. petrol, 56 ( 4 ) : 558–559.

Ekdale AA, Bromley RG.2003. Paleoethologic interpretation of complex Thalassinoides in shallow–marine limestones, Lower Ordovician, southern Sweden [ J ] . Palaeogeogr Palaeoclimatol Palaeoecol, 192: 221–227.

Farzadi P. 2006. The development of Middle Cretaceous carbonate platforms, Persian Gulf, Iran : Constraints from seismic stratigraphy, well and biostratigraphy [ J ] . Petroleum Geoscience, 12: 59–68.

Flügel E. 1978. Microfacies Research Methods of Limestone [ M ] . Berlin : Springer–Verlag, 30–45.

Flügel E. 2004. Microfacies of Carbonate Rocks : Analysis, Interpretation and Application [ M ] . Berlin : Springer–Verlag, 271–295.

Fontaine J M, Brunton C H Lys M, et al. 1980. Donnees nouvelles sur la stratigraphie desformations paleozoiques de la plate–forme arabe dans la region d' Hazro ( Turquie ) [ J ] . CR.AcadSerie D ( 291 ) : 917–920.

Frey R W, Howard J D, Pryor W A. 1978. Ophiomorpha : Its morphologic, taxonomic, and environmental significance [ J ] . Palaeogeography Palaeoclimatology Palaeoecology, 23 ( 3–4 ) : 199–229.

Gilkinson Kent, Fader G B J, Gordon D C, et al. 2003. Immediate and longer-term impacts of hydraulic clam dredging on an offshore sandy seabed : Effects on physical habitat and processes of recovery [ J ] . Continental Shelf Research, 23 ( 14-15 ) 1315-1336.

Gibert J D, Domènech R, Martinell J. 2010. An ethological framework for animal bioerosion trace fossils upon mineral substrates with proposal of a new class, fixichnia [ J ] . Lethaia, 37 ( 4 ) : 429-437.

Gill H S, Al-Zayer R. 2003. Pressure Transient Derivative Signatures In Presence of Stratiform Super-K Permeability Intervals, Ghawar Arab-D Reservoir [ C ] //Abu Dhabi International Conference and Exhibition. Society of Petroleum Engineers.

Gingras M K, Baniak G, Gordon J, et al. 2012. Porosity and Permeability in Bioturbated Sediments [ M ] // Developments in Sedimentology. Elsevier Science & Technology, 835-868.

Gingras M K, Pemberton S G, Henk F, et al. 2009. Applications of ichnology to fluid and gas production in hydrocarbon reservoirs [ J ] . Short Course Notes, 131-145.

Gingras M K, Pemberton S G, Muelenbachs K, et al. 2004. Conceptual models for burrow-related, selective dolomitization with textural and isotopic evidence from the Tyndall Stone,Canada [ J ] . Geobiology,2 ( 1 ): 21-30.

Goff, Saad Z, et al. 2006. Geology of Iraq [ M ] .

Golab J A, Smith J J, Clark A K, et al. 2017. Bioturbation-influenced fluid pathways within a carbonate platform system : The Lower Cretaceous ( Aptian-Albian ) Glen Rose Limestone [ J ] . Palaeogeography, Palaeoclimatology, Palaeoecology, 465: 138-155.

Gordon J, Pemberton G, Gingras M, et al. 2010. Biogenically enhanced permeability : A petrographic analysis of Macaronichnus segregatus in the Lower Cretaceous Bluesky Formation, Alberta, Canada [ J ] . Aapg Bulletin, 49 ( 94 ) : 1779. 1795.

Hamzeh Mehrabi, Hossain Rhimpour-Bonab, Elham Hajikazemi, et al. 2015. Geological reservoir characterization of the Lower Cretaceous Dariyan Formation ( Shu'aiba equivalent ) in the Persian Gulf, southern Iran [ J ] . Marine and Petroleum Geology. 1-26.

Hovikoski J, Lemiski R, Gingras M, et al. 2008. Ichnology and Sedimentology of a Mud-Dominated Deltaic Coast : Upper Cretaceous Alderson Member ( Lea Park Fm ), Western Canada [ J ] . Journal of Sedimentary Research, 78 ( 12 ) : 803-824.

Hubbard S M, MacEachern J A, Bann K L, et al. 2012. In : Knaust D, Bromley RG ( eds ) Trace fossils as indicators of sedimentary environments [ J ] . Developments in Sedimentology, vol 64, 607-642.

Imbrie, John. 1964. Approaches to paleoecology [ M ] . Wiley.

Jassim S Z, Buday T. 2006. Late Tithonian-Early Turonian Megasequence AP8 [ M ] . In : Jussim and Goff ( Eds ), Geology of Iraq, Dolin, Prague and Moravian Museum, Brno, Czech Republic : 124-139.

Jassim S.Z. Al-Gailani M. 2006. Hydrocarbons. In : Jassim S.Z. and Goff J.C. ( Eds ), Geology of Iraq [ J ] . Dolin, Prague and Moravian Museum, Brno, Czech Republic : 232-250.

Kendall A C. 1975. Anhydrite Replacements of Gypsum ( Satin-Spar ) Veins in the Mississippi. [ J ] . Canadian

Journal of Earth Sciences，12（7）：1190. 1195.

Kennedy W J，Garrison R E. 2010. Morphology and genesis of nodular chalks and hardgrounds in the Upper Cretaceous of southern England［J］. Sedimentology，22（3）：311–386.

Kennedy W J. 1975. Trace Fossils in Carbonate Rocks［M］.Springer Berlin Heidelberg.

Knaust D. 2017. Atlas of Trace Fossils in Well Core［M］. Springer International Publishing.

Knaust D. 2009. Ichnology as a tool in carbonate reservoir characterization：a case study from the Permian–Triassic Khuff Formation in the Middle East［J］. Geoarabia -Manama-，14（3）：17–38.

Knaust，Dirk. 2012.Trace fossils as indicators of sedimentary environments［M］. Elsevier Science.

Konert G，Afifi A M，Al–Hajri S A，et al. 2001. Palozoic stratigraphy and hydrocarbon habitat of the Arabian Plate［J］. GeoArabia，6：407–442.

LaCroix AD.2010. Ichnology，sedimentology，stratigraphyandtrace–fossilpermeabilityrelationships in the Upper Cretaceous Medicine Hat Member，Medicine Hat Gas Field，Southeast Alberta，Canada［D］. M.Sc. Thesis，University of Alberta，166.

Leaman M，Mcilroy D，Herringshaw L G，et al. 2015. What does Ophiomorpha irregulaire，really look like？［J］. Palaeogeography Palaeoclimatology Palaeoecology，439：38–49.

Lemiski R T，Hovikoski D J，Pemberton D S G，et al. 2011. Sedimentological ichnological and reservoir characteristics of the low–permeability，gas–charged Alderson Member（Hatton gas field，southwest Saskatchewan）：Implications for resource development［J］. Bulletin of Canadian Petroleum Geology，59（1）：27–53.

Li B，Najeh H，Lantz J，et al. 2008. Detecting thief zones in carbonate reservoirs by integrating borehole images with dynamic measurements［C］//SPE Annual Technical Conference and Exhibition. Society of Petroleum Engineers.

Lundgren B. 1891. Studier öfver fossilförande lösa block［J］. Geol Fören Stockh Förh，13：111–121.

Maceachern S.1993. Archaeological research in northern Cameroon，1992：the Projet Maya–Wandala［J］. Nyame Akuma. 7–13.

Maceachern J A，Burton J A. 2000. Firmground Zoophycos in the Lower Cretaceous Viking Formation，Alberta：A Distal Expression of the Glossifungites Ichnofacies［J］. Palaios，15（5）：387–398.

Mahdi T A，Aqrawi A A M. 2014. Sequence stratigraphic analysis of the mid–cretaceous mishrif formation，southern mesopotamian basin，Iraq［J］. Journal of Petroleum Geology，37（3）：287–312.

Martin K D. 2004. A re–evaluation of the relationship between trace fossils and dysoxia［J］. Geological Society London Special Publications，228（1）：141–156.

Mcilroy D. 2008. Ichnological analysis：The common ground between ichnofacies workers and ichnofabric analysts［J］. Palaeogeography Palaeoclimatology Palaeoecology，270（3）：332–338.

Mehmandosti E A，Adabi M H，Woods A D. 2013. Microfacies and geochemistry of the Middle Cretaceous Sarvak Formation in Zagros Basin，Izeh Zone，SW Iran［J］. Sedimentary Geology，293（4）：9–20.

Miller M F，Smail S E. 1997. A Semiquantitative Field Method for Evaluating Bioturbation on Bedding Planes［J］. Palaios，12（4）：391.

Minter N J, Buatois L A, M G Mángano. 2016. The Conceptual and Methodological Tools of Ichnology [M]. Springer Netherlands.

Moore D M. 1989. Impact of super permeability on completion and production strategies [C] //Middle East Oil Show. Society of Petroleum Engineers.

Nickel L A, Atkinson R J A. 1995. Functional morphology of burrows and trophic modes of three thalassinidean shrimp species, and a new approach to the classification of thalassinidean burrow morphology [J]. Mar Ecol Prog Ser, 128: 181–197.

Noble, R A, Henk Jr, et al. 1998. Hydrocarbon charge of a bacterial gas field by prolonged methanogenesis : an example from the East Java Sea, Indonesia [C]. In : Advances in Organic Geochemistry 1997. Proceedings of the 18th International Meeting on Organic Geochemistry, Part 1.

Oschmann W. 1991. Distribution, dynamics and palaeoecology of Kimmeridgian (Upper Jurassic) shelf anoxia in western Europe [J]. Geological Society London Special Publications, 58 (1): 381–395.

Pedersen P, Nielsen K. 2006. Cretaceous successions in the foothills of Alberta. Reservoir 33, 13.

Pemberton S G, Frey R W. 1985. The Glossifungites ichnofacies : modern examples from the Georgia coast, USA [J]. Special Publications, 237–259.

Pemberton S G, Maceachern J A, Gingras M K, et al. 2008. Biogenic chaos : Cryptobioturbation and the work of sedimentologically friendly organisms [J]. Palaeogeography Palaeoclimatology Palaeoecology, 270 (3): 273–279.

Pemberton S G. 2005. Classification and characterizations of biogenically enhanced permeability [J]. Aapg Bulletin, 89 (11): 1493. 1517.

Pemberton S G. 2001. Ichnology & Sedimentology of Shallow to Marginal Marine Systems [J]. Geol.assoc. can.short Course, 15.

Pemberton S G, MacEachern J A, Frey R W. 1992. Trace fossil facies models : environmental and allostratigraphic significance [J]. In : Walker RG, James NP (Eds.), Facies Models. Geological Association of Canada, 47–72.

Pollard J E, Goldring R, Buck S G. 1993. Ichnofabrics containing Ophiomorpha : significance in shallow-water facies interpretation [J]. Journal of the Geological Society, 150 (1): 149–164.

Posamentier H W, Allen G P. 1999. Siliciclastic sequence stratigraphy–concepts and applications [C] // 619–630.

Read J F. 1985. Carbonate Platform Facies Models [J]. AAPG Bulletin, 69 (1): 1–21.

Reineck H E. 1963. Sedimentgefüge im Bereich der südlichen Nordsee [M]. Waldermar Kramer.

Reineck H E. 1958. Wühlbau–Gefüge in Abhängigkeit von Sediment–Umlagerungen [J]. 39 (1): 1–23.

Richter R. 1936. Marks and traces in the Hunsrück slate (II): Stratification and basic life [J]. Senckenbergiana, 18: 215–244.

Sadooni F N. 2010. Stratigraphy, depositional setting and reservoir characteristics of turonian–campanian carbonates in central Iraq [J]. Journal of Petroleum Geology, 27 (4): 357–371.

Sadooni F N, Alsharhan A S. 2003. Stratigraphy, microfacies, and petroleum potential of the Mauddud

Formation ( Albian–Cenomanian ) in the Arabian Gulf basin [ J ] . AAPG Bulletin, 87 ( 10 ), 1653. 1680.

Savrda C E, Bottjer D J. 1987. The exaerobic zone, a new oxygen–deficient marine biofacies [ J ] . Nature, 327 ( 6117 ) : 54–56.

Schichtverband. 1996. Senckenb Lethaia [ J ] .37: 183–263.

Seilacher A. 1967. Bathymetry of trace fossils [ J ] . Marine Geology, 5 ( 5 ) : 413–428.

Seilacher A. 2007. Trace Fossil Analysis [ M ] . Springer Berlin Heidelberg.

Sharland P, Archer R, Casey D M, et al. 2001. Arabian Plate sequence stratigraphy [ J ] . Geoarabia–Manama, 2: 1–371.

Sharland P R, Casey D M, Davies R B, et al. 2004. Arabian Plate Sequence Stratigraphy–revisions to SP2 [ J ] . Geoarabia–Manama, 9 ( 1 ) : 199–214.

Spencer A M, Home P C, Wiik V, 1986. Habitat of hydrocarbons in the Jurassic UlaTrend, Central Graben, Norway [ M ] . In : Spencer A M, Campbell C J, Hanslien S H, Nelson P H, Nysæther E, Ormaasen EG ( Eds. ), Habitat of Hydrocarbons on the Norwegian Continental Shelf. NPF/Graham and Trotman, London, 111–127.

Spila M V, Pemberton G, Sinclair I K, et al. 2005. Comparisonof marine and brackish/ stressed ichnological signatures in the Ben Nevis and Avalon Formations, Jeanne d'Arc Basin [ M ] . In : Hiscott R N, Pulham A J ( Eds. ), Petroleum Resources and Reservoirs of the Grand Banks, Eastern Canadian Margin. Geol. Ass. Can., Spec. Pap. 43, 73–94.

Swinbanks D D, Luternauer J L.1987. Burrow distribution of thalassinidean shrimp on a Fraser Delta tidal flat, British Columbia [ J ] . J Paleontol, 61: 315–332

Taber J J, Seright R S.1992. Horizontal injection and production wells for EOR or waterflooding [ C ] . SPE 23592, 87–100.

Tarhan L G. 2018. The early Paleozoic development of bioturbation—Evolutionary and geobiological consequences [ J ] . Earth–Science Reviews, 178.

Taylor A, Goldring R, Gowland S. 2003. Analysis and application of ichnofabrics [ J ] . Earth Science Reviews, 60 ( 3 ) : 227–259.

Thamer A Mahdi, Adnan A M Aqrawi, Andrew D Horbury, et al. 2013. Sedimentological characterization of the mid–Cretaceous Mishrif reservoir in southern Mesopotamian Basin, Iraq [ J ] . GeoArabia, 18 ( 1 ), 139–174.

Tian Z Y, Guo R, Xu Z Y, et al. 2019. Quantitative Petrophysical Characterization of Original Super–Permeability Zones of Bioclastic Limestone Reservoir [ C ] . Proceedings of the International Field Exploration and Development Conference 2017. Springer, Singapore.

Tonkin N S, Mcilroy D, Meyer R, et al. 2010. Bioturbation influence on reservoir quality : A case study from the Cretaceous Ben Nevis Formation, Jeanne d'Arc Basin, offshore Newfoundland, Canada [ J ] . Aapg Bulletin, 94 ( 7 ) : 1059–1078.

Uchman A, Wetzel A, Deep–sea fans. 2012. In : Knaust D, Bromley RG ( eds ) Trace fossils as indicators of sedimentary environments [ M ] . Developments in Sedimentology, vol 64, 643–67.

Vincent B，Buchem F S P V，Bulot L G，et al. 2015. Depositional sequences，diagenesis and structural control of the Albian to Turonian carbonate platform systems in coastal Fars（SW Iran）[ J ] . Marine & Petroleum Geology，63：46–67.

Warren E A，Pulham A J，2001. Anomalousporosityandpermeabilitypreservationindeeply buried Tertiaryand Mesozoicsandstones in the Cusiana Field，Llanos Foothills，Colombia [ J ] .J. Sediment. Res. 71，2–14.

Wignall P B. 1991. Dysaerobic Trace Fossils and Ichnofabrics in the Upper Jurassic Kimmeridge Clay of Southern England[ J ] . Palaios，6（3）：264–270.

Zenger D H. 1996. Dolomitization patterns in widespread “Bighorn Facies”（Upper Ordovician），Western Craton，USA [ J ] . Carbonates & Evaporites，11（2）：219.

Ziegler M A. 2001. Late Permian to Holocene paleofacies evolution of the Arabian Plate and its hydrocarbon occurrences [ J ] . GeoArabia，6（3），445–504.